OSS
ライセンス
の教科書

著：上田理
監修：弁護士 岩井久美子

ソフトウェア開発の
現場で求められる
適切な利用方法

技術評論社

● **本書をお読みになる前に**

　最初にとても大切なお願いをします。本書に記載された内容について、著者および技術評論社は、読者の皆さんを含む本書の中身を知った方に対して、訴訟などの事態に巻き込まれないことを保証するものではありません。法的な対応が必要な場合は弁護士、弁理士または企業内ならば法務、特許・知的財産権などの専門スタッフの助言を得るようにお願いします。本書の記述に基づいた何らかの運用の結果について、著者および技術評論社はいかなる責任も負いません。

　記述している内容については、できる限り正確を期するように努めていますが、OSSの利用、特にライセンスの運用に関しては社会環境の変化などに伴い変化する可能性が十分にあります。記述内容を鵜呑みにするのではなく、常に最新の状況を把握し、適切な判断、行動をしてください。

　また、本書の内容は、筆者が所属する企業や関係する大学の公式な見解ではなく、あくまでも著者の考え方を述べたものです。

　以上の注意事項をご承諾いただいたうえで、本書をご利用願います。これらの注意事項をお読みいただかずに、お問い合わせいただいても、著者および技術評論社は対処しかねます。あらかじめ、ご承知おきください。

● 本文中に記載されている製品の名称は、すべて関係各社の商標または登録商標です。本文中に™、®、©は明記していません。

まえがき

前世紀にオープンソースソフトウェア（Open Source Software：OSS）が登場してからもう何十年も経ちました。代表的なOSSとしてはLinux（オペレーティングシステム）やApache（Webサーバー）がありますが、実際にその名を目にするかどうかはともかく、OSSはあらゆる場所で使われています。たとえば、皆さんがお使いのスマートフォンにもLinuxまたはFreeBSDと呼ばれるOSS、そのほかさまざまなOSSが組み込まれています。他にもさまざまな家電製品やIT機器類でLinuxは使われています。

このようにいまやOSSは、意図せずして生活に密着したものになっています。もしここでOSSにセキュリティ上の問題が生じたらどうなるでしょうか？ その被害額は、最悪の場合、小さな国の国家予算規模になるかもしれません。賠償責任が生じる可能性もあるのです。

さらにOSSを正規の手順で使っていない場合、具体的にはOSSライセンスに書かれていることを遵守していない場合、それだけでコンプライアンス違反として訴えられた事例もありました。

今後、デバイスとインターネットが直接つながるIoT（Internet of Things：モノのインターネット）が本格化すれば、数百万台から数億台というオーダーでOSSが各デバイスで使われるようになります。そのとき、何か問題が起きたとしたらどうなるでしょうか。たとえば、数十万台のIoTデバイスを出荷したあとに、セキュリティ上の脆弱性のあるIoTデバイスをすべて回収しなければならないとしたら……。それは悪夢以外の何者でもありません。

筆者は15年以上にわたり組み込みシステムにOSSを活用する黎明期からOSSに付き合ってきました。実務においてはOSSの黎明期からの付き合いになります。上に述べたように、OSSはソフトウェア開発に直接あるいは間接的に携わる人たちだけの問題ではありません。私たち全員の問題でもあり、OSSに対する理解は多くの人に求められます。ソフトウェア開発実務に携わる多くの人にOSSについて知っていただけるよう願っています。

本書の構成

本書は、「基本編」「実務編」「戦略編」の3部構成となっています。

第Ⅰ部「基本編」の第1章では、これまでOSSを使ったことがない人や、業務や製品に組み込むプログラムにOSSを使ってもよいのだろうかと、びくびくしながら使ってきた人にもわかるよう、OSSの基本とOSS利用にあたっての心構えが書かれています。特にOSSに対する2つの大きな誤解である「OSSはただ単に使っただけでも企業秘密が守れなくなったり、第三者から訴訟を受けるなどさまざまな不都合な事態を招いてしまう」と「オープンソースソフトウェアは無料で、しかも無条件で使える便利なソフトウェアだ」について検討します。

続いて第2章では、OSSライセンスの基本構造を解説します。特に「頒布」についてはその重要性をきちんと理解してください [1]。OSSライセンスでは、あなたがOSSをあなた以外の人や組織に渡す（頒布）タイミングで行わなくてはいけないことが規定されています。ライセンスによっては、極めて詳細かつ多岐にわたる条項が書かれています。家電製品、玩具などの家庭用製品にOSSを組み込む場合や、IoTデバイス、自動車関連、モバイルアプリケーションの開発者および供給者の方は注意が必要です。

第3章以降では、主なOSSライセンスを検討します。記述にあたっては、なるべく具体的な文言を引用し、それらをエンジニアが（法律の専門家以外が）読むためのポイントを解説します。寛容型ライセンスとしてTOPPERSライセンス、MITライセンス、BSDライセンスとApacheライセンスを取り上げます。互恵型ライセンスとして、GPL（General Public License）とLGPL（Lesser GPL）、AGPL（Affero GPL）を取り上げます。OSSライセンスと特許の関係については、Apacheライセンスを例に説明します。GPLについては具体的な資料をもとにして伝染効果などの仕組みも含めて考察します。

第Ⅱ部「実務編」では、日常業務の中で、具体的にはソフトウェア開発の現場で何がポイントとなるのかを説明しつつ、企業内などのOSSに対応するチーム

---

[1] ここでは法律上の「頒布」より広い意味で使っています。53ページのコラム「『頒布』の意味」をご参照ください。

作りのヒントにも触れています。

　最後に第Ⅲ部「戦略編」では、OSSについてただ単に使うだけにとどまるリスクを説明し、戦略的にOSSに取り組む利点について紹介します。OSSから垣間見えるソフトウェアとコミュニティ効果によるイノベーションの可能性についても触れます。これまであなたが持っているOSSとは違う姿が垣間見えるかもしれません。

■ 本書を講義に使う場合

　今日、ソフトウェア開発に第三者が開発した著作物（ソフトウェア）を使うこと、あるいは自らが開発したソフトウェアが第三者によって使われることが日常化しています。ソフトウェア技術に関係する分野を目指す学生、専門学校生は将来プロフェッショナルとして業務をこなしたり、アカデミアの立場から研究成果によって世の中に貢献するためにも、著作権やライセンスについての基礎を身につけておく必要があります。特に計算機科学専攻の学生はソフトウェアライセンスについての知識は不可欠と言えるでしょう。今後は、このような講義が各大学の計算機科学課程で一般的に行われることを期待しています。

　本書を大学、特に計算機科学系の学部・大学院における授業の教科書として利用する場合は、あらかじめ法科・知的財産権の専門家の方にソフトウェア技術の視点から見た知的財産権についての講義を行うことをお勧めします。なお、次ページ以降に掲載している岩井久美子弁護士による「講義 ソフトウェアと知的財産権」には、そのエッセンスを掲載しています。

■ 本書で引用したライセンスの日本語参考訳について

　本書では翻訳者の八田真行氏から快諾を得て、オープンソースの定義やOSSライセンスの日本語訳を多数引用しています。引用元のページは以下のとおりです。

- ■ オープンソースの定義 [The Open Source Definition]
  http://www.opensource.jp/osd/osd-japanese.html 【日本語版、注釈あり】
  http://www.opensource.jp/osd/osd-japanese_plain.html 【日本語版、注釈なし】
- ■ GPLバージョン2の日本語参考訳　http://www.opensource.jp/gpl/gpl.ja.html
- ■ GPLバージョン3の日本語参考訳　https://mag.osdn.jp/07/09/02/130237
- ■ LGPLバージョン2.1の日本語参考訳　http://www.opensource.jp/lesser/lgpl.ja.html
- ■ LGPLバージョン3の日本語参考訳　https://mag.osdn.jp/07/09/05/017211

講義
ソフトウェアと知的財産権

弁護士　岩井 久美子

■ ソフトウェアの法的保護

　完成したソフトウェアはどのように保護されるのでしょうか。

　仮に完成したソフトウェアが知的財産権として保護されない場合には、ソフトウェアを渡す相手方とソフトウェア所有権の売買や賃貸借に関する契約を締結して、さらに秘密保持条項等により第三者への漏洩等を制限することになります。もっとも、この場合、たとえばソフトウェアを無許可でコピーして使用する第三者に対しては、第三者は契約で縛られる当事者ではないため、原則として何も主張することができません。

知的財産権とは

　ソフトウェアが契約上の保護しか受けない場合と異なり、ソフトウェアが知的財産権として保護される場合には、契約を結んでいない第三者に対しても使用差し止めや損害賠償請求等により自らの権利を主張することができます。

　なお、ここでは、知的財産権という言葉を、知的財産と区別して用いています。人の知的活動の結果として生み出されたものであれば、どのようなものでも「知的財産」と言えます。営業活動の成果としての顧客リストや実験の成果としての失敗データ、技術者の労力や知力の結晶であるプログラムはもちろん、社内報告書等もすべて、人が労力や知力を傾けて作り上げたものであれば「知的財産」と呼んで差し支えないでしょう。

　一方、「知的財産権」は、知的財産のうち一定の要件を満たすもので、公開等により技術の発展等に寄与することを条件に、一定期間独占権が与えられたものです。

　たとえば特許権は、新規の技術であること、既存技術に比べて進歩性がある技

術であること、産業上利用可能な技術であること等を条件に、特許庁への出願、審査請求を経て登録されます。出願された技術内容は出願から1年半後に特許公報により公開され、世界中から閲覧可能な状態になりますが、その公開が「産業の発達に寄与する」（特許法1条）ものとして、その代償として一定期間（出願から20年）、特許技術を利用した製品の製造や販売等に対する独占権を与えようとしているのです。

それでは、ソフトウェアを保護する知的財産権としては、どのようなものが考えられるのでしょうか。

一般に、内容をブラックボックスとして秘匿できる場合には、不正競争防止法上の「営業秘密」として保護を受けることが考えられます。この場合、非公知、秘密管理性といった営業秘密の要件を満たす限りは半永久的に保護を受けられることになります（営業秘密が不正競争防止法で規定されているのは、独占権を付与するというよりも営業秘密侵害等の不正競争を制限する趣旨ですので、知的財産「権」と呼べるかについては議論の余地があります）。

もっとも、ソフトウェアのソースコードを容易に解析できる場合等、秘密管理が難しいときには営業秘密の要件を満たすことは難しいでしょう。

特許権による保護

次に、ソフトウェアのアイディア、つまりアルゴリズムに対して、「特許権」として保護を受けることが考えられます。異なる作成者による内容の異なるプログラムであっても、それらのプログラムが特許権の付与されたアルゴリズムを実現するものであれば、それぞれのプログラムが特許権侵害となりえます。したがって、ソフトウェアのアルゴリズムに対する特許権を取得した場合には、個々のソフトウェアに対し著作権による独占権を得るよりも、より広い範囲の独占権を得ることができると言えます。

もっとも、特許権として登録されるためには、前記のとおり、出願し、新規性や進歩性等の要件等について特許庁による審査を経る必要があります。この点、特許権は、各国の特許権の効力が当該国の領域内においてのみ認められるという「属地主義」により、独占権を行使したい国全てで登録しなければなりませんが、海外での登録には翻訳料や代理人費用等が発生するうえ、権利維持のために各

国で特許料を支払い続ける必要があります。さらに、出願により権利内容が特許公報で世界中に公開されるというデメリットがあるにもかかわらず、特許権による独占権が付与される保護期間は、出願から20年に限られます（もちろん、公開により新規性を失わせて他者の権利取得を防止すること、自社技術を浸透させること等を目的にあえて出願する場合も考えられます）。

著作権による保護

では、ソフトウェアが、知的財産権のうち「著作権」で保護される場合はどうでしょうか。

著作権は、思想または感情を創作的に表現した「著作物」に対して与えられる知的財産権で、創作した人はその著作物の「著作者」として保護されます。アルゴリズムをコーディングしたプログラムも、日本の著作権法上「電子計算機を機能させて一の結果を得ることができるようにこれに対する指令を組み合わせたものとして表現されたもの」として、プログラム著作物として保護されます（著作権法2条、10条）。そのため、特許権とは異なり、（たとえ同一のアイディアやアルゴリズムを実現するものであっても）異なるコーディングによるプログラムであれば、個々のプログラムが独立した著作物として著作権の保護を受けます。

日本において著作権は「無方式主義」により、侵害訴訟提起のための要件として登録が必要とされないため、登録が必須ではありません（もっとも、権利行使を容易にする等の目的で登録することもできます）。そのため、行政機関への権利の登録、維持のための費用は発生しません。保護期間も、著作者が自然人である場合には死後50年、法人等の団体名義の著作物である場合には公開後50年と、特許権より長期になっています。

また、次に述べるような国際条約により、属地主義の点についても、著作権には特許と異なる利点があります。著作権に関する主要な国際条約としては、ベルヌ条約や万国著作権条約等があります。

ベルヌ条約は、1886年に「レ・ミゼラブル」の著者として有名なヴィクトル・ユーゴーが発案し作成された条約で、前記の無方式主義を加盟の条件としています（日本は1899年に加盟しています）。しかし、米国は国内法で「方式主義」を採り、著作権表示と登録等を侵害訴訟提起の要件としていたためにベルヌ条

約を締結することができませんでした。

これらベルヌ条約非加盟国が提唱し作成されたのが1952年の万国著作権条約であり、ベルヌ条約非加盟国を国際的な著作権保護の枠組に引き入れるという点で重要な役割を果たしていました（日本も、ベルヌ条約に加え万国著作権条約にも加盟しています）。もっとも、米国は、米国を本国としない著作物（外国人の著作物またはベルヌ条約加盟国で最初に発行された著作物）については登録を侵害訴訟の要件としないこと等を内容とする「ベルヌ条約履行法」を施行して著作権法を改正し、1989年にベルヌ条約に加盟したため、万国著作権条約は重要性を失いつつあると言われています。

いずれにせよ、ベルヌ条約と万国著作権条約、どちらも、外国著作物の著作権は内国著作物と同等の保護を保障するという「内国民待遇」を採用しています。したがって、いずれかの条約の加盟国間では、双方の国民の著作物または加盟国で最初に発行された著作物が、自国民と同様の保護を受けます。

そのため、たとえば日本国民が創作したソフトウェアは、ベルヌ条約加盟国である米国の著作権法で米国民が受けるのと同様の保護を受けます（日本と米国で異なる保護期間については別論）。

もっとも、逆に言えば、米国等の外国で創作されたOSS等のソフトウェアも、日本の著作権法により保護を受けることになりますので、次に述べるようなOSSをめぐる海外の訴訟事例にも留意いただきたいと思います。

OSSをめぐる訴訟事例

本文中でも述べられているように、OSSは無償で公開されてはいますが、その利用のための許可（ライセンス）は無条件ではありません。ライセンス条件を守らない場合にはライセンス違反や著作権侵害の責任を追及される可能性があり、実際に米国やドイツ等では多くの訴訟が提起されています。

OSSに関する大規模訴訟の例として、本文にも登場する、Busy Boxが非営利の弁護士集団であるSFLC（Software Freedom Law Center）を代理人にBest Buyやサムスン等14社を訴えた2009年の米国の例が示唆的です。

BusyBoxは、Linuxの「Swiss Army Knife」（十徳ナイフ）として知られた、

Linuxをベースにした組み込みシステム開発を容易にするソフトウェアツール群であり、被告らのTV、DVDプレイヤー、カメラ、ルーター等の製品に使用されていました。本件は、被告らがBusyBoxに適用されるライセンスであるGPL v.2の第3節（ソースコード提供、またはソースコードの提供に応じる旨の通知）の義務を果たさなかったとして、著作権侵害等で訴えられた事案です。

　原告と大多数の被告との間では和解により決着が図られましたが、被告のうち破産法適用を申請した一社は、経営状況悪化により証拠提出命令に応じなかったうえ、代理人を解任する等の対応に終始し、結果として故意による侵害が認定されました。結果、懲罰的賠償（対応が悪質として損害賠償額の3倍の賠償額を認める）、原告ソフトウェアを組み込んだ製品の販売を期限の定めなく差し止める命令、原告の権利を侵害する製品の没収等の重い判決が下されています。

　日本では今のところOSSに関連した大規模な訴訟の潮流は発生していないものの、前記のとおり米国で創作されたOSSも日本の著作権法の保護を受けることからすれば、上記のようなOSS関連訴訟は決して対岸の火事ではありません。

　もっとも、BusyBoxを含めた訴訟事例のほとんどがソースコードの提供義務等の単純なライセンス条項違反であるため、著作権の所在やライセンス条項を製品説明書に記載したり製品に同梱する等、本書に挙げられている注意事項を遵守すれば回避できたものと考えられます。

　ソフトウェアだけでなく機械製品等のハードウェアを含め、OSSを使用しない製品づくりはますます現実的ではなくなっています。OSSはコミュニティ内の多くの労力と知力の結晶であり、まさに典型的な知的財産と言えます。

　OSSづくりに関わる方々、利用される方々においては、上記のようなソフトウェアを保護するための知的財産権、特に著作権の特徴を把握されたうえで、不必要に萎縮することなく、本書をまさに教科書として貴社なりの体制づくりや対策を着々と採っていっていただければ幸いです。

■ 目次 ■

まえがき …………………………………………………………………… iii
本書の構成 ………………………………………………………………… iv
講座 ソフトウェアと知的財産権（岩井久美子）………………………… vi

第Ⅰ部　基本編

OSSとOSSライセンス　　1

第1章　オープンソースソフトウェアの基本　　2

OSSの過去と現在 ………………………………………………………… 2
OSSのもたらす自由と自由を得るための条件 ………………………… 5
利用許諾を得るプロセス ………………………………………………… 6
OSSの定義 ………………………………………………………………… 8
第1の大きな誤解 ………………………………………………………… 13
第2の大きな誤解 ………………………………………………………… 15
OSSは正々堂々と公明正大に使う ……………………………………… 17
OSSは「利用する責任を負うコスト」がかかる ……………………… 18
Linuxディストリビューターの登場 …………………………………… 19
OSSの利用責任は利用者にある ………………………………………… 21
誰がOSSを理解すべきなのか …………………………………………… 22
OSSを利用する意義 ……………………………………………………… 26
内製する、既製品を使う、OSSを採用する …………………………… 28
内製、既製品、OSS —— 選択の指針 ………………………………… 37
演習問題 …………………………………………………………………… 38

第2章　ソフトウェアライセンスの基本　　39

ソフトウェアと著作権 …………………………………………………… 39
ソフトウェアライセンスの本質 ………………………………………… 40
OSSライセンスの要諦 …………………………………………………… 42

商用ライセンスとOSSライセンスが選択可能になっている場合 ･･････････ 43

著作権の観点から見たソフトウェアの類型 ･･････････ 44

OSSライセンスは既製服に似ている ･･････････ 46

OSSライセンサーの思いを知ることの重要性 ･･････････ 48

法務・知的財産権の専門家に任せておけばよいわけではない ･･････････ 50

頒布のタイミング ･･････････ 51

⚠「頒布」の意味 ･･････････ 53

頒布の事例から考えてみる ･･････････ 54

組み込みシステムやIoTデバイスは頒布の機会が圧倒的に多い ･･････････ 61

演習問題 ･･････････ 62

第3章 寛容型ライセンスと互恵型ライセンス 63

ライセンス問題を考える ･･････････ 63

OSSライセンスを読むヒント ･･････････ 65

寛容型ライセンスとは ･･････････ 66

寛容型ライセンスの意外な落とし穴 ･･････････ 67

互恵型ライセンスとは ･･････････ 68

GPL/LGPL——互恵型ライセンスの代表 ･･････････ 69

寛容型ライセンスと互恵型ライセンスの比較 ･･････････ 71

演習問題 ･･････････ 72

第4章 寛容型ライセンス——TOPPERS、MIT、BSDとApache 73

TOPPERSライセンス ･･････････ 73

TOPPERSライセンスのまとめ ･･････････ 77

大学の名前が付いたライセンス（1） MITライセンス ･･････････ 78

MITライセンスのまとめ ･･････････ 80

大学の名前が付いたライセンス（2） BSDライセンス ･･････････ 81

BSDライセンスのまとめ ･･････････ 87

Apacheライセンス ･･････････ 88

Apacheライセンスのまとめ ･･････････ 98

演習問題 ･･････････ 99

第5章　互恵型ライセンス──GPL/LGPL共通　　101

はじめに	101
頒布時に守るべき4つの事柄	103
ソースコードはソースコードだけではない	104
GPL/LGPL：他に条件をつけてはいけない	105
利用許諾されたOSSと渾然一体となったソフトウェアの扱い	107
ライセンス両立性問題	112
⚠ ソフトウェアの保守、脆弱性の視点も大切	114
利用許諾条件の緩和	117
GPL/LGPLのまとめ	120
演習問題	121

第6章　誤解されやすいLGPL　　123

LGPLを理解するためのポイント	124
コラム 静的ライブラリと共有ライブラリ	125
インライン関数	134
LGPLのまとめ	136
演習問題	136

第7章　GPL/LGPLバージョン3とAGPLバージョン3　　137

再インストール情報開示	137
差別的特許の禁止	142
その他の特徴	143
GPL/LGPLバージョン3のまとめ	144
AGPLバージョン3	144
AGPLバージョン3のまとめ	147
演習問題	147

第8章　GPL違反を考える　　148

GPL/LGPLライセンス違反についてのFSFの見解	148
GPL/LGPL違反で訴訟は起きているのか？	150
演習問題	151

第Ⅱ部 実務編
ソフトウェア開発とOSS 153

第9章 OSSと構成管理 154

9

ソフトウェアとの向き合い方 ································· 154

「道ばたで拾ったソフトウェア」を口にしない ·················· 155

ソフトウェアの技術評価 ································· 156

コミュニティ活動は活発か？ ································· 156

LTS版があるか否か ································· 158

利用許諾条件の確認 ································· 159

OSSマトリョーシカ ································· 160

構成管理がすべてのセーフティネットになる ·················· 162

避けたいOSSのつまみ食い ································· 166

ソースコードスキャンツールを活用する ·················· 167

ソースコードスキャンツールの注意点 ·················· 169

演習問題 ································· 170

第10章 OSSライセンスと知的財産権 171

10

OSSが他社の特許を侵害するリスク ·················· 172

他社特許への対応 ································· 173

問題回避のメカニズムを持つライセンス ·················· 174

自社特許の権利行使が制限されるケース ·················· 175

Linux用のデバイスドライバを作る例 ·················· 179

自社特許権利行使に懸念を感じた場合 ·················· 180

演習問題 ································· 181

第11章 ソフトウェアのサプライチェーン問題 183

11

サプライチェーン問題とは何か ································· 183

ソフトウェアサプライチェーンの上流にいる人が注意すべき点 ·········· 185

ライセンス情報交換のための標準規格「SPDX」 ·················· 186

ソフトウェアサプライチェーンの下流にいる人が注意すべき点 ·········· 188

演習問題 ································· 190

目次　XV

第12章 製品出荷・ソフトウェアリリース時の実務　**191**

12

ソフトウェアリリース前に済ませておくこと ……………………………… 191

実際に使われているOSSの確認（構成管理記録の確認）……………… 192

OSSライセンスファイルの例 ……………………………………………… 193

ライセンス・著作権表記などの準備 ……………………………………… 203

ソースコード開示の準備 …………………………………………………… 205

製品出荷後の対応 …………………………………………………………… 207

演習問題 ……………………………………………………………………… 210

第13章 OSSと社内体制　**212**

13

OSSの利用を推進するための組織作り ………………………………… 212

誰も助けてくれない、孤独なエンジニア ………………………………… 215

中央集権型（伽藍型）体制で対応する …………………………………… 219

バザール型の体制で対応する ……………………………………………… 220

社内バザールへの参加者 …………………………………………………… 222

社内バザールにおけるリーダーシップとフォロワーシップ ………… 223

社内バザールでソフトウェア開発者に求められている行動 ………… 223

社内バザールで法務・知的財産権の専門家に求められている取り組み …… 227

社内バザールで品質管理、製品脆弱性対応専門スタッフに
　求められている行動 …………………………………………………… 230

社内バザールで社外調達担当者（資材・調達部門担当者）に
　求められている行動 …………………………………………………… 231

社内コミュニティリーダーの役割 ………………………………………… 232

社内バザールを支える理解のあるマネジャー、エグゼクティブの役割 …… 234

社内バザール作り　第1フェーズ ………………………………………… 241

社内バザール作り　第2フェーズ ………………………………………… 244

社内バザール参加者すべてに共通する課題 …………………………… 248

演習問題 ……………………………………………………………………… 251

第Ⅲ部　戦略編
OSSイノベーション戦略　　253

第14章　新しい技術層の登場──縁の下の力持ち技術層　　254

- 「縁の下の力持ち技術層」がもたらす経済的恩恵 ···················· 254
- 「イノベーションの縁の下の力持ち」のジレンマ1
  重要な技術だが顧客から価値を認めてもらえない ················ 257
- フリーライダーがもたらす災厄 ·· 260
- コミュニティに対する貢献とは何か？ ·································· 265
- コミュニティとあなたとの関係 ·· 266
- 嫌われた日本人 ··· 271
- 不適切な人称代名詞 ··· 272
- OSSは自ら助ける者を助ける ·· 273
- 「イノベーションの縁の下の力持ち」領域に精通するという意義 ··· 274
- 傍観者を脱し、積極的にコミュニティに還元する ···················· 275
- フォークの功罪 ··· 276
- 実際にバグ修正をコミュニティに送るには ··························· 277
- 「独自のイノベーション」開発への貢献 ································· 279
- 演習問題 ··· 280

第15章　独自技術のOSS開発　　281

- 「イノベーションの縁の下の力持ち」のジレンマ2
  差異化すると差異化される［項羽と劉邦］ ·························· 281
- 事例：AppleTalk ·· 285
- 事例：Linuxを採用する前のOS ·· 286
- 劉邦の戦略を展開する ·· 287
- OSSで自らの技術を開示する価値 ······································ 289
- 独自技術をOSS化するにあたって ······································ 291
- 演習問題 ··· 294

第16章　イノベーションとOSS　　295

- 進化──OSSコミュニティの視点 ······································ 295
- 「進化」の波に乗る ··· 296
- ディベートではない、弁証法です！ ···································· 298

イノベーション──OSSの視点 …………………………………… 301
コミュニティと共創するイノベーション ………………………… 303
コミュニティを創る ………………………………………………… 304

索引 …………………………………………………………………… 305

第Ⅰ部
基本編

OSSとOSSライセンス

第Ⅰ部では、オープンソースソフトウェア（OSS）の基本について解説します。OSSの定義、OSSを使うときの心構え、OSSに対する誤解などについて触れます。次に、OSSライセンスについて解説します。OSSライセンスの構造と種類について概略を説明し、TOPPERSライセンス、MITライセンス、BSDライセンスとApacheライセンス、GPL・LGPL・AGPLについてライセンスの内容を特許との関連を含めて具体的に見ていきます。最後に、ライセンス違反した場合の対応についても考察します。

1 オープンソースソフトウェアの基本

本章では、最初にオープンソースソフトウェア（OSS）とはどのようなものかについて説明し、OSSに対して持たれている2つの大きな誤解を解きます。OSSにどのように取り組むべきか、ソフトウェアを内製する場合と、外部から調達する場合と、OSSを採用する場合でどのような利点や制約があるのかを解説します。また、OSSを使う意義について述べます。

OSSの過去と現在

前世紀に生まれた**オープンソースソフトウェア**（Open Source Software：OSS）という言葉は、いまではソフトウェア開発の現場で日常的に使われるようになっています。Webサーバーやテレビ、スマートフォンなどでOSSが積極的に使われ始めてから10年以上の歳月を重ねています。それに加えて最近ではIoT（Internet of Things）デバイスなどでOSSの利用がますます増加しています。本書では、OSSの適切な使い方、OSSを技術戦略の核として活かす方法について検討しますが、その前にソフトウェア開発の現場でOSSがどのように扱われていたか、その経緯をたどってみましょう。

2000年頃は「オープンソースソフトウェア」という言葉自体は使われていましたが、まだまだ新しい言葉でソフトウェア開発に関わるような一部の人たちに使われていました。社会に与える影響も限定的で、実用に耐えるOSSも多くはありませんでした。当時はOSSの開発に携わる人も一部の熱意を持った人に限られていたように思います。

第1章　オープンソースソフトウェアの基本　3

筆者が組み込みシステムでLinuxが使えるようにする新規プロジェクトに参加したのは2003年でした。当時の製品開発は垂直統合で進めるのが主流で、他社開発のソフトウェアは徹底的に排除され、製品の競争力を高めるにはすべて自社で開発する必要があると考えられていました。このような状況だったので、ソフトウェアの基幹技術にOSSが使われるようになると予想していた人はごく一部だったのではないでしょうか。

当時は、このままでは組み込みシステムソフトウェアの危機を免れないといった論調がよく見られました。今後、家電向けの組み込み機器向けソフトウェアは大規模化し、高機能が求められるようになる。何から何まで全部自社内で開発するソフトウェア開発のやり方では技術者の数が足りなくなる。そして必要なソフトウェアが開発されず、企業活動のみならず社会生活にも影響を与える。こんなソフトウェア危機が間もなく訪れると政府および多くの人々が心配していたのです。

幸いなことにソフトウェア危機は現実のものとなってはいません。これにはOSSが危機回避に大きな役割を担ったと考えられます。1990年代後半から2000年頃の多くの人の予想に反して、組み込みシステムでもOSSが使われるようになりました。OSのような大規模かつ重要なソフトウェアがオープンソースコミュニティ【用語】と共棲しながら開発できるようになったのです。この結果、ソフトウェア開発人材不足の危機が深刻化するのを避けられた面もあるでしょう。

現在、OSSが使われる領域はさらに拡がりを見せています。たとえば自動車、医療機器、交通産業システムなどでもこれから急速にOSSの活用が拡大するでしょう。IoT時代を迎え、センサー機器などが直接インターネットを介してネットワークで結ばれるようになると、さらにOSSの利用シーンは拡大していきます。今後のソフトウェア技術戦略の成否を分ける鍵は、OSSを上手に使いこなせるかどうかと言っても過言ではありません。

OSSが使われる代表的な領域にオペレーティングシステム（OS）があります。たとえばデジタルテレビ、デジタルカメラ、ビデオ機器、さらにはスマートフォ

用語　**オープンソースコミュニティ**
OSSの開発や保守などを行う個人および組織の集合体のこと。

ンではLinuxというOSが使われています。実は、Android仕様のスマートフォンはすべてLinuxが土台を支えています。iPhoneでは、FreeBSDという名前のOSの一部が使われているとされています。FreeBSDも代表的なOSSのひとつです。

　現在では、オペレーティングシステムに限らず、多種多様なソフトウェアがOSSとして公開されています（**表1.1**）。

表1.1 代表的なOSS

分類	名称
OS	Linux（Ubuntu、CentOS含む） Android
プログラミング言語	Ruby Perl Python PHP
Webサーバー	Apache HTTP Server nginx
アプリケーションサーバー	Apache Tomcat JBoss GlassFish
デスクトップ環境	GNOME KDE
コンパイラ	GNU Compiler Collection（GCC） LLVM
ツールキット	GTK+
仮想化環境	KVM Xen
統合開発環境（IDE）	Eclipse NetBeans
データベースサーバー	MySQL PostgreSQL
データ処理	Hadoop
ファイルサーバー	Samba
電子メールサーバー／ メール転送エージェント	Exim Sendmail Postfix

現在のOSSは品質も高く、企業の製品開発でもよく利用されます。それどころか、一部の企業ではOSS開発に参加するような事例も見られるようになりました。OSSが企業のソフトウェア技術戦略に組み込まれるようになったのです。

ですが、OSSを使おうとしてふと手が止まってしまうことはありませんか。本当にOSSを使ってよいのだろうか。我が社のライセンス対応に不備がないだろうか。そのような心配を抱いている人も多いはずです。

そもそもOSSとはどのようなソフトウェアなのでしょうか？ ウィキペディア日本語版では、OSSを次のように定義しています[1]。

> オープンソースソフトウェア（英: Open Source Software、略称: OSS）とは、利用者の目的を問わずソースコードを使用、調査、再利用、修正、拡張、再配布が可能なソフトウェアの総称である。

おおむね間違ってはいないのですが正確な記述ではありません。ちょっと考えてみれば、これはとても曖昧な定義です。厳密な定義についてはすぐあとで紹介するとして、先にOSSの肝となる考え方、すなわちOSSが持つ「自由」について見ていきましょう。

OSSのもたらす自由と 自由を得るための条件

OSSの根本をなす考え方に2つの自由があります。ただし、多くの場合その自由を享受するためには一定の条件に従う必要があります。

第1の自由は**改変の自由**です。著作権を保有する人[2]の許諾をいちいち得なくても改変をしてもよいとされているソフトウェアかどうか。もし、それが許されているのだとすれば、OSSである可能性が出てきます。

---

[1] 「オープンソースソフトウェア」、ウィキペディア日本語版（2018年4月9日取得）
　　https://ja.wikipedia.org/wiki/オープンソースソフトウェア
[2] 本書では、特に断らない限り、「人」には企業など「法人」も含みます。

第2の自由は**頒布の自由**です（頒布とは、OSSを誰かが誰かに渡す際に渡す行為を指します）。著作権を保有する人の許諾をいちいち得なくても頒布をしてもよいとされているソフトウェアかどうか。もし、それも許されているのだとすれば、OSSであると言ってかまわないでしょう。

ソフトウェアがオープンソースソフトウェアであるための最低限の条件は、著作権を持つ人が、「**そのソフトウェアは自由に改変していいですよ。自由に頒布してもかまいません**」と言っていることです。ただし、「無条件に自由に」とは言っていない場合がほとんどです。「自由に改変してよい、自由に頒布してもよい。ただし、この条件には従ってください」という形になっているのが一般的です。その条件に従いさえすれば、上記の2つの自由を無償で得ることができるのです。

この条件を知るにはどうしたらよいでしょうか？　それはライセンスに書かれています。OSSにはライセンスが付帯していて、そのライセンスを読めば改変・頒布の自由を得るための条件を知ることができるのです。

ソフトウェアを開発した人の権利は著作権法で守られています。その著作権を持つ人がライセンスに提示している条件に従わないということは、著作権を持つ人の権利を侵害する可能性が高いということになります。また、企業の著作権法遵守の観点から好ましくない状態になる危険性が大いにあるわけです。

ソフトウェアによっては著作権者が「著作権を放棄しています。無条件で自由に使うことができます」と記載しているものもあります。このようなソフトウェアは**パブリックドメインソフトウェア**としてOSSとは区別する考え方もあります。しかし、実務でOSSと取り組むのならば、パブリックドメインソフトウェアもOSSの一形態としてとらえるのが適切でしょう。

利用許諾を得るプロセス

では、OSS利用の自由（ライセンス）を著作権者から得るための利用許諾のプロセスはどうなっているのでしょうか。一般的な商用ソフトウェアとOSSとでは、著作権者から利用許諾を得る方法に違いがあります。

商用ソフトウェアの場合は、著作権者から著作物の利用に対する許諾を得る

契約を結ぶのが一般的です。ソフトウェア利用許諾契約（Software User License Agreement）に記載された条件に従うことを約束する契約を著作権者との間で締結します。利用許諾契約の成立に際しては、契約書に署名して著作権者と署名済みの契約書を交換するといったオーソドックスな方法が取られる場合もあります。もっとも、署名に代わり、ソフトウェアが納められたCD-ROMが入っている封筒あるいはシュリンクラップを破る行為を署名に替えることも多く見られます。あるいは、ソフトウェアのダウンロードに際して契約条件を確認し、当該条件に合意する旨のボタンをクリックする行為が要求されるケースもしばしば見られます。これらの行為を行うことにより、記載された条件での利用許諾契約が成立したと判断される可能性が高いことには注意すべきです[3]。たとえば、仕事で使うためのソフトウェアをインターネットでダウンロードして使うときに、ライセンスの確認ボタンをクリックすることがあるでしょう。その場合、あなたは自社を代表して契約書に署名するのと同等の行為をしているのだということを認識してください。簡単にクリックしてはいけません。必ず自分が所属する組織で、適切な手順を踏んで利用許諾契約に対する「署名してもよい」というコンセンサスを得てからクリックするべきです。

　一方、OSSについて、実際にあなたがOSSを入手するときに、「署名」または上記のような「署名に相当する行為」を求められたことはあるでしょうか。たとえばGitHub（https://github.com）には数え切れないほどのOSSが公開されています。ある用途でGitHubにあるソフトウェアをダウンロードするとき、上記の「署名」行為が求められることはまずないでしょう。

　OSSは商用ソフトウェアと違い、ソフトウェアを入手するタイミングと頒布するタイミングで、入手する人と頒布する人のそれぞれが著作権者から提示されている条件に従うのならばいちいち著作権者に連絡をしなくとも（つまりライセンス証書に署名するなどの行為をしなくても）利用や頒布が認められているのが普通です。OSSを入手する人は課せられた条件を受け入れることで利用および改変する権利を得ます。OSSを頒布しようとする人は頒布する人に課せられた条件を受け入れることで自由な頒布が認められるのです。OSSと共に配られているライ

---

[3] 法律の専門家であればもっと精緻な検討が必要かもしれませんが、本書ではリスク回避の観点から、やや厳しい判断をするようにしています。

センスの中には、OSSを入手する人が入手する段階で著作権者から何が求められているのか、OSSを頒布する人が頒布する際に著作権者から何が求められているのかが明記されています。

特に注意が必要なのは、OSSを頒布する場合、頒布する人は著作権者から何を求められているのかという点です。OSSを頒布する人の不適切な行為が思わぬ事態を引き起こす可能性があるのです。

たとえば、スマートフォン向けのアプリケーションソフトウェアを用意して販売促進のために配っているマーケティング部門の例を考えてみましょう。マーケティング部門のような一般的にはソフトウェアの専門組織ではない人々が頒布するアプリケーションの中にOSSが含まれていると、ソフトウェアの専門家ではない人がOSSを頒布する人となる可能性が極めて高くなります。頒布する人、すなわちこの場合マーケティング部門の人はOSSの著作権者がいかなる条件を提示しているのかを理解し、頒布のための条件を適切に守り、必要なことを実行しなくてはなりません。OSSが広く使われるということは、上記のマーケティング部門に属するような人が大量に生まれることを意味しています。

頒布についてはOSSを適切に扱うために理解すべき極めて重要なポイントです。第2章「ソフトウェアライセンスの基本」で詳しく頒布について検討します。

OSSの定義

オープンソースイニシアティブ（Open Source Initiative：OSI）という団体があります。OSIはOSSの理想を追求し、その健全な普及を通じて社会貢献しようとする団体です。OSIはOSSに対して10の要件を示し、厳格に定義しています。

以下に日本語版の「オープンソースの定義」（注釈なし）を示します。

■ **オープンソースの定義 [The Open Source Definition]**
   http://www.opensource.jp/osd/osd-japanese.html 【日本語版、注釈あり】
   http://www.opensource.jp/osd/osd-japanese_plain.html 【日本語版、注釈なし】
   https://opensource.org/docs/definition.php 【英語版、注釈あり】
   https://opensource.org/osd 【英語版、注釈なし】

オープンソースの定義

八田 真行訳、2004年2月21日

バージョン 1.9

はじめに
「オープンソース」とは、単にソースコードが入手できるということだけを意味するのではありません。「オープンソース」であるプログラムの頒布条件は、以下の基準を満たしていなければなりません。

1. 再頒布の自由
「オープンソース」であるライセンス（以下「ライセンス」と略）は、出自の様々なプログラムを集めたソフトウェア頒布物（ディストリビューション）の一部として、ソフトウェアを販売あるいは無料で頒布することを制限してはなりません。ライセンスは、このような販売に関して印税その他の報酬を要求してはなりません。

2. ソースコード
「オープンソース」であるプログラムはソースコードを含んでいなければならず、コンパイル済形式と同様にソースコードでの頒布も許可されていなければなりません。何らかの事情でソースコードと共に頒布しない場合には、ソースコードを複製に要するコストとして妥当な額程度の費用で入手できる方法を用意し、それをはっきりと公表しなければなりません。方法として好ましいのはインターネットを通じての無料ダウンロードです。ソースコードは、プログラマがプログラムを変更しやすい形態でなければなりません。意図的にソースコードを分かりにくくすることは許されませんし、プリプロセッサや変換プログラムの出力のような中間形式は認められません。

3. 派生ソフトウェア
ライセンスは、ソフトウェアの変更と派生ソフトウェアの作成、並びに派生ソフトウェアを元のソフトウェアと同じライセンスの下で頒布することを許可しなければなりません。

4. 作者のソースコードの完全性（integrity）
バイナリ構築の際にプログラムを変更するため、ソースコードと一緒に「パッチファイル」を頒布することを認める場合に限り、ライセンスによって変更された

ソースコードの頒布を制限することができます。ライセンスは、変更されたソースコードから構築されたソフトウェアの頒布を明確に許可していなければなりませんが、派生ソフトウェアに元のソフトウェアとは異なる名前やバージョン番号をつけるよう義務付けるのは構いません。

5. 個人やグループに対する差別の禁止

ライセンスは特定の個人やグループを差別してはなりません。

6. 利用する分野（fields of endeavor）に対する差別の禁止

ライセンスはある特定の分野でプログラムを使うことを制限してはなりません。例えば、プログラムの企業での使用や、遺伝子研究の分野での使用を制限してはなりません。

7. ライセンスの分配（distribution）

プログラムに付随する権利はそのプログラムが再頒布された者全てに等しく認められなければならず、彼らが何らかの追加的ライセンスに同意することを必要としてはなりません。

8. 特定製品でのみ有効なライセンスの禁止

プログラムに付与された権利は、それがある特定のソフトウェア頒布物の一部であるということに依存するものであってはなりません。プログラムをその頒布物から取り出したとしても、そのプログラム自身のライセンスの範囲内で使用あるいは頒布される限り、プログラムが再頒布される全ての人々が、元のソフトウェア頒布物において与えられていた権利と同等の権利を有することを保証しなければなりません。

9. 他のソフトウェアを制限するライセンスの禁止

ライセンスはそのソフトウェアと共に頒布される他のソフトウェアに制限を設けてはなりません。例えば、ライセンスは同じ媒体で頒布される他のプログラムが全てオープンソースソフトウェアであることを要求してはなりません。

10. ライセンスは技術中立的でなければならない

ライセンス中に、特定の技術やインターフェースの様式に強く依存するような規定があってはなりません。

またOSIは、オープンソースの定義に準拠し、OSSの利用許諾条件として認

第1章　オープンソースソフトウェアの基本　**11**

められるライセンスを列挙しています。

■ OSI承認オープンソースライセンス 日本語参考訳（Open Source Group Japan）
https://osdn.jp/projects/opensource/wiki/licenses

OSIが認定したライセンスを使って利用許諾を定めたソフトウェアをOSSとするケースもあります。しかし、それはソフトウェアの開発現場の実状と合わないことがあります。たとえば、OSIが認定しているOSSライセンス（MITライセンス）に次の1行を加えただけで、JSONのライセンスはOSSライセンスとして認定できないとしています。

The Software shall be used for Good, not Evil.
（このソフトウェアは善いことに使われるべきで、邪なことに使ってはならない）

The JSON License [4]

Copyright (c) 2002 JSON.org

Permission is hereby granted, free of charge, to any person obtaining a copy of this software and associated documentation files (the "Software"), to deal in the Software without restriction, including without limitation the rights to use, copy, modify, merge, publish, distribute, sublicense, and/or sell copies of the Software, and to permit persons to whom the Software is furnished to do so, subject to the following conditions:

The above copyright notice and this permission notice shall be included in all copies or substantial portions of the Software.

The Software shall be used for Good, not Evil.　◀ 追加した行

（以下略）

OSIは、この1行を「5. 個人やグループに対する差別の禁止」や「6. 利用する分野（fields of endeavor）に対する差別の禁止」という条項に背くとしています。

---

[4] 出典：The JSON License　http://www.json.org/license.html

その結果、OSSの利用許諾ライセンスとしては認められないとしているのです。

　実務面から考えれば、このようなライセンスで利用許諾されているソフトウェアも当然OSSとして捉えるべきです。OSSを知るためにOSIの提唱する条件や活動を参考にすることは推奨できますが、実務面から考えるとさらなる柔軟性がOSIには期待されます。

　本書では、次の5つの条件をすべて満たしたソフトウェアをOSSと定義します。

1. そのソフトウェアには**改変をする自由**がある。
2. そのソフトウェアには**頒布する自由**がある。
3. 上記の2つの自由を得るには、**著作権者が提示する条件を満たす必要が**ある。
4. 上記の2つの自由を得るために、**いちいち著作権者に連絡し著作権者から許諾を得る必要はない**。
5. 上記の2つの自由を得るために、**著作権者に対して対価を支払う必要はない**。

　まず、条件1と2がオープンソースソフトウェアの大前提です。この両方が具備されていなければOSSとは呼べません。

　条件1、条件2で挙げた2つの自由を得るためにはいくつか守るべき事柄が列挙されているはずです。第3の条件は守るべき事柄が明示されていることです。ただし、パブリックドメインソフトウェアでは無条件で2つの自由が与えられます。

　条件4と5に挙げたように、著作権者との関係にもOSSの特徴があります。著作権者に連絡を取って利用許諾を得たり、対価を支払ったりする必要は一切ありません。いずれにせよ実務的な視点で捉えた場合、OSSに厳格な定義を与える意味はほとんどありません。

　注意が必要なのは、ソフトウェア開発契約書の中でOSSを定義する場合です。たとえば、OSSを「OSIが認めたライセンスで利用許諾されているソフトウェア」と定義してしまうと、上記のJSONのライセンスのようにOSSに含まれないものが出てきてしまいます。

第1の大きな誤解

OSSを導入している人たちによく見られる大きな誤解が2つあります。この2つの誤解はそれぞれまったく異なる種類の悲劇的な結末への第一歩になる危険性があります。本書の主題のひとつは、この2つの大きな誤解を解くことにあります。まず1つ目の誤解から見ていきましょう。

第1の大きな誤解

OSSはただ単に使っただけでも企業秘密が守れなくなったり、第三者から訴訟を受けるなどさまざまな不都合な事態を招いてしまう。

もう少し詳しく言うと、この誤解は次のようなものです。

OSSを使うとそのOSSだけではなく、その製品などに使われているソフトウェアすべてのソースコードを開示しなくてはいけなくなる。だから著作権保護のための技術、その製品の特徴を発揮し市場で差異化するために期待されている技術などが全部白日の下にさらされてしまうことになる。

このような誤解がまだ消えていないようです。もちろん一部のOSSは、不適切な利用をすると、本来ならば機密事項である技術情報の詳細までも明らかにしなくてはならない事態を招くこともあります。しかしそのような事態を回避しつつOSSを使う可能性は十分にあります。

このほかにも「OSSを使うと訴訟を受けるリスクが発生する」などという誤解も残念ながらいまだに根強くあるようです。そもそもOSSの開発者はそのような訴訟を起こしてOSSの利用者を陥れようなどという魂胆を持っているケースは皆無に等しく、この懸念はナンセンスと言い切れる可能性すらあります。

OSSの開発者の多くは開発行為そのものや、そこから生まれる革新的な成果を楽しんでいます。また、OSSの開発を人々の暮らしに役立てることを至上の喜びとしています。

もちろん、星の数ほどいる開発者の中にはそのような邪な思いを持っている人

がいるかもしれません。しかし人を陥れようとするのに、本来善きものであるOSSを使うという作戦はばかげています。とはいえ、OSSの不適切な利用の結果、訴訟事件になり、事実上敗訴となった例があるのも事実です。

　現代、世の中にはありとあらゆるOSSがあふれています。その中には最新技術を用いた極めて高い性能や品質を持つものがあったり、世界中の精鋭が開発や保守を支え合っているものも珍しくありません。市場の求めるものを短期間で作り、信頼性を兼ね備えたソフトウェア開発を行う。利用者の要求と相反する極めて高い品質を求められるソフトウェア、それがOSSです。そのようなOSSを使わずにいると、OSSを積極的かつ戦略的に使いこなすライバルに対して技術開発で後れを取ってしまいます。今や組み込みシステム開発でもIoTデバイスの開発でも、**OSSを使わずにソフトウェア開発を行うのは非常識**と言える状況になっています。

　もしOSSを利用せず手をこまねいていると、競争相手がOSSを使うことによって設計開発や商品化、カスタマーとの関係などを刷新して競争のルールを変えてしまうかもしれません。あるいは新手の競争相手が参入して破壊的イノベーターになり、産業構造そのものを覆してしまうかもしれません。発展するOSSの波に乗り、世界中の叡智を結集させ、そのOSSの発展に手を貸してより大きな波に乗る。これは破壊的イノベーターが行う代表的な戦略です。

　逆に、あなたが破壊的イノベーターの挑戦を受ける立場ならば、あなた自身が率先してOSSを使って、自らが挑戦者に先んじて競争ルールを変えるという選択肢も想定しておくべきです。

　事業に重い責任を持つ上級管理職の立場の人は「OSSは使うと怖いことになる」という曖昧な認識に基づく誤解にとらわれる傾向があるようです。リスク管理の観点からはOSSは一切使ってはいけないといった判断を下してしまう可能性は大いにあります。また、機構設計や電気設計などの製造部門で実績を積んできた人が管理職になった場合、ここに来て急速に存在感が増してきたソフトウェア技術そのものに得体のしれなさを感じているのかもしれません。あるいは、OSSのようなどこの誰が作っているのかわからないようなものを信頼するなどあり得ないと考えているかもしれません。

　OSSを利用すると自らが開発した部分のソフトウェアもすべてソースコード開

示をしなくてはいけない、と誤解している人もいまだにいます。たしかにOSSライセンスによっては当該OSSと共に使われるソフトウェアのソースコード開示を求めるものがあります。GPLやLGPLと呼ばれるOSSライセンスが典型的です（詳細については第5章以降で取り上げます）。しかし、ソフトウェアのソースコード開示を求めるOSSライセンスは絶対的なものではありません。GPLやLGPLでも適切な対応を取れば、開発したソフトウェアのソースコードを開示する必要がなくなる場合もあります。

第2の大きな誤解

　では、OSSを使って怖いことになることは絶対にないのでしょうか。たしかに、怖いことになる可能性も否定はできません。次の誤解をしている人は怖いことになってしまう危険がかなりあります。

> **第2の大きな誤解**
>
> オープンソースソフトウェアは無料で、しかも無条件で使える便利なソフトウェアだ。

　たしかにOSSは無料で使えるソフトウェアです（ただし、利用するにあたっては一定のコストがかかります。詳細については後ほど説明します）。しかし、**無条件で使えるソフトウェアではありません**。そもそもOSSもソフトウェアなのですから、著作権法で著作者の権利が守られています。OSSの著作権者は著作権を放棄（著作権の権利行使をしない）したわけではありません。一定の条件に従ってその著作物の利用を許しているのです。その点は一般に販売されている商用ソフトウェアと同じです。その一定の条件はライセンスに書いてあります。したがって、OSSを使うときも一般に売られているソフトウェアを使うときと同じように利用許諾条件を適切に理解し、求められていることを実施する必要があります。利用許諾条件、すなわちライセンス遵守、コンプライアンスが求められるのです。

　OSSを無条件で使えるソフトウェアだと誤解し、提示されている利用許諾条件

に背いた場合、どのような怖い思いが待っているのでしょうか。容易に考えられるリスクを列挙してみましょう。

- 最初に危惧されるのは、著作権者から利用許諾条件違反、つまり著作権侵害で訴訟を受けるリスクです。組み込みシステム分野で、実際にそのリスクが現実のものになってしまったことがあります。製品の出荷差し止めの判決を下されてしまったケースもあります。
- OSSでも他社の所有する特許を侵害してしまうリスクがあります。一般にOSSはその利用にあたっての責任は利用する人が取るという約束があります。万が一、利用するOSSが誰かの特許権を侵害していた場合は、OSSを使った人が責任を問われる可能性があります。これはあたかも新技術、新製品を開発するときに誰かが先に取得している特許権に注意を払うのとまったく同じ心がけが求められるということです。
- それ以上にOSSのライセンスによっては、OSSを使う人あるいはOSSを頒布する人が関連する特許を保持する場合は、同じOSSの利用者に対して特許権利行使をしないように求めている場合があります。これはそのような特許を持ち、権利行使をしている、あるいは権利行使を目指している人にとっては事業リスクになる危険性を示唆しています。
- 場合によっては自社が本来は秘匿しなくてはいけない技術情報を開示せざるを得なくなることも、考えられなくもありません。OSSによってはその自由な利用や頒布を許す条件として、ソースコードの開示を求めているものもあります。しかもソースコードの開示が渾然一体となって一緒に使われるソフトウェアにまで及ぶ場合があるのです。もしそこに秘匿したい技術要素があった場合、大変に困ったことになってしまいます。
- そして最も危惧しないといけないのは、そのOSSの開発をしている人々、つまり開発者コミュニティとの信頼関係構築に失敗することです。あなたのことを誰も助けてくれません。あなたのアイデアが受け入れていただけるなどということはまず起きなくなるでしょう。あなたはコミュニティを裏切る者であるという烙印を押されるでしょう。このような「評判を落とすリスク」（レピュテーションリスク）に陥ることは現代の企業、大学などあらゆる組織にとって大きな痛手になります。

繰り返しになりますが、そもそもOSSの開発者たち（著作権者）が目指しているのは、OSSを使う人を訴訟のリスクにさらすことではありません。また、OSSを使う人やOSSを開発する人に対して特許権を行使する行為に必要以上に制約を課すことを目的にしているわけでもありません。上記に列挙したような怖い思いを現実のものするのを目的とするOSSなどまずないでしょう。

OSSの多くが、ソフトウェア技術を通じて開発者たち自らイノベーションを達成し、その結果社会に大きく貢献しています。開発者たちはそれを至上の喜びとしているのです。OSSの開発者たちはOSSを使ってほしいのです。

にもかかわらず、このようなリスクが生まれてしまうのはなぜでしょうか？ その理由の多くは、**開発者たちの意図に沿わないかたちでOSSを利用している**からです。特にOSSの利用許諾条件に対する深慮を欠くとそのような事態が発生することになります。どのような条件が付いているのかを適切に理解し、求められている条件をきちんと履行することがとても大切です。

このような利用許諾条件が書かれている文書が**ライセンス**です。以降で、本書ではライセンスについて述べていきますが、それは法務部や特許・知的財産部のスタッフのような法律やライセンスの専門家だけに向けたものではありません。そのような専門家ではなく、エンジニアや事業企画担当者、OSSを含む組み込み機器やソフトウェアを販売するマーケティングやセールスの担当者の方にも必要な知識です。

OSSは正々堂々と公明正大に使う

自社製品にOSSを使うのであれば、OSSを利用していることを隠す必要はありません。ときおりOSSを使っているのが人に知れると不都合なことが起きるのではないかという根拠のない不安感からOSSを利用している事実を隠そうとすることがあるようです。これはOSSの不適切な利用につながります。多くのOSSライセンスはそのOSSを利用した製品を誰かに渡す際に、利用するOSSについての何らかの情報を開示することを求めています。たとえば、製品の中にOSSを組み込んで製品を出荷する場合、OSSを利用していることを適切に情報開示しなけれ

ばなりません。**OSSは使うのならば正々堂々と公明正大に使うべきです。**それができないのならば、OSSは使うべきではありません。

　正々堂々と公明正大に使うことができない事情があるのならば、OSSとは隔離された環境で独自にソフトウェアを開発するべきです。当然ながら、それには人件費や時間といった開発コストがかかります。品質管理や脆弱性の対応などもすべて孤立無援、自ら（あるいは自社で）行う覚悟が必要です。それがどれほど大変なことなのかは、ソフトウェア開発の現場にいる人ならよくわかっているはずです。

OSSは「利用する責任を負うコスト」がかかる

　OSSには利用する人が入手時に承諾しなくてはならない条件があります。その条件は、OSSの著作権者からOSSのライセンスを介して入手をする人に課せられます。OSSライセンスは多種多様で、数え方にもよりますが数千種類あるといわれています。特に注目したいのは、ほぼ同様の条件がすべてのOSSライセンスに記されている点です[5]。次のようなものです。

> **このOSSを使ううえでの責任はすべて使う側にあります。OSSを開発する側にはその責任はありません。**

　たとえば使っているOSSに脆弱性に関わるセキュリティ上の問題が発生したとします。そのような問題が発生したとしても、OSSライセンス上はその修正の責任をOSSの開発者側が持つ義務はありません。あくまでもOSSを利用する側にそのような問題に対処することも含めて責任を持つように求めています。もっとも、多くの場合はそのような場合OSSの開発者たち、すなわち開発者コミュニティがすぐに問題解決に取り組むでしょう。それも信じられない速度と的確さで対応を済ませてしまうのがよく見られるパターンです。

　もっとも、コミュニティの活動が活発でなくなってしまっている場合もあります。

---

[5] 筆者はこれまで例外となる事例を見たことがありません。

特定の分野にだけ発生している問題、コミュニティ全体の関心が払われないこともあるでしょう。では誰が対応するのか？ それはOSSを使う人です。たとえば厳密に考えると、スマートフォンの中に含まれるOSSの利用にまつわる責任は、スマートフォンを使う人に帰することになります。しかし、スマートフォンの利用者にその責任を問うことは現実的とは言えません。責任を持つべき人は、あくまでも製品を作り出荷する人（メーカー）であることに疑いの余地はありません。

OSSを入手するタイミングで入手する人が承諾する条件として、特許権利行使をしないことを挙げている場合もあります。非常に大事なテーマなので、この条件については、改めて第II部「ソフトウェア開発とOSS」で検討します。

OSSの利用にまつわる責任は利用する人が持つということは、OSSを使っている側が使う責任を果たすために自身でコストを払って対応しなくてはならない場合があるということです。端的に言えば、**OSSは利用するうえでの責任を負うコストがかかる**と言えるでしょう。

Linuxディストリビューターの登場

OSSのひとつであるLinuxでは、頻繁にセキュリティホールの対策をはじめとした修正がリリースされています。リリースされた修正を評価し、製品に反映させることも使う側の仕事になります。とはいえ、すべての利用者が技術的な知識があるわけではありません。そのため、このような業務を請け負って作業してくれる**ディストリビューター**と呼ばれる業態があります。ディストリビューターは素材としてのLinuxを評価して利用分野ごとに最適化し、他に必要なソフトウェアを加えて利用者に届けてくれます。そのようなパッケージのことを**ディストリビューションパッケージ**と呼びます。

ディストリビューションパッケージは無償で頒布されていることも多く、代表的なものとしてはDebian、Ubuntu、openSUSEなどがあります（**表1.2**）。

表1.2 代表的なLinuxディストリビューション

名称	運営組織	配布サイト
Debian	Debian Project	https://www.debian.org/
Ubuntu	Canonical	https://www.ubuntu.com/
openSUSE	opensuse.org	https://www.opensuse.org/

　通常、ディストリビューションパッケージを業務で使う場合は、有償でサポート契約をパッケージ供給者とのあいだで結びます。パッケージ供給者に対して支払う費用は、利用者が本来負担しなくてはいけない「利用にまつわる責任」の一部を肩代わりしているとも言えます。OSSはサポート業務に対する対価を求めることを禁止していません。基幹業務サーバーシステムなどで使われるLinuxではレッドハット社のRed Hat Enterprise Linuxが商用パッケージの代表格でしょう。

　残念ながら、組み込みシステムの領域ではレッドハット社と肩を並べる規模のディストリビューターは育っていません。このため組み込みシステムを扱う企業では、ディストリビューターの機能を持つ部門があることもあります。当然ながら、その部門を運営するための費用がさらに必要になります。

　また、CPUベンダーから半導体と一緒に供給されるSDK（Software Development Kit）パッケージに含まれるOSS（Linuxなど）をそのまま製品開発に使うこともよくあります。一般には、CPUベンダーはSDKをほぼ無償で提供しています。無償であることの限界からSDK提供者には十分な保守は期待できず、結果として利用する側の負担が増えることもあります。

　もちろんOSSは無料で使えるため、コスト削減への期待にもかなりのレベルで応えられるでしょう。実際、上で示したようなコストがかかるとしても、多くのソフトウェアは自分自身でゼロから開発するよりもOSSを使ったほうが安くあがるはずです。しかし、そのOSSが用途に合わない部分がある場合はどうしたらよいでしょうか。その場合はOSSを改変して使うことになります。OSSの本来の価値はここにあると言ってもよいでしょう。

　現代のソフトウェアは高度化し、以前よりも格段に複雑になっています。そう

第1章　オープンソースソフトウェアの基本　　21

したソフトウェアをすべて自力で開発するのは至難のわざです。それならばコミュニティに任せるところは任せて、自社独自の仕様や強みを活かした部分の開発に集中するのが優れた方略となります。さらに、自らが開発した部分が他の人にも役立つのだとしたらその部分はOSSとして公開すべきです。自らのために作った機能がOSSの一部として組み込まれ、先々までコミュニティと共に維持発展する可能性が生まれます。

OSSの利用責任は利用者にある

　なぜOSSでは「開発者には責任がない」とするのでしょうか。ソフトウェア技術の提供者側には過度の責任を負わせないようにすれば、保守などの責任遂行のための余力に欠いた状態でもソフトウェア開発者が参加しやすくなります。結果、世界中から極めて優秀な能力を持つ人材が集まり、猛烈なパワーを発揮するようになります。まさにこのような流れでLinuxは急速に発達してきました。

　もともとOSSは多くの場合、生業としてソフトウェアを開発している人よりはむしろ学生や仕事の合間に個人としてソフトウェア開発にチャレンジする人によって支えられてきたという経緯があります。そこには多様な人材が集まり、企業組織ではとてもあり得ないような事例が散見されます。その代表的な例がLinuxです。Linuxはヘルシンキ大学に在学中だったリーナス・トーバルズが1991年に公開したオペレーティングシステムがその原点です。その時代ですら、オペレーティングシステムのような重要なソフトウェアを個人で開発するのは無謀と思われていたはずです。にもかかわらず、それがOSSとしてのLinuxに賛同するさまざまな人々に支えられて育ち、現在に至っているのです。

　もし、Linuxを商用利用する人が現れて、リーナスやその周囲に集まる開発者たちに対して商用利用に伴う責任を一部でも負うように迫ったとしたら、Linuxコミュニティの人たちは商用利用を禁止したかもしれません。それが起きなかったのは、利用にあたる責任は利用者にあるとしたことが大きいのです。

　これは企業内での情報共有のありかたなどにもヒントを与える可能性があります。企業内全体にわたるソフトウェア技術者同士の相互扶助の関係を作ろうとし

たとき、もし情報提供する責任のすべてが提供者の側にあるとすれば、おそらく
情報提供をする側は二の足を踏むことでしょう。逆に、OSSライセンスが求めて
いるように企業内でのそのような情報提供に関しても情報提供にまつわる責任は
提供者ではなくて受給者の側にあるとすれば、提供する側が躊躇することもなく
なっていくはずです。

誰がOSSを理解すべきなのか

　ここからは、OSSを適切に使うときのキーポイントについて解説していきます。
まず最初に、OSSを理解すべき人たちを列挙してみましょう。

- ソフトウェア開発者
- 営業・マーケティング部門の担当者
- ODM/OEMなどで製品を調達する部門の担当者
- ソフトウェアの提供者
- 法務・知的財産権の専門家
- 上級管理職、企業経営者

　組織（会社、団体、研究機関、大学など）によっては、OSSを扱う専門部署が
組織内にあり、OSSに関するあらゆる問題について専門スタッフを頼ることがで
きる、極めて恵まれた環境にいる方もいるでしょう。しかし、そのような恵まれた
人でもOSSについて正しく理解する必要があります。なぜなら、ソフトウェア開
発などの現場では、さまざまな場面で関わってくるからです。たとえば以下のよ
うなケースが考えられます。

　これまで何も気にせずにソフトウェア開発を行ってきた。ときには、特段の
注意を払わずにODM開発委託先にソフトウェア開発を委託してきた。やが
て、ソフトウェアの最終リリースのタイミングを迎えた。そこで、OSSのこ
とをすべて任せている部署に監査を依頼した。その結果、おびただしい数の
OSSの不適切な利用が指摘された。

このような事態に至っては、そのソフトウェアの開発そのものを見直さなくてはならなくなるでしょう。開発したソフトウェアのリリースも大幅に遅れることになるのも必定です。いくら社内でOSS専門部隊が頑張っていても専門スタッフのできることにも限界があります。OSSに起因するトラブルを避けるにもソフトウェアに携わる人すべてがOSSについて一定の知識を身につけ、日常業務をこなす必要があります。

上に挙げたようにOSSを理解すべき人たちはたくさんいます。しかし残念ながら、多くの人がOSSの知識は常識として身につけておくべきものということに気づいていません。以下ではそれぞれについて詳しく見ていきましょう。

ソフトウェア開発者

実際にソフトウェアを開発する技術者がOSSのことを熟知していなければならないのは容易に想像できるでしょう。それだけではありません。技術だけではなく、OSSを使うときの約束事も知っていなくてはなりません。すでに述べたように、OSSは単に無条件かつ無料で使えるソフトウェアではありません。OSSの利用には約束事があるのです。それも修得する必要があります。

おそらく最も重要な約束事は、OSSを使う場合、その責任はすべて使う側にあるということです。たとえば製品に使ったOSSに脆弱性があり、セキュリティ上の問題が起きたとします。基本的に、その責任はOSSの開発者ではなく使う側にあります。あるいは、そのOSSが誰かの特許権利を侵害していたとします。その侵害に対してもそのOSSを使った人が責任を負わなければならなくなるかもしれません。そのようなことも十分に理解してOSSを使う必要があります。

しかしこのようなリスクもOSSを支える同士、すなわちコミュニティの活動が活発ならば、脆弱性の恐れがあっても早期に気づき、迅速かつ的確に対策が取られる可能性もあります。

営業・マーケティング部門の担当者

問題はむしろソフトウェア開発者以外の人もOSSについての一定の知識が求められるということかもしれません。OSSライセンスで定められている約束事には、

OSSを頒布する人がすべきことが書かれています。

　たとえば営業部のスタッフが販売促進のためにスマートフォン向けのアプリを配布する準備をしています。そこで、スタッフにソフトウェアの権利関係の確認はどうなっているか尋ねてみると次のような返事でした。

　「アプリの準備はしています。ですがソフトウェアのことは開発委託先に任せています。詳しいことはわかりません」

　そうとしか言えない状況については察することはできますが、OSSはそれを許しません。営業部のスタッフも一定の知識を持っていなくてはなりません。なぜならば、そのアプリを顧客に頒布するのは営業部のスタッフだからです。その中にOSSが含まれているのだとすれば、その頒布に伴う責任は営業部のスタッフにあります。

ODM/OEMなどで製品を調達する部門の担当者

　製品開発に携わる人の中にも、最近は開発そのものを全部社外に委託するケースが増えています。ODM（Original Design Manufacturing）やOEM（Original Equipment Manufacturing）による製品開発はその典型例です。製品にソフトウェアが組み込まれることも珍しくはありません。この場合、製品開発を発注する側にソフトウェアの専門家がいないケースも珍しくありません。仮にその製品にソフトウェアにOSSが組み込まれた場合、その製品開発を発注した人はOSSを頒布する人へと立場が変わります。ソフトウェアを頒布するということは、OSSに関して責任を負う立場になるということを強く認識すべきです。

　現代のソフトウェア開発の特徴は、さまざまな人の開発成果を集約するかたちで進められる点です。完成した製品は複数のソフトウェアで構成されています。もしさまざまな開発者の中のたった1人（1社）でも、不適切なかたちでOSSを利用した場合、その製品を用いた最終製品でも不適切にOSSが利用されていることになります。これを「ソフトウェアのサプライチェーン問題」と呼びます[6]。サプライチェーン問題の矢面に立つのが製品調達の担当者です。問題を早期発見し対策するには製品調達の担当者がOSSについて十分に理解する必要がある

---

[6] ソフトウェアのサプライチェーン問題については、第11章で詳細に検討します。

のです。

ソフトウェアの提供者

ここでソフトウェアの提供者とは、半導体などのデバイスの設計・製造に関わっている人だけでなく、ソフトウェアのSDKを提供する人も含みます。しばしばそのSDKにはOSSが利用されていたり、同梱されていたりします。結果、そのOSSはさまざまな人の手に渡る可能性があります。その特性を利用して、デバイスの販売促進戦略を繰り広げているケースもあります。

この場合、デバイスの営業担当者がOSSのことを適切に理解していなければ、顧客からOSSについて問い合わせがあってもまともに答えられないでしょう。回答がしどろもどろではいささか頼りない営業スタッフだと思われてしまいます。最終的には、顧客との信頼関係に大きなひびが入ってしまうかもしれません。

法務・知的財産権の専門家

もちろん法務の専門家、知的財産権の専門家もOSSに対する適切な理解が求められます。ただし、法務や知的財産権の専門家が陥りやすい落とし穴があります。OSSライセンスはライセンスの文言を読むだけでは適切に理解できない可能性があるのです（第2章で詳述します）。

第1に、ソフトウェア技術がわかっていなければなりません。第2に、OSS開発特有の慣習やOSS開発者の行動様式も知っておく必要があります。さらに、特許などの知的財産権に関する法律知識、OSSライセンスに書かれた文言の意図を察する能力も必要です。

これらの条件をすべて満たした人物というのはなかなかいるものではありません。OSSの適切な扱いについて法務・知的財産権の専門家にすべてを頼り切ってしまうことはできないのです。

上級管理職、企業経営者

OSSの適切な利用はソフトウェア開発の効率化、高度化にいまや欠かせませ

ん。技術戦略立案や執行の責任を持つ上級管理職や企業経営者を含めた経営層にもOSSの価値と要諦への適切な理解が求められます。この章の冒頭に挙げた第1の誤解「OSSは使うと怖いことになってしまうから使ってはいけない」と思っているような人が企業の技術戦略の立案・遂行にあたったりすると、ソフトウェア開発現場に思わしくない影響を与えかねません。

　特にOSSでの開発流儀は、ソフトウェアを基軸としたイノベーションと深く関わることがあります。イノベーションを推進するためにも上級管理職や企業経営に携わる方にはOSSの適切な理解が求められます。

OSSを利用する意義

　OSSの利用は必ずしも単純にコストダウンにつながるとは限りません。OSSを利用する責任をまっとうするためのコストがかかる可能性は否定できません。これではOSSに対する魅力が薄れてしまうかもしれません。特に、無料のソフトウェアを求めていた人にとっては魅力が薄れてしまうのもやむを得ないでしょう。ですが、OSSには忘れてはならない大切な意義があるのです。

　想像してみてください。あなたはソフトウェアで新たなイノベーションに挑戦しようとしています。世の中には商用（既製品として流通している）ソフトウェア、OSS、さまざまなソフトウェアがあります。でもそのどれもが帯に短し襷（たすき）に長し。生み出そうとしているイノベーションがあまりに斬新で、利用できるソフトウェアが見当たらない。仕方がないので、全部自分で作り上げるか、全額出資して誰かに作ってもらうしかありません。もちろん膨大な開発費用がかかるでしょう。さらに（開発費用を超える額の）保守費用もかかります。しかし、それだけではありません。大きな落とし穴が待ちかまえています。

　ソフトウェアにバグが見つかった場合、それを修正するのは開発した本人が行わなくてはなりません。もしそのバグが重大な脆弱性を引き起こすものであれば、顧客の財産を守るために可及的速やかに緊急対応しなくてはなりません。新しいハードウェアや新しい通信規格などが登場したら、顧客がそのシステムを使い続けている間、ずっと対応し続けることになります。

もちろん、そのソフトウェアがその製品やシステムにとって極めて重要で、それ自身が他社に対して競争優位を保つための不可欠な要素であれば、ソフトウェアの改善作業も必須です。となれば、ソフトウェアの規模相応の大きな組織を作らなくてはならないでしょう。魅力的な開発プロジェクトにして、優秀な人に参集してもらわなければなりません。報酬もきちんと払います。保守要員のための人材投資も必要です。自分および自社の生き残りをかけたソフトウェアは自ら開発するのは当然でしょう。

もし、そのソフトウェアが製品やシステムにとって大切ではあるが、それ自身が他社に対して競争優位を保つための差異化を生み出す要素とは言えないときはどうでしょうか。そのような要素は顧客に訴求できる価値を直接生み出すことはないでしょう。たとえば、いま世の中で売られているデジタルテレビはほとんどすべてがLinuxを基盤にしてソフトウェアシステムが構築されています。そのようなデジタルテレビの目立つ所にLinuxのマスコットであるペンギンのシールが貼られ、そこに「Linux Inside（Linux入っています）」と書かれている場面を想像してみてください。テレビを買いに来た顧客はそのテレビを購入するでしょうか。おそらく答えはノーでしょう。Linuxが入っていたとしても、それがいくら高性能であったとしても、それが顧客の購入動機になる可能性はまずないのです。

では、今日Linuxなしでデジタルテレビのソフトウェアシステムを開発できるでしょうか。スマートフォン（Android）はどうでしょうか。どちらの答えも同じです。「もはやLinuxなしの開発はあり得ない」というものになるでしょう。開発者は用途に合ったソフトウェア基盤を用意したい。だがソフトウェア基盤にいくら労力をかけても、ソフトウェア基盤そのものは顧客に訴求するものにはならず、回収できないコストになってしまいます。独自に開発できないのであれば、一定のコストを払って調達するしかありません。ここにOSSを選択するという合理性があります。

OSSの意義とは、自らが求めるものを合理的な手段で実現するための技術戦略だと心得るべきです。

内製する、既製品を使う、OSSを採用する

本章のまとめとして、ソフトウェア開発をするときに内製という手段を選択するのか、既製品のソフトウェアを購入してきて済ませるのか、あるいはOSSを使うのかについて比較検討してみましょう。

ここでの目的はあなたが必要なソフトウェアを完成させることです。しかし、ソフトウェア開発計画を立てるにあたり、さまざまな項目について検討が必要になります。最初に検討すべきなのは実現可能性についてです。

- あなたが求めるソフトウェアにジャストフィットしたものが実現するのか

このほかに、以下の制約条件についても検討が必要です。

- 開発に必要な予算は確保されているのか
- 開発のための人材は確保できているのか
- 開発するための時間はどのくらい確保されているのか
- 開発するものはあなたのまわり以外に知られても問題ないのか、それとも知られては困るものか —— たとえば特許取得を前提としているソフトウェア技術開発は周囲に漏らすわけにはいきません。
- 開発する対象のソフトウェアシステムの規模は適正か —— もし規模が大きい場合は、予算や開発期間の拡大を検討することになります。
- 他のシステムとの互換性の確保や、標準規格への対応などが求められるか。標準化競争にさらされて競争に負けた場合に大きな不利益をこうむるような技術との関連はないか
- 開発が終わって、実際にソフトウェアをリリースしたあとの保守を行うのに十分な人材や予算は確保されているか

細かいものを含めれば、制約条件は際限なく出てきます。上にあげた実現可能性と各種制約に関わる条件が、ソフトウェアを内製する、既製品のソフトウェアを購入してくる、OSSを採用することとどう関係してくるのでしょうか。以下で詳しく見ていくことにしましょう。

「内製」でソフトウェアを開発する

あなたが「内製」でソフトウェアを開発することにしたとしましょう。ただし、あなたが誰かに（社外の企業なども含めて）委託してあなたのためだけのソフトウェアを作ってもらうケースも含めて考えます。

「内製」でソフトウェアを作るときの最大の利点は、あなたが思うとおりのソフトウェアが作れるということです。しかもあなたはそのソフトウェアの開発について、実際にソフトウェアを開発する担当者といった関係者以外には一切何も知られずにソフトウェア開発ができます。したがって、市場競争に勝ち抜くために必須なソフトウェアを開発するときや、開発成果を特許化するために開発内容を秘する必要がある場合などでは「内製」という手段以外は採用しにくいでしょう。

あなたが求めるソフトウェアにジャストフィットしたものが実現するのか

しかし「内製」であるがゆえに、あなたが思うとおりのソフトウェアが作れるという利点が崩れ去るかもしれません。最初のバージョンは、あなたが確保した人材や予算で開発できたとします。きっと開発者も満足でしょう。そして、次のバージョンを開発しようと思った矢先、現バージョンの不具合修正に追われてしまう。新たに策定された通信規格などへの対応で時間を取られてしまう。次のバージョンで追加する予定だった機能の実装が困難なものであることがわかった。これら以外にも想定しなかった事態が発生してしまうかもしれません。

「内製」の場合は、すべての対応を手持ちの人材および予算の中で実現しなくてはなりません。実現可能であれば「内製」は素晴らしい選択肢です。しかし、いったんどこかで手詰まりが起きると、すべてうまくいかなくなってしまうことがあります。筆者もそのような事態に直面した事例を知っています。「内製」を選択するのを全面的に否定するわけではありません。重要ソフトウェアであれば、内製でなければ作れないことは容易に想像できます。「内製」という選択は、綿密な計画と十分な覚悟と使命感をもって臨むべきです。

> 開発に必要な予算は確保されているのか
> 開発のための人材は確保できているのか
> 開発する対象のソフトウェアシステムの規模は適正か

　上でも述べましたが、予算と人材の問題がもたらす影響は非常に厳しいものになります。ソフトウェアが単純で小規模なものならばたいしたことはないかもしれません。ですが規模が大きくなるにつれて厳しさが増してきます。人材は外注に頼るという選択肢もあります。これには費用がかかります。求める人材のレベルが高くなるほど費用は高くつくでしょう。

> 開発するための時間はどのくらい確保されているのか

　開発期間も問題です。特に十分な人材が確保できなかった場合は深刻化します。激しい競争にさらされている事業環境の中で時間がかかるということは大きな不利な状態に追い込まれることになります。

> 他のシステムとの互換性の確保や、標準規格への対応などが求められるか。あるいは、標準化競争にさらされる可能性はないのか

　「内製」を進めると、気づいた時には世の中の標準の流れとかけ離れたものに進展しまうこともあります。あくまで自社内だけで動作すればよい、他のソフトウェアシステムとの通信やデータのやりとりなどは不要ならそれでもよいかもしれません。しかし、世間の標準とかけ離れたソフトウェア（技術）ではそれを支える人材の確保も難しくなるでしょう。世の中全体がより優れた新しい技術を使って、多くの人々が支える標準的な技術の恩恵を受けているのに対して、あなたは一人で対抗しなくてはならないのです。「内製」の利点の代償として、標準的な技術を使うことの恩恵を受けられなくなることはないか、慎重に考えるべきです。

> 開発が終わって、実際にソフトウェアをリリースしたあとの保守を行うのに十分な人材や予算は確保されているか

ソフトウェアはリリースをしたあとも顧客が使っているあいだは保守の継続が求められます。このことはハードウェア系や機構設計系のエンジニアにはなかなか理解しにくいかもしれません。またマネジャーや経営層からも理解を得にくい場合もあるでしょう。しかし、これは見過ごしてよいことではありません。ソフトウェアをリリースしたとき（ソフトウェアを搭載した製品を出荷したとき）は検出されていなかった脆弱性の問題が出荷後に発覚し、顧客に深刻な影響を与える危険性がある。この脆弱性への対応は、ソフトウェアをリリースした側に求められるなどという事態は残念ながら日常化しています。ソフトウェアシステムが大規模化している中で、出荷後のソフトウェア保守は避けて通れない課題なのです。

さらに「内製」という選択の場合は、脆弱性のような問題点が気づきにくいという難点があります。脆弱性問題に気がつくことができ、対策ができるのは、「あなただけ」です。あなたが気づかないうちに誰かがあなたの内製したソフトウェアの脆弱性に気づいてしまう。あなたが気づいて対策を行う前に誰かが脆弱性を突いた攻撃、いわゆるゼロデイ攻撃に成功してしまう。ゼロデイ攻撃は「内製」という選択肢に対する最悪の悪夢のひとつです。ゼロデイ攻撃を防ぐ努力はすべての顧客があなたの提供した内製ソフトウェアの利用を終えるまで（または契約などで合意した期間が過ぎるまで）、責任をもって継続しなくてはなりません。保守のための人材確保、予算確保も決して忘れないでください。

「既製品」ソフトウェアを購入する

「既製品」ソフトウェアの典型例は、マイクロソフト社のWindowsやOfficeを購入して利用するといったやり方です。組み込みシステムであれば、オペレーティングシステムはマイクロソフト社からWindows Embeddedを購入してきて使うというやり方も考えられます。

「既製品」で済ませる利点は、既製品の提供者に多くを期待できるということです。「内製」の場合と好対照でしょう。利点についても好対照を見せます。ところがよく見ていくと、内製と同様の問題もあり得ることに気づきます。場合によっては「内製」より深刻かもしれません。ここではあなたは既製品ソフトウェアを

購入してきて利用する人だとしましょう。

あなたが求めるソフトウェアにジャストフィットしたものが実現するのか

「既製品」が必要かつ十分なものであればあなたはラッキーです。ジャストフィットしたものが入手できます。もっとも、ジャストフィットするなど、まさにラッキーであり極めてまれにしか起きないでしょう。多くの場合は必要な機能が欠けていたり、余計な機能が多く含まれていたりします。では、既製品を作っている会社にあなただけに向けて特別な対応をしたものを作ったとしましょう。すると、「内製」を外注業者に委託して行うのと変わらない状況となります。その問題点はすでに検討したとおりです。

開発に必要な予算は確保されているのか
開発のための人材は確保できているのか
開発するための時間はどのくらい確保されているのか
開発する対象のソフトウェアシステムの規模は適正か
他のシステムとの互換性の確保や、標準規格への対応などが求められるか。あるいは、標準化競争にさらされる可能性はないのか

上記の点については、もし「既製品」があなたの求めるものにジャストフィットするものであるのならば見事に解決するでしょう。もちろん、あなたが確保した予算が「既製品」を購入するのに十分なだけ確保できていなければなりません。人材確保、開発期間、システムの規模、他システムとの互換性や、標準化対応については既製品を開発する企業が信頼に十分に足り、信頼に見事に応えてくれるという条件が付きます。

ただし、標準化競争は懸念事項になり得ます。あなたが利用しようとしている「既製品のソフトウェア」の市場シェアが十分に大きくない場合、結果として他システムとの互換性や標準規格対応が困難になる可能性も否定はできません。

開発するものはあなたの周り以外に知られても問題ないのか、それとも知られては困るものか

「既製品」ではあなたが周囲に知られては困るものや、あなたが特許取得を目指すものの対応は不可能でしょう。

開発が終わって、実際にソフトウェアをリリースしたあとの保守を行うのに十分な人材や予算は確保されているか

保守の問題は意外と見落としがちです。いちばん問題となるのは、サポート期限の問題です。たとえばマイクロソフト社のWindowsやOfficeなどはリリースされてから一定期間を過ぎるとサポートが終了します。マイクロソフト社に限らず、ある時期を迎えると「ソフトウェア寿命満了」（End of Life）として脆弱性対応なども含めて開発企業からのサポートが終了するのが一般的です。

場合によっては、開発企業からソフトウェア寿命が終了してもそのソフトウェアを使い続けなくてはならないかもしれません。もし、あなたが寿命の尽きたソフトウェアの詳細な技術情報を入手でき、あなた自身の技術力で対応ができるのならば、寿命満了後も使い続けられるでしょう。しかし、寿命が尽きたからといって「既製品」ソフトウェアの提供者が技術情報を提供するとは思えません。仮に提供されたとしても、ソフトウェアの技術的詳細を理解し、自力でサポートを続けるのは難しいでしょう。サポートを継続するための資金の確保もしなくてはなりません。結果、あなた自らがサポートを継続するのは非現実的であると結論せざるを得ないでしょう。

「既製品」ソフトウェアを利用する利点も多数あります。反面、「既製品」ソフトウェアの提供者からは多大な影響を受けてしまう可能性があります。影響を受けた場合の対応も慎重に考慮するべきです。

OSSを採用する

最後に、あなたがOSSを採用した場合について検討してみましょう。

OSSを採用する場合、あなた自身が使おうとするOSSについて技術力を持っているか、いないかで対応が変わってきます。

あなたが求めるソフトウェアにジャストフィットしたものが実現するのか

あなたが求めるソフトウェアがあなた以外の多くの人が共通して求めるもので
あった場合、ジャストフィットしたものがOSSの中から見つかる可能性が極めて
高くなります。この場合、あなたにソフトウェア開発の技術力があるかないかは
問いません。

あなたがソフトウェアに対して少しだけ他の人と違うことを求めている場合は
どうでしょう。もしあなた自身にソフトウェア開発能力があるのならばその部分
の改良だけを既存のOSSに対して施せばよいのです。結果として、あなたにジャ
ストフィットするソフトウェアが手に入るでしょう。ただし、ここで肝に銘じなく
てはならないことがあります。もし、あなたが既存のOSSに改良を加えた部分を
公開せずに持ち続けた場合、改良を加えた部分については「ソフトウェアを内
製した」のと同じことになります。OSSによっては頻繁に新版がリリースされ、迅
速に進化するものがあります。あなたが改良を加えた部分にあたる箇所がOSS
コミュニティによって一晩で大きく書き換えられることは珍しくありません。そう
なると、あなたが改良した部分をOSSに合わせて書き換えるのはあなたの仕事で
す。

もし、対応作業をあなた独自に進めるのが難しいのならば、あなた独自の対応
を開発者コミュニティに提供することも考えられます。もし、開発者コミュニティ
があなたの成果物を受け取ってくれたのならば、確証はありませんが、あなたの
成果物のことも配慮してOSSを進歩させる可能性が出てきます。

開発に必要な予算は確保されているのか

繰り返します。OSSはたしかに無償で入手して使えます。しかし、だからといっ
てまったく費用がかからないわけではありません。あなたがOSSを使うことによ
る責任を負う費用はかかります。とはいうものの、一般的にはOSSを利用する費
用はソフトウェアを内製したり、既製品のソフトウェアを購入するのに比べて格
段に安くなる効果は期待できます。

開発のための人材は確保できているのか
開発するための時間はどのくらい確保されているのか
開発する対象のソフトウェアシステムの規模はどうか

第1章　オープンソースソフトウェアの基本　35

　人材の確保、開発期間の短縮については OSS の利点が発揮されることになるでしょう。OSS 開発者コミュニティの活動が活発であればあるほど、開発者の中に優れた人材がいる確率は高まります。結果、高度な技術力を持った人材と共棲できるようになります。高度な技術力を持った人材と、コミュニティ内に蓄積された多様なユースケースを使えば、開発期間も短く済む可能性があります。開発対象のソフトウェア規模が膨大なものになったとしても十分に対応できるでしょう。事実、Linux などの多くの OSS は膨大な規模になっているにもかかわらず順調に進化し続けています。

　ただし、コミュニティの中で開発方針が一致しない技術領域については、コンセンサス作りが難航し、開発に時間がかかってしまう場合もあります。コミュニティの動きには十分な注意が必要です。コミュニティの動きを活発化させる、さらにコミュニティの動きを的確に捉えることを考えるとあなた自身もコミュニティに参加することを強く勧めます。

他のシステムとの互換性の確保や、標準規格への対応などが求められるか。あるいは、標準化競争にさらされる可能性はないのか

　コミュニティの中で開発方針が一致し、多数の人がコミュニティの開発方針に基づいた実装を使うようになると、標準規格制定の流れも OSS の実装と普及に配慮したものになる期待も高まります。標準化競争のイニシアティブを取る、さらに互換性の確保や標準規格への対応を進めるといったことについて OSS は有利な側面を見せるでしょう。

開発するものはあなたの周り以外に知られても問題ないのか、それとも知られては困るものか

　周囲に知られてはこまるようなソフトウェアの開発に OSS を選択するのは避けるべきです。OSS ではライセンスによってあなたが持っている知的財産権（特許権）の権利行使に制約がかかる場合すらあります。特に特許権と OSS の関係については、第10章で検討します。

開発が終わって、実際にソフトウェアをリリースしたあとの保守を行うのに十分な人材や予算は確保されているか

　OSSにもコミュニティが保守活動を終了するタイミングがあります。コミュニティによっては保守活動終了について明示的な宣言が出されることもあります。いつの間にか気がついてみたら誰も顧みることがなくなり、事実上保守活動が終了した状態になることもあります。ここまでは「既製品のソフトウェア」を採用する場合と酷似しています。しかし、コミュニティが保守活動を終了したあとの対応に違いがあります。

　もし、あなたが十分な技術力があり、予算などの確保もできるとします。すると、コミュニティが保守活動を終了したあともあなた自身で保守活動を継続するという選択肢がOSSにはあります。コミュニティが保守活動を継続している間に、あなた自身がコミュニティの保守活動が終了したあとに備えて技術を獲得する。そして、獲得した技術をもとにコミュニティ保守活動が終わった段階以降はあなた自身が自活するのです。

　さらに、もしあなたと同じような境遇に置かれた人が他にも（他社なども含めて）いる場合は、同じ境遇の人たちで保守を継続するコミュニティを立ち上げるという手段もあります。具体的な例としてLinuxカーネルの例を紹介しましょう。

　最近のLinuxカーネルは70〜77日周期でメジャーリリースがされています。Linuxコミュニティは通常は「次の次のメジャーリリースが行われた段階で保守を終了する」ことにしています。つまり、保守期間は140〜154日だということです。事実上たった半年程度では困るという人たちがコミュニティを作り、Linuxカーネルの中で特定のバージョンでは保守期間を6年ほどに延長するプロジェクトがあります。6年ほどに保守期間を延長したカーネルのことをLTS（Long Term Support）版カーネルと呼んでいます。

　加えて、ビル管理、公共交通機関など社会環境システムの要請は6年よりもさらに長い保守期間を求めています。超長期の保守を目指すコミュニティであるCIP（Civil Infrastructure Platform：https://www.cip-project.org/）もLinuxファウンデーション傘下に立ち上がっています。

内製、既製品、OSS ── 選択の指針

内製、既製品、OSSのどれを選べばよいのか。選択の指針をまとめると、以下のようになります。

もし、あなたがソフトウェア開発をするときに、開発しようとしているソフトウェアがあなたの製品やサービスの市場競争優位に立つための主要なものであったり、あなたが特許を取得しようとしているのならば、「ソフトウェアを内製する」という手段以外は考えられないでしょう。

「内製」以外の手段が採れる場合で、十分な予算があり、特別なことをソフトウェアに求めないのならば、「既製品」ソフトウェアを購入してくるという選択肢があります。この場合、既製品型ソフトウェアの提供者の方針に影響を受けます。提供者の動向に常に注意を向けておく必要があります。たとえばマイクロソフト社からWindowsやOfficeを購入して利用するのは既製品ソフトウェアを利用する典型例です。

「内製」も「既製品」ソフトウェアの利用も不可能な場合、「OSSを利用する」という選択肢が残ります。もしあなた自身に十分なソフトウェア開発能力があり、内製でソフトウェアを開発しなくてはならない場合は、利用しようとするOSS開発者コミュニティと共棲して開発するという道が残されています。あなた自身にソフトウェア開発能力が十分にはない場合でも、あなたが求める機能が他の多くの人と共通のものであれば、そのまま使えるOSSが見つかる可能性も高まります。また、必要な費用も一定水準で抑えられるかもしれません。ただし、使ううえでの責任を果たすための費用は発生することを忘れないでください。

「内製」、「既製品」ソフトウェアの利用も困難、しかも「OSSの利用」もできないという結論に陥った人はいませんか。あなたはきっと実現不可能なソフトウェアの開発に取り組もうとしていたのです。開発をあきらめるというのも選択肢のひとつです。しかし、あきらめる前にもう一度、「内製」の可能性から検討し直してみましょう。

38　第Ⅰ部　基本編

演習問題

1　あなたはベンチャー企業を興そうとしています。あなたはソフトウェアを武器にして成熟産業を相手に勝負をかけようとしています。その成熟産業はあらゆるソフトウェア技術を内製しており、そこには大変なノウハウの積み重ねがあるようです。この勝負であなたはOSSをどう活用できるか考察してください。

2　これからOSSの活用が進むと思われる業界やシステムを挙げてください。それらにOSSの活用が進むと思う理由は何でしょうか。利用が進むのを阻害する要因は何でしょうか。

2 ソフトウェアライセンスの基本

本章では、ソフトウェアライセンスの基本について説明します。最初に、ソフトウェアと著作権の関係について説明し、OSSライセンスと商用ライセンスの違いについても見ていきます。後半では、「頒布」に関して事例をもとに考察します。

ソフトウェアと著作権

　ソフトウェアを開発した人の権利は著作権法で守られています。法律のうえではソフトウェアも著作物のひとつです。著作物を作り上げるには、新しいアイデアの獲得、斬新な表現手法の発見、それを実現するための修行など、努力や投資が必要です。さまざまな艱難辛苦を乗り越え、作り上げているのです。著作物を作り上げた人が正当な対価を得るのは当然です。その権利を守る法律が著作権法です。

　ソフトウェアを書いた人にはそのソフトウェアの著作者としての著作権が生まれます。また、ソフトウェアを書いた人から著作権の行使を認められた人もいるかもしれません。そのような人たち（それには企業や団体など法人も含まれます）のことを著作権者と言います。そしてその著作権者の権利は著作権法で守られています。

　ソフトウェアを使う場合は、著作権者からの許諾を得る必要があります。許諾を得ないまま著作物、すなわちここではソフトウェアを使ったとしたら、著作権法上ゆゆしき問題を起こす結果になりかねません。**著作権者からの許諾を得な**

いままソフトウェア（著作物）を使うのは許されることではありません。ましてや、そのようなソフトウェアを無断で他人に渡すなど絶対にしてはいけません。

あなたが使おうとしているソフトウェアについて著作権を持っていない場合は、著作物の利用許諾条件を変更してはいけません。利用許諾条件の変更は著作権者だけに許されています。もちろん著作権者からそのソフトウェアの利用許諾条件の変更ができる許諾を得ている場合は例外になる可能性はあります。しかし、利用許諾条件の変更などをする場合は必ず法務や知的財産権の専門家から適切な助言を得るべきです。ソフトウェア開発者が独断で判断するのは避けるべきです。

お気づきになっている読者の方もいると思いますが、本節ではここまで「OSS」という言葉を一切使っていません。すべて「ソフトウェア」という言葉を使っています。そうです。ここで述べたことはOSSに限った話ではありません。ソフトウェア一般に通じる常識です。

一方、あなたが自ら書いたソフトウェアの場合はあなたが著作権者です。あなたは自分の書いたソフトウェアがどのような条件なら使用を許可するかを決めることができます。利用許諾をする条件などがきちんと定められていないソフトウェアは、使ってよいのかどうかわからず、使われる機会を失うでしょう。著作権表記の要請や使用の条件など、著作権者としてあなたが求める事柄を明示することは極めて重要です。そのような事柄を書き記すものが利用許諾書、すなわちライセンスです。

ソフトウェアライセンスの本質

ソフトウェアライセンスとは何でしょうか。もちろんこれが法務や特許の実務に携わっている人であれば、すらすらと答えてくれるかもしれませんが、本書では、エンジニアなどの法務や特許の専門家ではない方がどのように「ライセンス」の本質を理解すべきか、ここで提案します。

すでに述べてきたとおり、ソフトウェアは著作物です。そして、その著作物にまつわる著作をした人の権利（著作権）、および著作権者から権利を委譲された

人の権利は著作権法によって守られています。詳細についてはそれぞれの国によって法律体系が異なり、社会事情も異なるため専門家の知識が必要となります。たとえば、著作権法上の見地から著作物としてのソフトウェアの適切性を問われるようなときは法律の専門家の出番です。ですが、本書の目的は、紛争や訴訟にならないようにするために、ソフトウェア開発に関係する人びとがどのような知識を持ち、行動しなくてはならないのかを知ることにあります。

ソフトウェア開発のプロフェッショナルが持つべき最低限の常識として、**ソフトウェアを利用するときには著作権者から利用の許可を得なくてはならない**ことを絶対に忘れてはいけません。あなたが開発したソフトウェアにまつわるあなたの権利が著作権として守られているのと同じように、他人の開発したソフトウェアも開発した人の権利は著作権で守られています。著作権者はその利用を許諾する条件を文書にしていることがあります。自らの著作物に対していかなる条件に従えば利用してもよいかを文書にしているのです。**その著作物の利用許諾を求めようとしている人に対して著作権者の思いを伝える文書こそがソフトウェア利用許諾書、すなわちソフトウェアライセンスだと心得ましょう。**

たとえば商用ソフトウェアのライセンスには、多くの場合、著作者の「私はこのソフトウェアの販売を生業としている」、だから「これこれの条件に従っていただくとともに、いくばくかのライセンス料金を支払ってほしい」という思いが込められています。そして、「頂いた対価は、自分自身の生活のためと、そのソフトウェアのさらなる発展に使いたい」という気持ちが込められているのではないでしょうか。

また、あなたが第三者に向けてソフトウェアを作成したのならば、あなたは自らの思いを込めたソフトウェアライセンスを必ず付けるべきです。そのライセンスという文書を通じてあなたの思いはあなたの作ったソフトウェアを使う人に届きます。ときには「このソフトウェアはオープンソースソフトウェアです」とただ単に宣言してあるだけで、ライセンスが見当たらないこともあります。これだけではその著作権者の思いはソフトウェアを使おうとする人、頒布しようとする人に届くとは思えません。

そもそも、**第三者が開発したソフトウェアを業務で利用しようとした場合、利用許諾条件が明示されていないようなソフトウェアを使うことなどあり得ません。**

それはOSSであれ商用ソフトウェアであれ同じです。

OSSライセンスの要諦

では、OSSの場合はどうでしょうか。商用ソフトウェアのライセンスとはまったく話が違ってきます。OSSは、その利用に対価を求めることはありません。たとえばLinux開発者たち（開発者コミュニティ）とつきあい始めると、彼らが本当にLinux開発に心血を注いでいるのがわかります。彼らの発言はこんな感じです。

「最新のオペレーティングシステムを開発するって格好良いじゃないか！」
「イノベーションの最先端と一緒にいることってワクワクするよ！」
「自分の書いたコードが人の役に立っているなんてうれしいことだよね」

なかには、こんなことを言う人もいます。

「みんな、この気持ちがわかってほしいんだよな。だからLinuxにどのような改良を加えたか、**せめてソースコードは見せてほしいね**」

Linux開発者コミュニティとの交流を始めると、このような思いを感じるまでにさほど時間はかからないはずです。Linuxの場合は、開発者が「せめてソースコードは開示してほしい。そうして一緒にイノベーションのワクワク感を味わってほしい」という思いを込めて、OSSの頒布をした場合、ソースコードの開示も求めているライセンス、つまりソースコード開示の義務があるライセンス、GNU General Public Licenseを採用しているのです。そして、他の多くの開発者もそれにならったわけです。逆の見方をすると、ソースコード開示をせずにLinuxを使う（頒布する）ということは、その開発者コミュニティの思いを踏みにじることになると心得るべきです。

OSSライセンスの中には、ソフトウェア特許に関する行き過ぎた権利行使を嫌い、特許侵害による係争を起きにくくするような条項を記載したOSSライセンス

もあります。にもかかわらず、そのOSSから恩義を受けながらも抜け道を見いだして特許権利を行使しようとする人もいるかもしれません。

あるいは、大学の成果物を中心としたOSSでは、その開発した大学の研究者がいかに社会貢献をしているかをアピールしたいと考えていることがあります。そのOSSのライセンスでは、開発活動をさらに発展させるため著作権者の表記を求めていることがよくあります。なのに著作権表記をおっくうがってやらないというのも著作権者の思いを踏みにじる行為です。

OSSライセンスをどう捉えるか。そこには次のような大原則があります。つまり、

お天道様に顔向けできないことは絶対にしない

ということです。これまでに挙げたような、「ソースコードを開示しない」「公明正大に使わない」「使っていることを隠そうとする」というのは、お天道様に顔向けできない例の典型です。OSSを使うときに常に自問すべきことは、自分自身がそのような**開発者コミュニティの思いに背くような裏切り行為**をしていないかです。

OSSを隠れてこそこそ使おうとするのは心して避けるべきです。OSSを使うことは決して後ろめたいことではありません。しかし、使っていることを隠すことにより、利用時に著作権者から求められていることを回避して使うのは後ろめたい行為です。逆に言えば、使っているのを隠す必要があるOSSがあるのだとすれば、そのようなOSSの利用は回避するべきでしょう。

OSSを作る人はあるときには使う人になり、使う人もあるときは作る人として協力しつつ進化していきます。いかに協調関係および信頼関係を構築するかが何にも増して重要です。

商用ライセンスとOSSライセンスが選択可能になっている場合

まったく同じソフトウェアにもかかわらず商用ライセンスとOSSライセンスが選択可能になっていることがあります。著作権者はそのソフトウェアを使う人に対して複数の利用許諾条件を示し、使う人が選択できるようにしているのです。

44　第Ⅰ部　基本編

　この場合、著作権者の思いは次のようなものであると思われる場合がよくあります。

　「このソフトウェアをお試し版として使うときは、OSSライセンスの利用許諾条件で使ってもかまわないよ。お試しで使ったときにもしバグを見つけたり、改善点があったらどんどん直してください。そして、そのことを教えてくださいね」

　一方で、次のような思いも込められている可能性もあります。

　「もし、このソフトウェアで何らかのビジネスをすることになったら、商用ライセンスの利用許諾条件で使ってください。私たちもこのソフトウェアの売り上げで生業を営んでいます」

　このような思いも斟酌し、著作権者との信頼関係を築くことも大切です。このソフトウェアが多くの人に使われ、成長していくのは、最終的には著作権者と強い信頼関係を結んだ使い手の利益にもなるはずです。
　一方で、OSSライセンスを選択すれば無料となることにだけ注目し、ビジネスで利用しているにもかかわらず対価を支払わないようなユーザーが増えるとそのソフトウェアの提供者は生業が成り立たなくなってしまいます。結果としてソフトウェアの品質低下やサポートの停止を招き、ソフトウェアそのものが使い物にならなくなるかもしれません。結局は、そのソフトウェアを使う人が不利益を被ってしまいます。

著作権の観点から見たソフトウェアの類型

　これまでの話をまとめると、著作権の観点からはソフトウェアは以下の2つに分類されます。

- あなた自身が著作権を持っているソフトウェア
- あなた自身が著作権を持っていないソフトウェア

それぞれ簡単に説明しておきましょう。

あなた自身が著作権を持っているソフトウェア

あなた自身が著作権を持っているソフトウェアは、著作権の観点からはあなたの裁量でいかなるかたちでもそのソフトウェアが使えます。他の人に使うのを許すかどうか。使うのを許すのならばどのような条件で許すのか、これらもすべてあなた自身が決められます。ここで言う「あなた」が「あなた自身が所属する法人」を意味する場合は、その法人の中で決定権がある人によって決められると考えてください。

あなた自身が著作権を持っていないソフトウェア

次に、あなた自身が著作権を持っていないソフトウェアの場合はどうなるでしょうか。この場合は、著作権を持つ人から著作物の利用許諾を得ることが必須事項となります。通常はOSSはこちらに分類されます。例外はあなたがそのOSSの著作者だった場合です。また、OSS以外にも商用ライセンスなどで利用許諾されたソフトウェアがあります。

ここで改めてOSSを定義してみると次のようになります。

> オープンソースソフトウェア（OSS）とは、著作者からいちいち利用許諾を得る手続きを経なくても、著作者があなたに対して一定の条件に従うことで自由に利用し、改変し、頒布し、かつ無償で使えるようにしたもの。

対して、上記の典型的なOSSの条件を満たさないソフトウェアがあります。代表的なものは**商用ライセンスなどにより利用許諾されたソフトウェア**です。このようなソフトウェアは、多くの場合、何らかの方法で著作者から利用許諾を得る手続きをしなくてはなりません。すでに述べたとおり、同じソフトウェアでもOSSとしての利用許諾と商用ライセンスに基づく利用許諾を選択できるケースもあります。

世の中にはOSSか商用ライセンスか分類が難しい場合もあります。OSSライセ

ンスか商用ライセンスか迷った場合はケースバイケースでライセンス文を精読して適切な扱いをしましょう。たとえば、著作者から利用する都度に許諾を得ることを条件に、著作者があなたに対して一定の条件に従うことで自由に利用し、改変し、頒布し、かつ無償で使ってよいと許可するといった場合です。OSSかどうか判断が難しい場合には、それぞれケースごとに検討する必要があります。

OSSライセンスは既製服に似ている

一般にソフトウェアライセンスは、ソフトウェアごとにその開発者の意向、生業（ビジネスモデル）などに配慮して個別に作られます（図2.1）。商用ソフトウェアとして販売されているものはほぼ例外なくオーダーメイドのライセンスです。

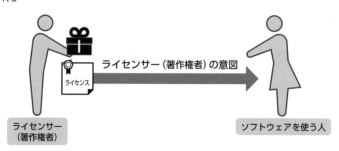

| 図2.1 | 通常のソフトウェアライセンス

しかしOSSの場合は、OSSごとにライセンスをオーダーメイドで作るということはあまりありません（図2.2）。代表的なOSSライセンスとして、GNU General Public License（GPL）というライセンスがあります。GPLはフリーソフトウェアファウンデーションという団体が提供している、一般的に誰でも使えるライセンスです。ライセンス文書というフリーソフトウェアファウンデーションが作成し

た文書を誰でも無償でことわりなしで自由に使えるとしています。

図2.2 OSSライセンスの特異性

　GNU GPLの他に「Apacheライセンス」と呼ばれるOSSライセンスがあります。もともとこのライセンスは、OSSである「Apache」のライセンスとしてApacheソフトウェア財団が用意したものです。ApacheはWebサーバー構築の際に必ずと言ってよいほど使われている有名なOSSです。Apacheソフトウェア財団はそのOSSに対してオーダーメイドのライセンスを用意したのです。さらに、Apacheソフトウェア財団はそのライセンスがApache以外でも使われることを事実上公認しています。たとえばAndroidの中ではGoogleをはじめさまざまな人々が作ったOSSがApacheライセンスで利用許諾されています。しかしそれらのほとんどすべてはApacheソフトウェア財団やApacheというOSSとはまったく無関係です。

　LinuxがGPLを選択したり、Android（Google）がApacheライセンスを選択したりするように、OSSの場合は、誰かがあらかじめ作っておいてくれたライセンスをそれぞれのOSS開発者が自らの思い（意向）を最もよく表現しているものを選択して使うことがよくあります。これはちょうど既製服を着こなしているようなイメージで捉えるとよいでしょう。既製服でも人によっては別のアクセサリーを

あしらって既製服とはひと味違う楽しみ方をします。同じようにOSSライセンスでも、その文言の解釈や尊重する事柄などに対してそのライセンスを使う人（開発者コミュニティ）によって着こなし方はまちまちです。OSSライセンスのどの部分を特に尊重するかはOSS開発者コミュニティによって温度差があることもしばしばです。

OSSライセンサーの思いを知ることの重要性

これまでに、「ライセンスとは著作権者の思いを表現し、その著作物の利用許諾を求めようとしている人に対して著作権者が伝える文書」だと説明しました。しかし、ライセンスの文言を読むだけでは、ライセンサーの思いをしっかりと把握できるとは限らないのです。そこで、OSSライセンスで表された著作権者の思いを理解するには、次の2つをバランスよくこなす必要があるのです。

- ライセンス文言を適切に理解し、記述されている内容を十分に理解する
- ライセンサー（開発者コミュニティ）の思いを適切に理解し、ライセンス文言では不明確な部分を補完する

ソフトウェアのライセンサー（著作権者）の思いを知るなどということが簡単にできるか不安に思われるかもしれません。たいていの場合、OSSの開発者コミュニティはさまざまな人に参加の門戸を大きく開いています。門をくぐればコミュニティの場に入れます。たとえばあなたがソフトウェア開発者だとします。もし、そのOSSにバグがあり、それをあなたが直したのなら、その瞬間がコミュニティの門をくぐる大きなチャンスです。ちょっとしたことでもかまいません。機能追加をしたときなどはもっと大きなチャンスになるでしょう。

あなたがソフトウェア開発者ではなかった場合。それでも門戸をくぐるチャンスがあります。たとえばドキュメントの翻訳です。ドキュメントそのものにコミュニティの思いが込められていることもあります。翻訳のボランティアを買って出て、その過程でわからないことが出てきたらコミュニティに問い合わせてみましょう。それもコミュニティの門戸をくぐる絶好機になります。

たとえば、これはLinuxコミュニティの中心的な人物たちであるグレッグ・クロー＝ハートマンとクリス・メイソン、リック・ヴァン・リエル、シュア・カーン、グラント・ライクリーがLinuxのライセンスにまつわることを著した文章があります。以下のURLで「Linux Kernel Community Enforcement Statement」というタイトルで公開されています（**図2.3**）。このような投稿を翻訳してみるのです。その過程でわからないことをグレッグに問い合わせたりすれば、それがコミュニティとの接点となり、理解を深める最高のきっかけになります。

- Linux Kernel Community Enforcement Statement
  http://www.kroah.com/log/blog/2017/10/16/linux-kernel-community-enforcement-statement/

このブログの日本語訳はGitHubで公開されています。

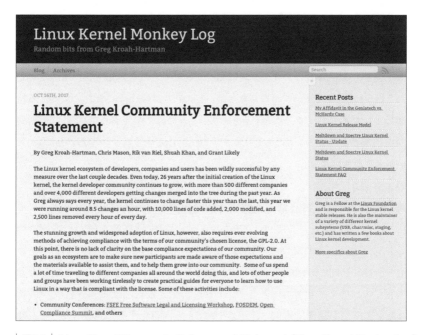

| **図2.3** | Linux Kernel Community Enforcement Statement（Linux Kernel Monkey Log）

50　第 I 部　基本編

■ hfukuchi/Linux_Kernel_Community_Enforcement_Statement: Japanese
translation of Greg K-H's blog "Linux Kernel Community Enforcement
Statement" ｜ GitHub
https://github.com/hfukuchi/Linux_Kernel_Community_Enforcement_Statement

　なお、この文章は Linux カーネル開発者たちがライセンスに込めた思いも垣間
見られるものです。ぜひ読んでみてください。

　翻訳以外にも、その OSS を使う人々のローカルイベントを開催したり、その協
力をコミュニティに依頼するといった活動も良い機会になるでしょう。こうした活
動を通じてコミュニティの人々と交流を重ねることで、あなたもそのような人々
の思いを肌で感じ取ることができるでしょう。

法務・知的財産権の専門家に任せておけば よいわけではない

　GPL という OSS ライセンスにはいろいろなことが書かれています。このライセ
ンスを使う人全員がこのライセンスに書いてあることのすべてを強く求めている
のかというと必ずしもそうでもありません。そのことが GPL ライセンスに対する付
記事項として書かれてあることもあります。ときには、開発者たちの間で暗黙的
な共通理解となっているものもあります。これが OSS ライセンスをわかりにくくし
ている大きな要因です。

　特に弁護士を代表とする法律や契約の専門家、企業内の法務部のスタッフ、
弁理士を代表とする特許権・知的財産権の専門家、企業内の知財スタッフに
とってはまことに困った存在でしょう。ライセンスという文章を読んで内容を理
解しようとしても、その文章そのものに限界があるということだからです。

　もちろん、そのような法律の専門家に OSS ライセンスを読んでもらい適切な助
言を頂くのは極めて重要なことです。それを否定する意図は微塵もありません。
ライセンス文言を適切に理解し、記述されている内容を十分に理解する。これは
法律の専門家、たとえば弁護士、弁理士、または企業内の法務部スタッフ、特
許知財部スタッフが得意とするところです。

　しかし一般的にはそのような法律の専門家には、OSS の開発者たち（開発者コ

ミュニティ）の間で共有されている価値観、それに基づく暗黙的なライセンス解釈など知る由もないでしょう。そこは、技術を知り、その技術を通じコミュニティと交流でき、開発者の思いを知ることができるソフトウェア開発者が補わなくてはなりません。**ライセンサー（コミュニティ）の思いを適切に理解し、ライセンス文言では不明確な部分を補完する**。これはソフトウェア開発者の守備範囲です。

　ここで、読者の皆さんにお勧めしたいことがあります。もし自社内に法務や知的財産（特許など）を専門に対応している部署があれば、OSSに精通するソフトウェア開発者と一緒に典型的なOSSライセンスを読み合わせてみるのです。まず、法務・知的財産権の専門家からそのライセンスへの疑問点や問題点を指摘してもらいます。それに対してソフトウェア開発者もやはりライセンスを読んで答えてみる。このようなディスカッションを通じて、オリジナルのOSSライセンス対応ガイドブックを作ります。この連携作業で、法務・知的財産権のエキスパートとソフトウェア開発者との信頼関係を作り上げます。さらにソフトウェア開発者は社外コミュニティとの連携し、信頼関係を拡充していくと、社外コミュニティも含めたチームワーク、いわゆるエコシステムが完成します。このチームはOSSを適切に使っていく核としてあなたの会社の財産になります。

　もしあなたが法務部や特許知財部があるような大きな企業に勤めているわけではない場合は、たとえばその地域で活躍している弁護士や弁理士の方と勉強会を持つのも有効でしょう。このことについてはさらに詳しく、第13章「OSSと社内体制」で検討します。

頒布のタイミング

　OSSを適切に扱うのにあたってとても大事なタイミングがあります。それは**頒布**というタイミングです。

　OSSを誰かあなた以外の人に渡す行為（あなたが会社など法人格を持つ組織で仕事をしていて、その法人がそれ以外の法人や人に渡す行為も含めます）のことを、ここでは「頒布」と言うことにします。この「頒布」という言葉はOSSラ

イセンスを理解し実務的に対応するときの最も重要なキーワードです。

　一般的にソフトウェアライセンスでは、著作権者が提示するライセンス証書に著作物を使う人が署名したときに契約が成立することが規定されています。実際に署名をすることに代えて、シュリンクラップを破る、梱包を開ける、封筒を開けるなどをした場合は署名と同等の行為とみなす。あるいはダウンロードする際に、ライセンス条件を確認したというチェックボックスにチェックを入れたことを署名と同等の行為とみなすこともよくあります。いずれにせよ、そのような行為をした段階で著作物の利用契約が締結されることが規定されています。

　しかし、OSSは違います。OSSライセンスでは、そのOSSを誰かが誰かに渡す際に渡す行為を行った瞬間に、双方が、そのOSSの著作権者が提示したライセンス条件に合意したことにする、そのような構造をとっているケースが一般的です。そのため、OSSは利用したり頒布したりする際に著作権者にいちいち確認をとる必要はありません。

　OSSライセンスでは、OSSを頒布する側に条件を課していることがよくあります（図2.4）。たとえばGPLという代表的なOSSライセンスは、それにより利用許諾されたソフトウェアを頒布する際には、頒布する人がソースコードを開示することなどを求めています。Apacheライセンスでは頒布を行うときに、頒布者が持

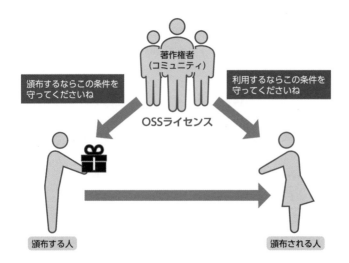

図2.4　コミュニティはOSSを頒布する人、頒布される人に条件を付ける

つそのOSSで実現する特許の自由、無条件、無償での利用許諾を求めています。GPLやApacheについては後ほど詳細に説明します。他のOSSライセンスにも同様にOSSを頒布する人が頒布する際にするべきことを定めています。

 「頒布」の意味

「頒布」という言葉の意味について補足説明します。この言葉については、日本の著作権法第2条に下記のような定義があります。

> 十九 頒布 有償であるか又は無償であるかを問わず、複製物を公衆に譲渡し、又は貸与することをいい、映画の著作物又は映画の著作物において複製されている著作物にあつては、これらの著作物を公衆に提示することを目的として当該映画の著作物の複製物を譲渡し、又は貸与することを含むものとする。

さらに著作権法における「頒布」に相当する言葉の定義は国ごとに異なります。これに対して、この本で使う「頒布」という用語は、これら著作権法における頒布の定義とは異なります。この本で「頒布」という言葉を使うのは、GNU General Public License version 2における「distribution」という言葉に対して、参考訳で「頒布」という言葉が使われていることに由来します。

たとえば、など、頒布に該当するかどうか判断に苦慮する場合があるかもしれません。そのような場合は法律の専門家からケースバイケースで助言を得ることをお勧めします。

- あなたがOSSを誰かに貸し出して、その人に一定期間使ってもらうことが頒布にあたるかどうか
- ある法人がその法人の子会社にOSSを渡すことが頒布に当たるかどうか

後者の事例についてはフリーソフトウェアファウンデーションのGPLについてのFAQの中でも触れられています。参考にしてください。

■ GNUライセンスに関してよく聞かれる質問 - GNUプロジェクト｜フリーソフトウェアファウンデーション
https://www.gnu.org/licenses/gpl-faq.ja.html#DistributeSubsidiary

「頒布する人」とは、OSSを開発した人だけを指しているわけではありません。そのOSSを入手し、誰か他の人に渡す人（もちろん法人を含めます）はすべてここで言う頒布する人になります。頒布する際の形態も問いません。ソースコードを誰かに渡すときはもちろんのこと、バイナリーコード【用語】であっても誰か他の人に渡すのならば頒布です。製品にOSSを組み込んで渡すときも頒布になります。

ここで組み込みシステムの大きな特徴が浮き彫りになります。それは頒布の機会が極めて多いということです。たとえばAndroid OSを基盤としたスマートフォンを製品化している企業は数百万、数千万という人々に対してOSSを頒布しています。それらの頒布を受ける人の中にはもしかすると非常に極端なOSSライセンスの解釈をする人がいるかもしれません。些細なことにクレームを付けてくるかもしれません。もしかするとその製品を頒布する企業に向けて、OSSライセンスの不適切な扱いをSNSに流して評判を落とすような行為をする人も出てくるかもしれません。特に**組み込みシステム開発に際してはOSSライセンスの扱いの適切性に対して十分に慎重にあるべき**です。

一方、Webサーバーを構築するような場合は、OSSの頒布の機会が限定的になる傾向があります。だからと言って、OSSライセンスの適切な扱いや、コミュニティとの関係構築の努力を怠るのは決して望ましいことではありません。

頒布の事例から考えてみる

では、ここで頒布について事例をもとに考えてみましょう。

用語　バイナリーコード
0と1を使った2進数（バイナリー形式）で記述された機械語のコードのこと。通常の人間にはその内容は理解できない。また、コンピュータが直接実行可能な機械語で書かれたプログラムが収められたコンピュータデータのことを「バイナリーファイル」と呼ぶ。

第2章　ソフトウェアライセンスの基本　**55**

あなた自身で製品向けのソフトウェア開発をする

問1　あなたは消費者用機器の開発メーカーでソフトウェア開発を行っています。あなたの開発したソフトウェアにはOSSが含まれています。そのソフトウェアを組み込んだ製品が先日発売されました。この場合、あなたの会社がOSSを頒布すると言えるでしょうか。

解説　たとえ機器に組み込まれているからといって、またそれがバイナリー形式になっているからといって頒布ではないと主張するには無理があります。機器に組み込んでバイナリーコードの形式でソフトウェアを頒布するのは組み込みシステムにおける頒布の代表的な頒布の例です。これは**「言える」が正解**です。

ODM開発業者に製品開発を委託する

問2　あなたは消費者用機器の開発メーカーに在籍しています。ODM業者に委託して製品を開発し受給しました。あなたの携わった製品が完成し、発売され、売り上げも好調です。その製品にはソフトウェアが組み込まれていて、ODMベンダーによるとその中にはOSSが入っているとのことです。この場合、あなたの会社はOSSを頒布していると言えるでしょうか。

解説　あなたの会社は製品の中に組み込まれているOSSを頒布しているのですから、**問1**と同様に**「言える」が正解**です。ですから頒布する人（法人）としてOSSライセンスが求めていることを確実に実施しなくてはなりません。「ちょっと待ってください」という声が聞こえるようです。

「私は製品の仕様をODM開発業者に伝えるだけで製品開発はすべてODM開発業者に任せています。そもそも私はソフトウェアの知識なんて少しもありません。そんな私がOSSについてなにかしなくてはいけないのですか？」

残念ながら答えは明確です。「はい、そのとおりです」と言うしかありません。

「そんなこと言われても、困ります。そもそもOSSを頒布したのはODM開発業者ではないのですか？」

こちらも、そのとおりです。ODM開発業者はあなたの会社にOSSを頒布しました。しかし、製品とともにユーザーにOSSを頒布しているのは、あなたの会社です。頒布に伴う条件をきちんと履行していなくて残念ながら訴訟などという事態に至ると、真っ先に著作権者からあなたの会社が訴えられる可能性が極めて高いでしょう。

2009年12月のことです、「BusyBox」と呼ばれるOSSの不適切な利用に伴い、訴訟が起きました。被告は一般消費者用製品メーカーを中心に14社に及びました。被告の中にはアメリカのBest Buyが含まれていました。Best BuyはあるODM開発業者に製品開発を委託し、Best Buyブランドで販売したのです。残念ながらBest Buyブランドの製品にOSSの利用の適切性が疑われるものがあったのです。

ここで注目すべきは、ODMで製品開発を委託し、完成した製品を販売したBest Buyが訴えられたということです。実際にこのような事例があったことにも注意してください。

マーケティング部門がモバイルアプリを作成

問3 あなたはインターネット通販の企業に勤めるマーケティング担当者です。スマートフォンのアプリを開発し、拡販を開始しました。おかげさまでそのアプリは好評で、多くのお客様がダウンロードして使ってくれています。そのアプリは外部のシステムハウスに作ってもらいました。システムハウスの担当者は「実はOSSを使っているんです」と話していました。さて、この場合、あなたの会社がOSSを頒布したと言えるでしょうか。

解説 これも **問1** と同様に、「言える」が正解です。あなたの会社はスマートフォンのアプリに組み込まれているOSSを頒布しているのです。ですから頒布する人（法人）としてOSSライセンスが求めていることを確実に実施しなくてはな

りません。ここでも「ちょっと待ってください」という声があがるでしょう。

「私は営業部のマーケティング担当ですよ。ソフトウェアの開発はすべてシステムハウスに任せています。そもそも私はソフトウェアの知識なんて少しもありません。そんな私がOSSについてなにかしなくてはいけないのですか？」

残念ながらここでも答えは明確です。「はい、そのとおりです。あなたはOSSの頒布者です」と冷酷に答えるしかありません。しかし、そのようなあなたにソフトウェアの中身を熟知して、OSSライセンスを遵守することを求めても、さすがに酷というものです。この状況を打破するためには、外部のシステムハウスにも理解してもらい、あなたがOSSを頒布するための条件を履行する支援を責任もって行う必要があります。OSSライセンスに関わる事柄をアプリ開発の業務委託契約書などにきちんと記載し、履行してもらうのが望ましいでしょう。

問2の場合も**問3**の場合も、共通して警戒しなくてはいけないことがあります。ODM開発業者あるいはシステムハウスなどのソフトウェア開発を委託する先があなたに黙ってこっそりとOSSを使ってしまった。それをあなたは気づけなかった。しかし、その製品やスマートフォンのアプリを使っている人が、その中にOSSが使われていることに気づいてしまい、しかもそのOSSは頒布の際に頒布者がソースコードの開示などを行わないといけないものだった。そこでその人は「ソースコードを開示してください」とあなたに言ってきたとします。

あなたはどう対応しますか。おそらく寝耳に水、一切対応できない状況に陥るのではないでしょうか。業を煮やしたその人はそのOSSの著作権者に連絡します。著作権者はあなたの製品やスマートフォンアプリに実際にそのOSSが使われているのを確認できたとします。この状態になると、あなたのところに著作権者から訴状が送られてきてしまうかもしれません。厳しい事態に至るのも決して絵空事でもなんでもありません。

「頒布」という事柄の重要性を理解していただけましたでしょうか。

Webサーバーを構築する

問4 あなたはLinuxとApacheを使ってWebサーバーを構築しました。そのサーバー上であるWeb情報システムを作り上げて運用しています。あなたはOSSを頒布しているでしょうか。

解説 Linux、Apacheのどちらも極めて代表的なOSSです。Webサーバーを構築する際には必ず使われると言ってもよいほどのものです。

この問いは一筋縄では答えが出せません。Linux、Apache、これらのプログラムはすべてサーバー上で動作します。Webブラウザなどでこのシステムにアクセスする人（ユーザー）は、このサーバーに対して情報（データ）を入力し、サーバーで処理した結果の情報（データ）を受け取ります。その際にLinuxやApacheといったOSSのプログラムをユーザーは受け取るのでしょうか。常識的にはそのようなプログラムがサーバーから渡されることはありません。この観点では、**OSSの頒布がないと言うことができる**でしょう。

ところが、Webサイトからはユーザーの側（ユーザーのマシン）で実行されるプログラムがサーバーからユーザー側に渡されることもあります。代表的なものとしてJavaScriptのプログラム（スクリプト）があります。これはサーバー側からユーザー側に頒布されます。もしその**JavaScriptのプログラムがOSSであった場合は、OSSの頒布が行われる**ということになります。

なお、第7章で詳しく述べますが、サーバーで使われるOSSには一部、頒布をしなくてもサーバーを構築し運用する人に履行を求めるOSSライセンスがあります。Affero GPL（AGPL）と呼ばれるOSSライセンスです。もし、サーバー上のプログラムにAGPLで利用許諾されたOSSが含まれる場合は特別な注意が必要になります。

第2章　ソフトウェアライセンスの基本　　**59**

知らぬ間にOSSを製品に入れていた

問5　あなたはソフトウェアが含まれる製品を出荷し、順調に売り上げを伸ばしていました。あるときまったく見知らぬ人から連絡を受け、あなたの製品の中にOSSが入っているのではないかという問い合わせを受けました。改めてよく調べてみると、その製品の中にOSSが含まれていることがわかりました。あなたはOSSを頒布したことになるのでしょうか。なお、問い合わせをしてきた人は実はそのOSSの著作権者でした。

解説　**問3**の解説でも少し触れましたが、これはかなり怖いケースです。真剣に考えてください。

　まず、答えを言いましょう。OSSを扱う実務上は**頒布したことになる**と心得るべきです。たとえあなたがOSSを頒布した意識がなくても、OSSライセンスが求めることを履行しなくてはいけなかったと指摘される可能性があります。残念ながら、このような事態が、訴訟に至るきっかけになったことがあります。これが本当に「頒布した」と言えるかどうかは、裁判の結果を待たざるを得ません。しかし、そもそも**裁判に至る可能性がある要素は事前に摘み取っておくのが望ましい**対応です。そのために何を心がけるべきかは、本書の第Ⅱ部「実務編」で考えます。

　もし、万が一このような事態に至ってしまった場合は、まず、間髪を入れずに信頼できる弁護士や各社の法務スタッフなど専門家から適切な助言を受けるべきです。法的な対応も含めて万全の対策をしなくてはなりません。

　ここでも、こういうことを言う人が出てくるでしょう。

　「私は製品の仕様をODM開発業者に伝えるだけで、製品開発はすべてODM開発業者に任せています。そもそも私はソフトウェアの知識なんて少しもありません。そんな私がOSSについてなにかしなくてはいけないのですか？」

　残念ながら、「はい、そのとおりです」と冷酷に言われることを覚悟してください。

Ⅰ
基本編
1
2
3
4
5
6
7
8
Ⅱ
実務編
9
10
11
12
13
Ⅲ
戦略編
14
15
16

「そんなこと言われても困ります。そもそも、OSSを私に頒布したのはODM開発業者ではないのですか？　この事態もODM開発業者の責任ではないのですか？」

　詳細な検討はケースバイケースで法律の専門家に委ねるべきですが、ODM開発業者にまったく責任がないと言えるかどうかは疑わしいでしょう。特にODM開発業者とあなたの間にこのような事態を想定して責任関係を契約で確認している場合、あなたはODM開発業者の責任も強く求めることができる可能性が高いでしょう。しかし、そのOSSの著作権者の視点で見た場合、頒布者の条件違反をより容易に見つけ、証拠を押さえることができるのは、ODM開発業者よりあなた、すなわち製品の仕様をODM開発業者に伝えるだけで製品開発し、その製品を販売した（製品に含まれるOSSを頒布した）人のほうです。おそらく、著作権者はあなたに最初に問題指摘をしてくるでしょう。まず、最初に矢面に立たされるのはODM開発業者ではなく、あなたです。

　少なくともこの段階で明らかに言えることがあります。あなたがODMやOEMなどを含めてソフトウェア開発を外部に委託する場合は次の2点に気をつけてください。

- そのソフトウェア開発委託先が、OSSの適切な扱いに十分に注意を払っているのか
- そのソフトウェア開発委託先とあなたの間に、OSSの適切利用に関する約束を交わし、委託先の責任の確約を得ているか

　これらをきちんと押さえておくことが肝要です。おそらくこれらの事柄について適切な理解があるODM開発業者、OEMによる製品供給元あるいはその他のソフトウェア開発サービスベンダーならば、OSSの適切な利用に関する約束事を交わすのに躊躇がないはずです。

　逆にもしあなたがODM、OEM、またはそのほかソフトウェア開発を受注する立場ならば、顧客からOSSの適切な利用について強く確認を求められる可能性があります。その対応の姿勢も顧客のベンダー選びの重要なポイントになるかもしれません。

組み込みシステムやIoTデバイスは 頒布の機会が圧倒的に多い

　ここで検討したことで、たとえばエンタープライズサーバーを構築するシステムインテグレーション事業やスーパーコンピュータ、クラウドサーバーを運営するなどの事業に比べて、組み込みシステムやIoTデバイスは圧倒的に頒布の機会が多いことがわかるでしょう。これらの機器は、次のような特徴があります。

- コンピュータの専門家に対して頒布するわけではない
- ライセンスに対する理解などが多岐にわたる可能性があり、極端な理解をする人に対して頒布する結果になる可能性もある

　頒布に伴い、ライセンスを的確に理解し、適切な対応をすることは、頒布の機会が多いこれらの事業では特に重要です。組み込み機器、IoTデバイスには、家電製品、自動車、玩具、携帯電話、センサー機器などが含まれます。意外に思われるかもしれませんが、むしろこのような機器の事業に携わる人のほうがOSSについてのより精緻で的確な理解が必要となるでしょう。また、特にOSSの頒布に伴ってライセンスで求められたことを適切に実施できるよう心掛けなければなりません。もちろん、組み込み機器やIoTデバイス以外ならばこれらの理解やライセンスで求められたことの実施をなおざりにしてもよいというわけでは決してありません。

　あわせて最近の、特にスマートフォンのアプリケーションに見られるように、営業・マーケティング担当者がソフトウェアを頒布することも日常的になりました。その際、それらのソフトウェアにもOSSが使われることも一般的になっている事実にも目を向けるべきです。このような営業・マーケティング担当者でさえもOSSの頒布者となる可能性が高いと言えるのです。この場合はそのようなソフトウェアの開発にあたった人が適切にOSSに対応し、実際にユーザーに頒布する立場の人に対して適切な対応をすることが求められます。たとえば発注者からの指摘がなくてもアプリケーションへの簡単な操作でライセンスや著作権情報を表示するなど、OSSライセンスが求めていることが簡単に実施できるようになってほしいものです。

62　第 I 部　基本編

✏ 演習問題

1 あなたが日常的に関わるソフトウェアに関わるシーンの中でソフトウェアの
頒布と思われることがないか考察してください。

3 寛容型ライセンスと 互恵型ライセンス

OSSライセンスを大別すると、「寛容型ライセンス」と「互恵型ライセンス」の2つがあります。次章以降で個々のOSSライセンスを見ていく前に、本章では寛容型ライセンスと互恵型ライセンスの特徴と違いについて解説します。また、本書でGPL/LGPLを取り上げる理由についても触れています。

ライセンス問題を考える

本書の目指すところは法律家がOSSライセンスに関わる訴訟に対応するようなことではありません。訴訟対応などはそれぞれの国の関連する法律や制度に精通している必要があり、専門家の手に委ねるべきです。本書では訴訟対応、特許侵害対応をはじめとする弁護士、弁理士、法務および知的財産権の専門家が必要とされる事態は想定していません。

また、本来ライセンスをどのように理解し、どのような対応をすべきかは、個々の事例、利用形態、あなたの所属する組織の考え方などさまざまな事柄に照らしてケースバイケースで考えるべきものでしょう。

しばしばエンジニアは、法務スタッフなどにOSSライセンスについて問い合わせをしたあとで「今後のために一般的にどう考えればいいか」といった助言を求めてきます。その気持ちは理解しますが、上記の理由から一般的な考え方を示すのは簡単ではありません。特に著作権にまつわる事柄は判断する人（裁判官や陪審員）によっても見解が異なることもしばしばのようです。

さらに、同じOSSライセンスでもライセンサー（開発者それぞれ）によって異

なる理解をしている可能性や、ライセンスの中では開発者の思いが表現しきれていないことがあるのはすでにおわかりいただけたと思います。ライセンサー（著作権者、開発者コミュニティと言い換えてもよいでしょう）ごとに揺らぎがある可能性があることが一般的な解説を難しくしているのです。ましてやライセンサーがコミュニティの場合は、コミュニティの中の一部の人がライセンスに対して極端な理解をしている可能性も否定できません。

　そのため、本書では最低限ソフトウェア開発者が押さえておきたいものを中心に説明していきます。ここで大事なのは正解を求めることではありません。たとえ同じライセンスでもケースによっては別の考え方のほうが適切である可能性があるということです。

　以降では、ソフトウェア開発者や、ソフトウェアを含む製品、ソフトウェアそのものの調達業務に携わる人が留意すべき点を、実際にライセンスに記載されている事柄や関連する文書を引用しつつ指摘します。それぞれのライセンスの説明の最後に、ライセンス準拠のために押さえておきたい事柄をチェックリスト形式で載せています。チェックリストもそのまま鵜呑みにするのではなく、機会があれば法律の専門家とディスカッションしながら、加筆修正してみてください。

　一説によるとOSSライセンスの種類は数千あると言われています。したがって、現場では本書で取り上げなかったOSSライセンスに遭遇することもあるでしょう。その場合でも基本はライセンスを精読することです。もしあなたが法務や知的財産権の専門家から助言を受けられるのであれば、OSSライセンスを読んでチェックリストを作り、法務や知的財産権の専門家と一緒にチェックリストをレビューしてみてください。もし身近に専門家がいない場合は、チェックリストを携えてソフトウェア情報センター（http://www.softic.or.jp/）に相談するとよいでしょう。

　本書では、OSSライセンスを次の2つに大別しています。

- 寛容型ライセンス（Permissive License）
- 互恵型ライセンス（Reciprocal License）

　人によってはさらに細分化して説明していることもあります。本書では、OSSライセンスを分類し、体系化することは目指しません。実務家として必要な知識

と応用可能な考え方を身につけるようにしてください。

OSSライセンスを読むヒント

　OSSライセンスの種類は少なく見積もっても数百通りはあり、すべてを一冊の本で解説するのは困難です。そこで本書では代表的なライセンスをいくつか取り上げてキーポイントを説明します。その他のライセンスについては、あなた自身がライセンスを読む必要があります。また、本書で扱ったものとは異なる視点での理解が求められたときもあなた自身でライセンスを読む必要が出てくるでしょう。必要であれば、弁護士、弁理士、法務・知的財産権のスタッフに協力を仰ぐとよいでしょう。

　多くの場合、OSSライセンスは英語で書かれています。法律の専門家が訴訟事案などに対応する場合は英語でライセンス文を読みこなす必要があります。翻訳されたものには英語のニュアンスが伝えきれていないものや誤訳の怖れもあるからです。しかし、法律の専門家以外がOSSライセンスを読むのならば、日本語に訳されたものを参考にしてもかまわないでしょう。

■ OSI承認オープンソースライセンス 日本語参考訳｜Open Source Group Japan
https://ja.osdn.net/projects/opensource/wiki/licenses

　ここには、さまざまなOSSライセンスの参考訳へのリンクがまとめてあります。あわせて原文へのリンクもあるので、活用するとよいでしょう。

　OSSライセンスを読むときのヒントを2つ紹介します。

　第1のヒントは、OSSを開発しているコミュニティの思いを推し量ることです。これについては、すでに繰り返し強調しました。

　もうひとつの第2のヒントは、OSSライセンスそのものを起草した人の思いを推し量ることです。たとえばGPLというライセンスを起草したのは、リチャード・ストールマンです。彼がどのような思いでGPLを起草したのかを知ることは、GPLを理解する上で大いに参考になります。「最初の声明」は、是非とも読んでみてください。

第Ⅰ部 基本編

■ 最初の声明　リチャード・ストールマン
　https://www.gnu.org/gnu/initial-announcement.html

次のBYTE誌のストールマンへのインタビューも一読の価値があります。

■ BYTEインタビュー、リチャード・ストールマンと
　https://www.gnu.org/gnu/byte-interview.ja.html

　他にも、https://www.gnu.org/gnu/にはGPLを知るために参考になる資料が多数あります。

　GPL以外のOSSライセンスにも参考となるドキュメントがあれば積極的に読んでみましょう。機会があればライセンスを起草した人から直接話しを聞くのも素晴らしい経験となるはずです。

　ライセンスを起草した人の思いを推し量るのは法律の専門家にもお勧めします。OSSライセンスを読み解くときになぜそのようなライセンスが生まれたのかの出自をソフトウェアエンジニアと共に検討してみてください。もし検討作業が何らかのOSSの採用の検討に根ざすものならば、ライセンス選択にあたってOSS開発者達が何を大切にしようとしているのかもあわせて考えてみましょう。

寛容型ライセンスとは

　寛容型ライセンスとは、極めて単純な事柄を守ればそのOSSの自由な改変や自由な頒布が認められるライセンスです。代表的なものは以下のとおりです。

- MITライセンス
- BSDライセンス（4項型、3項型、2項型）
- Apacheライセンス
- TOPPERSライセンス

これ以外にもさまざまなOSSライセンスがあります。

また、MITライセンスやBSDライセンスなどの寛容型ライセンスを一部改変

した寛容型ライセンスもあります。それらは「MIT（派生）型ライセンス」「BSD（派生）型ライセンス」などと呼ばれることもあります。

　一般に寛容型ライセンスでは、以下の2つを守ればあなたがソフトウェアの改変をしたり頒布をしたりする自由を得ることができます。

1. 著作権表記をすること
2. ライセンスの表記をすること

　場合によっては、特許権について言及がある場合があります。これは極めて重要な事項なので、第10章「OSSライセンスと知的財産権」で詳しく説明します。

3. あなたが頒布するOSSについて、そのOSSのみで実現する特許権をあなたが所持している場合はそのOSSの利用者に対して特許権の無償かつ無条件での利用を認めること

　寛容型ライセンスで求められるのはこの程度です。ライセンスによっては、これらの一部しか求めない例もあります。たとえばMITライセンスやBSDライセンスは、上記3.については明示的には求めていません。TOPPERSライセンスに至っては、（場合によっては）1.や2.すらも求めないことがあります。

寛容型ライセンスの意外な落とし穴

　寛容型ライセンスで利用許諾されるOSSには意外な落とし穴があります。それは、OSSなのにソースコードが入手できないという事態の発生です。

　たとえば半導体ベンダーからSDKを入手することを想像してください。SDKの全部あるいは一部がバイナリー形式で提供されることもあるでしょう。バイナリーコードの中にOSSが入っていてそのライセンスが寛容型である場合は、半導体ベンダーはソースコードを開示する必要はありません。もしそのOSSが別途その開発コミュニティなどから入手できるソースコードをそのまま無修正で使っていればソースコードを入手できるかもしれません。しかしOSSに対して半導体ベン

ダーがなんらかの改変を加えていると、半導体ベンダーによって改変された部分のソースコードは入手できないことになります。"オープンソース"ソフトウェアなのにソースコードが入手できないという奇妙な状況が発生するのです。

たとえソースコードが入手できない部分があっても、その部分の供給者が将来にわたって保守を行ってくれるのであればおそらく問題は少ないでしょう。OSのバージョンアップや脆弱性の問題が発生したときは、該当部分をバイナリーコードで提供してもらいます。しかし、そのような保守が期待できない場合は深刻な状況に直面することになります。最悪の場合でもソースコードが入手できれば、最後の手段として自身で対応するという可能性もあるのに対して、寛容型ライセンス型のOSSを利用する場合、その望みが絶たれてしまう事態も想定できます。問題にならないかどうかを慎重に考えるべきです。

互恵型ライセンスとは

互恵型ライセンスは、寛容型ライセンスに比べてより強くソフトウェア開発情報の共有を志向したライセンスです。たとえばバイナリーコードを頒布する場合でも、オリジナルのOSSに対して改変を加えた部分も含めてソースコードを公開することを求めます。これで誰でもソースコードの改変部分を参照でき、改善を共有できるようになります。

互恵型ライセンスの場合、改変を加えたものに対しても同じライセンスでの利用許諾を求めます。このような特徴から「コピーレフト（copyleft）型ライセンス」と呼ばれる場合もあります。これは、コピーライト（copyright）つまり著作権という言葉にひっかけてコピーライト（著作権）の利用許諾条件がそのまま改変物に対しても"残る（left）"という言葉遊びからきています。

互恵型ライセンスでも著作権者や頒布者などに関連する特許について無償、無条件での利用許諾を与えることを求めている場合があります。第10章で詳しく検討します。

互恵型ライセンスには次のようなものがあります。

- GNU General Public License（以下、GPLと略記）
- Mozilla Public License
- Artistic License
- Common Development and Distribution License
- Microsoft Reciprocal License

GPLには派生系の互恵型ライセンスとして、LGPL[1]、Affero GPL（AGPL）があります。またそれぞれいくつかバージョンがあり、バージョンごとに要求事項が変わります。実際によく使われているのは、GPLの場合はバージョン2と3、LGPLの場合はバージョン2/2.1と3が、AGPLではバージョン3です。バージョン3を超えるものは本書執筆時点では存在しません。また、それぞれの古いバージョンを見ることも極めてまれです。

GPL/LGPL —— 互恵型ライセンスの代表

本書では、多数ある互恵型ライセンスの中でもGPL/LGPLに焦点を当てます。理由は以下のとおりです。

1. Linuxを含め、多くのOSSが採用している
2. ソースコード開示が義務づけられている
3. 渾然一体となった別のソフトウェアに影響を与える場合がある
4. 訴訟が起きている
5. バージョンや派生系ごとに留意点が異なる
6. GPL/LGPLで、利用許諾されたOSSの利用を回避する傾向が見られる場合がある

以下、それぞれの内容をまとめます。

---

[1] LGPLはバージョン2までは「Library GPL」の略でしたが、バージョン2.1以降は「Lesser GPL」の略とされています。

1. Linuxを含め、多くのOSSが採用している

まず、GPLが多くの主要なOSSのライセンスとして採用されていることが大きな理由です。たとえばOS分野では、LinuxはGPLバージョン2で利用許諾されています。またコンパイラのGNU Compiler Collection（GCC）はGPLバージョン3で利用許諾されています。他にも多くのOSSがGPLで利用許諾されています。

2. ソースコード開示が義務づけられている

GPL/LGPLでは、バイナリー形式で頒布する際にもソースコードの頒布を義務づけています。しかも頒布する人がなんらかの変更を加えている場合はその改変の内容も含めてソースコードを頒布しなくてはなりません。また、バイナリーファイルを作成するために必要なビルド情報の開示も求めています。これらはバージョンが異なるGPLでも共通で、LGPLなどの派生系のGPLでも同様です。さらにライセンス文の明示なども求めており、特に頒布の際に注意すべきことが多いライセンスです。

3. 渾然一体となった別のソフトウェアに影響を与える場合がある

GPL、LGPL、AGPLで利用許諾されたOSSと渾然一体となったソフトウェアにも影響を与えることがあります。たとえば渾然一体となったソフトウェアのソースコード開示などが求められる、ソースコード開示が求められなくてもリバースエンジニアリングを禁止できないなどが考えられる場合があります。なお、渾然一体となるとはどういうことなのか、どのような場合に何が求められるのかは第5章で検討します。

4. 訴訟が起きている

残念ながら実際にライセンス違反を問う訴訟が起きています。組み込みシステム分野でも通信機器や家電機器で訴訟が過去に起きており、たとえば製品出荷を差し止める判決も出ています。

5. バージョンや派生系ごとに留意点が異なる

GPLのバージョンごとに留意点が変わります。GPLには派生系であるLGPLやAGPLのようなライセンスもあり、それぞれ異なる留意点があります。誤解をされ

ている向きも時折見受けられます。筆者は「機器に組み込んで頒布する際はソースコードの開示は不要」という甚だしい誤解をしている人をまのあたりにしたことがあります。

6. GPL/LGPLで、利用許諾されたOSSの利用を回避する傾向が見られる場合がある

GPL/LGPLに関して訴訟が起きていること、ソースコード開示義務があること、関連するソフトウェアにも影響を与える可能性があることなどから利用を回避しようとする人もかなりいます。たしかに利用を回避するのが合理的な場合もあります。一方でGPLに対する不十分な理解から過剰に忌避しているケースもありそうです。

寛容型ライセンスと互恵型ライセンスの比較

最後に、寛容型ライセンスと互恵型ライセンスを比較してみましょう。**表3.1**を見てください。

表3.1 | 寛容型ライセンスと互恵型ライセンスの比較

寛容型ライセンス	互恵型ライセンス
代表例	
BSDライセンス	GNU General Public License（GPL）
MITライセンス	GNU Lesser General Public License（LGPL）
Apacheライセンス	Mozilla Public License（本書では扱わない）
TOPPERSライセンス	
ライセンス表記・著作権表記	
自由な改変が許されると共に、多くの場合ライセンス表記、著作権表記をすれば自由な頒布が許される。さらに場合によっては、ライセンス表記も著作権表記も求められないこともある	自由な改変が許される。自由な頒布も許される。しかし、寛容型ライセンスでは求められない事柄がある。ライセンス表記、著作権表記などが求められる場合が多い
頒布に伴うソースコード開示	
ソースコード開示しなくてよい。ただし、ソースコード開示を禁じているわけではない	ソースコードなどの開示を求める。同時に、改変した部分のソースコードなどの開示も求められる。こうすることによって、改変した部分も含め利用者間の互恵的な関係を実現しようとしている

第Ⅰ部 基本編

寛容型ライセンス	互恵型ライセンス
ライセンスの継承	
改変した部分について、改変の対象となったOSSのライセンスを継承することを求めていない場合もある 注：ライセンスごとに条件が異なるため一概には言えない	改変した部分について、多くの場合、オリジナルのOSSのライセンスと同様なライセンスで利用許諾することを求める。これも互恵的な関係を構築するための手段のひとつとなっている
訴訟の発生状況	
訴訟の事案はほとんど知られていない	いくつかOSSの不適切な利用に起因する訴訟が起きている

特許 (寛容型、互恵型に共通)
ライセンスによっては、そのライセンスで利用許諾をする人、あるいはそのライセンスで利用許諾されたOSSを頒布する人が所持する特許の権利行使に制限がかかる場合がある。この制限を明示的に求めているものと、事実上そのようなことに帰着する可能性があるものがある
注：これはすべてのOSSライセンスで見られるわけではない

利用するにあたっての責任 (寛容型、互恵型に共通)
利用するにあたっての責任がライセンサー (開発者、開発コミュニティなど) には一切ないとしている。この条件はほぼすべてのOSSライセンスで共通している。結果として、利用にあたっての責任はすべて使う側にあると考えるべき状況となる

✏ 演習問題

1 あなたは独力でソフトウェアを開発しました。そのソフトウェアをOSSとして多くの人に使ってもらいたい場合、寛容型ライセンスを選択しますか、それとも互恵型ライセンスを選択しますか。なぜ選択したか、あわせてなぜ一方を選択しなかったのかを考えてください。

4 寛容型ライセンス――TOPPERS、MIT、BSDと Apache

本章では、寛容型ライセンスの実例を見ていきます。代表例としてTOPPERSライセンス、MITライセンス、BSDライセンス、Apacheライセンスを取り上げ、重要なポイントを中心に解説します。ライセンス文書が無味乾燥なものではなく、「思い」を伝える文書だということも理解していただけることでしょう。

TOPPERSライセンス

最初にTOPPERSライセンスを取り上げます。このライセンスは「TOPPERS」と呼ばれる組み込みシステム向けに開発されたリアルタイムOSに付けられたライセンスです。TOPPERSプロジェクト（https://www.toppers.jp/）は名古屋大学の高田広章教授を中心に開発が進んでいます。TOPPERSは産業用機器など広範に利用されている日本を代表するOSSです。

TOPPERSライセンスは「既製服型ライセンス」ではなく「オーダーメイド型ライセンス」です。このライセンスはTOPPERSプロジェクトがTOPPERSのために用意したものであって、誰かが汎用的に使うように起草したライセンスを流用しているわけではありません。また、TOPPERSライセンスはTOPPERS以外で使われている例はおそらくないでしょう。したがって、ここで説明することはTOPPERSを利用するときにしか役に立ちません。

しかし、TOPPERSライセンスは寛容型ライセンスを理解するのに非常に役立ちます。これがあえて寛容型ライセンスの代表として最初にTOPPERSを取り上げる理由です。まず、TOPPERSライセンスの全文を引用します。

<ソフトウェアの名称>

Copyright (C) <開発年> by <著作権者1>
Copyright (C) <開発年> by <著作権者2>
...

　上記著作権者は，以下の（1）～（4）の条件を満たす場合に限り，本ソフトウェア（本ソフトウェアを改変したものを含む．以下同じ）を使用・複製・改変・再配布（以下，利用と呼ぶ）することを無償で許諾する．

(1) 本ソフトウェアをソースコードの形で利用する場合には，上記の著作権表示，この利用条件および下記の無保証規定が，そのままの形でソースコード中に含まれていること．
(2) 本ソフトウェアを，ライブラリ形式など，他のソフトウェア開発に使用できる形で再配布する場合には，再配布に伴うドキュメント（利用者マニュアルなど）に，上記の著作権表示，この利用条件および下記の無保証規定を掲載すること．
(3) 本ソフトウェアを，機器に組み込むなど，他のソフトウェア開発に使用できない形で再配布する場合には，次のいずれかの条件を満たすこと．
　　(a) 再配布に伴うドキュメント（利用者マニュアルなど）に，上記の著作権表示，この利用条件および下記の無保証規定を掲載すること．
　　(b) 再配布の形態を，別に定める方法によって，TOPPERSプロジェクトに報告すること．
(4) 本ソフトウェアの利用により直接的または間接的に生じるいかなる損害からも，上記著作権者およびTOPPERSプロジェクトを免責すること．また，本ソフトウェアのユーザまたはエンドユーザからのいかなる理由に基づく請求からも，上記著作権者およびTOPPERSプロジェクトを免責すること．

本ソフトウェアは，無保証で提供されているものである．上記著作権者およびTOPPERSプロジェクトは，本ソフトウェアに関して，特定の使用目的に対する適合性も含めて，いかなる保証も行わない．また，本ソフトウェアの利用により直接的または間接的に生じたいかなる損害に関しても，その責任を負わない．

引用元：https://www.toppers.jp/license.html （2017年3月20日時点の記載内容を引用）

まず、「(1) 〜 (4) の条件を満たす場合に限り，本ソフトウェア（本ソフトウェアを改変したものを含む．以下同じ）を使用・複製・改変・再配布（以下，利用と呼ぶ）することを無償で許諾」とあるので、利用時の条件を守れば改変も含めて問題なさそうです。では、条件にどのようなことが書いてあるかを見てみましょう。

最初に注目したいのは、(4) と最後のパラグラフでこのOSSの開発者には一切の責任がないことを承諾するように求めている点です。本書で何度も述べたように「OSSの利用にあたっての責任が開発側には一切ないこと」の確認を求めているのです。開発側に責任がないなら消去法で、利用する人が責任を負うことになります。もしそれがいやならば、このOSSを使うのをあきらめるしかありません。

続いてこのOSSを頒布する際には何をするべきでしょうか。まず、ライブラリ形式での頒布をする際には (2) に着目する必要があります。そこに「再配布に伴うドキュメント（利用者マニュアルなど）に，上記の著作権表示，この利用条件および下記の無保証規定を掲載」とあります。何をしなくてはいけないかは明白です。ドキュメントに著作権表示とこのライセンスそのものを転記することとなるでしょう。

では、製品に組み込むなどバイナリー形式での頒布はどうすればいいでしょうか。その場合は (3) に注目します。そこには (a) または (b) の条件に従うよう書かれています。(a) を選択すると、ライブラリ形式で頒布するときと同じ対応が必要となるでしょう。ドキュメントに著作権表示とこのライセンスそのものを転記するのがおそらく合理的な対応です。

興味深いのは (b) の選択肢です。「再配布の形態を，別に定める方法によって，TOPPERSプロジェクトに報告」した場合、このOSSの頒布をする際に「ドキュメントに著作権表示とこのライセンスそのものを転記する」といったことはする必要がなくなります。では、どこにその方法が書かれているのでしょうか。それは以下のページから簡単に報告できます。

■ TOPPERSプロジェクト開発成果物の利用報告
　https://www.toppers.jp/report.html

なぜこのTOPPERSの開発者はこのような報告を求めているのでしょうか。そ

れも TOPPERS プロジェクトのサイトに明記されています。以下に引用します（太字は引用者）。

> TOPPERS プロジェクトで開発したソフトウェアを広く活用していただくとともに、**オープンソースソフトウェアを産業の活性化につなげるためには、開発したソフトウェアを自由に利用できるようにすることが重要**です。一方で、TOPPERS プロジェクトにおけるソフトウェア開発には、**公的な資金を使わせていただいており、それによりどのような成果が上がったかを説明する責任**があります。また、**開発成果をアピールすることは、次の予算獲得、ひいてはプロジェクトの発展につながります。**

引用元：https://www.toppers.jp/license.html （2017年3月20日時点の記載内容を引用）

　まさに、これが TOPPERS の開発者の意図（思い）です。開発者たちは「広く活用していただくとともに、オープンソースソフトウェアを産業の活性化につなげる」ことを希望しています。続いてこのプロジェクトでは「公的な資金を使わせていただいて」いることを述べ、資金提供者に対して成果の説明責任を負っていることを吐露しています。「開発成果をアピールすることは、次の予算獲得、ひいてはプロジェクトの発展につながります」という部分は、当該プロジェクトのみならず、巡り巡って利用者の利益にもなります。だから、TOPPERS プロジェクトは利用報告を求めているのです。さらに、報告をした人には、(3)(a) のような著作権表記やライセンス表記などすら求めないという便益を与えているのです。

　ここには開発者、利用者、加えて公的な資金の出資者の三者によるエコシステムが構築されています。利用する際に「報告」をするかしないかは利用者の判断に任されています。おそらく、このエコシステムを理解すればするほど「報告」という選択肢を選ぶ人が増えるのではないでしょうか。

　ちなみに寛容型ライセンスに関しては、ライセンス違反の結果、訴訟に至ってしまったような事例は聞いたことがありません。上記のエコシステムの影響もあると考えられますが、まさに「情けは人の為ならず」を地でいっていると言えるでしょう。このことわざは寛容型 OSS ライセンスのためにあるような言葉です。

　TOPPERS ライセンスは、TOPPERS の利用許諾条件として用意されたもので

す。おそらくTOPPERSプロジェクト以外でこのライセンスが使われる可能性は少ないでしょう。TOPPERSプロジェクトの人々の意向はこのライセンスが十二分に説明していると思います。

　TOPPERSを使うときはこのライセンスを精読して必要事項を実施することが大切です。一方、TOPPERSプロジェクトでは、このライセンス以外になんらかの制約を利用者に課している可能性は極めて低いと思われます。しかし、ライセンス文そのものは、このライセンス以外の利用条件をライセンスに矛盾しない範囲で設定することを否定していません。実際の運用にあたっては、念のためこのライセンス以外の制約事項がないか確認するとよいでしょう。

TOPPERSライセンスのまとめ

以下に、TOPPERSライセンスに関わる注意点をまとめます。

入手して利用する際の注意点

☐ 利用に伴うすべての責任が使う側にあることを確認してください。

☐ 念のためにこのライセンス以外の利用に関わる制約事項がないか確認してください。もしあった場合はその事柄を守ってください。もし守れないのならば、利用を差し控えるべきです。

他の人に頒布する際の注意点

特に、バイナリ形式での頒布をする際の注意点を挙げます。

☐ TOPPERSライセンスの (3) 項と、関連するWebサイトを精読し、適切なライセンス表記や著作権表記をする、あるいは利用についての報告を適切に行うことを選択し、いずれかを適切に実施していることを確認してください。

大学の名前が付いたライセンス（1）
MITライセンス

　続いてMITライセンスを見てみましょう。MIT（Massachusetts Institute of Technology）とはマサチューセッツ工科大学のことです。MITライセンスは、もともとはマサチューセッツ工科大学がその研究開発成果をOSSとして開示するために用意したライセンスです。現在ではMITに限らず極めて多くの個人、企業、団体、大学などがこのライセンスを使ってOSSの利用許諾をしています。また、この文言を借りつつも、加筆修正を加えて独自のライセンスとしているケースもあります。第1章で紹介したJSONのライセンス[2]は、MITライセンスに加筆した例として有名です。

　さて、以下にMITライセンスの全文を引用します。参考日本語訳も英文のあとに掲載します（網掛けと**Ⓐ**、**Ⓑ**表記は引用者）。

The MIT License

Copyright <YEAR> <COPYRIGHT HOLDER>

Permission is hereby granted, free of charge, to any person obtaining a copy of this software and associated documentation files (the "Software"), to deal in the Software without restriction, including without limitation the rights to use, copy, modify, merge, publish, distribute, sublicense, and/or sell copies of the Software, and to permit persons to whom the Software is furnished to do so, subject to the following conditions:　　**Ⓐ**

The above copyright notice and this permission notice shall be included in all copies or substantial portions of the Software.

THE SOFTWARE IS PROVIDED "AS IS", WITHOUT WARRANTY OF ANY KIND, EXPRESS OR IMPLIED, INCLUDING BUT NOT LIMITED TO THE WARRANTIES OF MERCHANTABILITY, FITNESS FOR A PARTICULAR PURPOSE AND NONINFRINGEMENT. IN NO EVENT SHALL THE AUTHORS OR COPYRIGHT HOLDERS BE LIABLE FOR ANY CLAIM, DAMAGES OR OTHER LIABILITY,

---

[2]　JSONのライセンス：http://www.json.org/license.html

> WHETHER IN AN ACTION OF CONTRACT, TORT OR OTHERWISE, ARISING FROM, OUT OF OR IN CONNECTION WITH THE SOFTWARE OR THE USE OR OTHER DEALINGS IN THE SOFTWARE. **Ⓑ**

引用元：https://opensource.org/licenses/mit-license.php

The MIT License

Copyright (c) <year> <copyright holders>

以下に定める条件に従い、本ソフトウェアおよび関連文書のファイル（以下「ソフトウェア」）の複製を取得するすべての人に対し、ソフトウェアを無制限に扱うことを無償で許可します。これには、ソフトウェアの複製を使用、複写、変更、結合、掲載、頒布、サブライセンス、および/または販売する権利、およびソフトウェアを提供する相手に同じことを許可する権利も無制限に含まれます。

上記の著作権表示および本許諾表示を、ソフトウェアのすべての複製または重要な部分に記載するものとします。

ソフトウェアは「現状のまま」で、明示であるか暗黙であるかを問わず、何らの保証もなく提供されます。ここでいう保証とは、商品性、特定の目的への適合性、および権利非侵害についての保証も含みますが、それに限定されるものではありません。 作者または著作権者は、契約行為、不法行為、またはそれ以外であろうと、ソフトウェアに起因または関連し、あるいはソフトウェアの使用またはその他の扱いによって生じる一切の請求、損害、その他の義務について何らの責任も負わないものとします。

参考日本語訳：https://ja.osdn.net/projects/opensource/wiki/licenses%2FMIT_license

　ごく平易な英語ですから原文でも十分に読みこなせるでしょう。また、この種の文書は原文（この場合は英語）から日本語に翻訳した場合の齟齬があるといけません。このため、正確を期すためには原文にあたるべきです。しかし、法律の専門家ではない人でしたら日本語参考訳に頼ってもよいでしょう。

　まず、MITライセンスでも利用にあたっての責任が開発者側にはないことが最後のパラグラフ（**Ⓑ**）で明記されています。これに合意できない場合はそもそも

MITライセンスで利用許諾されたOSSを使ってはいけません。これに類する文言はMITライセンスに限らずほとんどすべてのOSSライセンスで見ることができます。

続いて、「Permission is～」で始まる冒頭の段落（Ⓐ）を見てください。特に注目してほしいのが、「use, copy, modify, merge, publish, distribute, sublicense, and/or sell copies of the Software, and to permit persons to whom the Software is furnished to do so」の部分です。これらのすべてが「以下に定める条件」に従うのならば許されると書いてあります。では、その条件とは何でしょうか。それは、**「上記の著作権表示および本許諾表示を、ソフトウェアのすべての複製または重要な部分に記載する」**（参考日本語訳より）ことに他なりません。

たとえば製品の中に組み込むソフトウェアにMITライセンスで利用許諾されたものを含めるのであれば、**必ず人の目に触れる場所にこのライセンスの表記と著作権表記をする**のが条件となります。それ以外はありません。これらの表記を適切に行えば、使用、複写、変更、結合、掲載、頒布、サブライセンス、販売、さらに同じことを、頒布を受けた人にも許してよいのです。

また、「Permission is hereby granted, free of charge, to any person obtaining a copy of this software and associated documentation files (the "Software"), to deal in the Software without restriction」と書かれていることにも注意しましょう。最後の「without restriction」という表現は、**利用者はなんの制限もなくこのOSSを利用できる**という意味です。したがって、このOSSを利用する際にはこのライセンス以外に利用や頒布するにあたっての注文は著作権者から求められている可能性は極めて薄いと考えられます。逆に、このライセンスでOSSの利用許諾をする側に立つのだとすると、このライセンスで求めている事柄以外の制約を利用者に対して課すことは避けるべきです。

MITライセンスのまとめ

以下に、MITライセンスに関わる注意点をまとめます。

入手して利用する際の注意点

☐ 利用に伴うすべての責任が使う側にあることを確認してください。

他の人に頒布する際の注意点

☐ 適切にライセンス表記をしていることを確認してください。ライセンスは全文を表記する必要があります。
☐ 適切に著作権表記をしていることを確認してください。

大学の名前が付いたライセンス (2)
BSDライセンス

BSD（Berkeley Software Distribution）とはカリフォルニア州立大学バークレー校（UCB）が頒布したソフトウェアのことです。カリフォルニア州立大学バークレー校はMIT、スタンフォード大学などと並んでコンピュータサイエンスの最先端を走り続けている大学であるのは言うまでもありません。この大学が開発したソフトウェアによく使われるのがBSDライセンスです。BSDライセンスには、2項型から4項型まで3種類があります。またMITライセンスと同様、加筆修正を加えて独自のライセンスとしているケースもあります。現在ではカリフォルニア州立大学バークレー校に限らず極めて多くの個人、企業、団体、大学などがこのライセンスを使ってOSSの利用許諾をしているところもMITライセンスと似ています。

4項型BSDライセンス

では、早速4項型BSDライセンス（BSD 4Clause）を見てみましょう。

Copyright (c) 1993 The Regents of the University of California. All rights reserved.

This software was developed by the Computer Systems Engineering group at Lawrence Berkeley Laboratory under DARPA contract BG 91-66 and contributed to Berkeley.

All advertising materials mentioning features or use of this software must display the following acknowledgement: This product includes software developed by the University of California, Lawrence Berkeley Laboratory.

Redistribution and use in source and binary forms, with or without modification, are permitted provided that the following conditions are met:

1. Redistributions of source code must retain the above copyright notice, this list of conditions and the following disclaimer.

2. Redistributions in binary form must reproduce the above copyright notice, this list of conditions and the following disclaimer in the documentation and/or other materials provided with the distribution.

3. All advertising materials mentioning features or use of this software must display the following acknowledgement: This product includes software developed by the University of California, Berkeley and its contributors.

4. Neither the name of the University nor the names of its contributors may be used to endorse or promote products derived from this software without specific prior written permission.

THIS SOFTWARE IS PROVIDED BY THE REGENTS AND CONTRIBUTORS ``AS IS" AND ANY EXPRESS OR IMPLIED WARRANTIES, INCLUDING, BUT NOT LIMITED TO, THE IMPLIED WARRANTIES OF MERCHANTABILITY AND FITNESS FOR A PARTICULAR PURPOSE ARE DISCLAIMED. IN NO EVENT SHALL THE REGENTS OR CONTRIBUTORS BE LIABLE FOR ANY DIRECT, INDIRECT, INCIDENTAL, SPECIAL, EXEMPLARY, OR CONSEQUENTIAL DAMAGES (INCLUDING, BUT NOT LIMITED TO, PROCUREMENT OF SUBSTITUTE GOODS OR SERVICES; LOSS OF USE, DATA, OR PROFITS; OR BUSINESS INTERRUPTION) HOWEVER CAUSED AND ON ANY THEORY OF LIABILITY, WHETHER IN CONTRACT, STRICT LIABILITY, OR TORT (INCLUDING NEGLIGENCE OR OTHERWISE) ARISING IN ANY WAY OUT OF

第4章　寛容型ライセンス——TOPPERS、MIT、BSDとApache　83

> THE USE OF THIS SOFTWARE, EVEN IF ADVISED OF THE POSSIBILITY OF
> SUCH DAMAGE. **ⓒ**

引用元：https://spdx.org/licenses/BSD-4-Clause.html　（2018年7月14日時点の記載内容を引用）

　BSDライセンスでも利用にあたっての責任が開発者側にはないことが最後の
パラグラフ（**ⓒ**）で明記されています。これに合意できない場合はそもそもBSD
ライセンスで利用許諾されたOSSを使ってはいけません。

　実はカリフォルニア州立大学バークレー校（UCB）は、1999年7月22日付け
で告知を出しており、上記の中の第3項の行為はその日をもって履行する必要が
なくなった、としました。したがって、その日以前にUCBからリリースされたソ
フトウェアでは、第3項は無視してかまわないということになりました。

　第3項には次のようなことが書いてありました。

　「このソフトウェアの機能または使っていることに触れているすべての宣伝広
告物に『This product includes software developed by the <organization>.（こ
の製品には<organization>が開発したソフトウェアが含まれています）』という
告知を入れること」

　現在では、この4項型BSDライセンスは滅多に見られなくなりました。ですが
もし4項型BSDライセンスで利用許諾されているOSSで、UCB以外が利用許諾
したものがあった場合は、この条項も守らなくてはなりません。なお、UCBの出
した告知は以下で公開されています。

　■ 4項型BSDライセンスの変更事項に関する告知
　　ftp://ftp.cs.berkeley.edu/pub/4bsd/README.Impt.License.Change

3項型BSDライセンス

　この4項型BSDライセンスの第3項が削除されたものが3項型BSDライセンス
です。以下、3項型BSDライセンスで削除された条項の日本語参考訳を掲載し
ます。

84　第Ⅰ部　基本編

■4項型BSDライセンスの第3項

原文	日本語参考訳
3. All advertising materials mentioning features or use of this software must display the following acknowledgement: 　This product includes software developed by the organization.	3．すべての宣伝広告物でこのソフトウェアの利用やフィーチャーを謳う場合は下記の表記を必ず入れること。 　This product includes software developed by the organization.
引用元： https://spdx.org/licenses/BSD-4-Clause.html	筆者による参考訳

　BSDライセンスでも利用にあたっての責任が開発者側にはないことが最後の段落（「THIS SOFTWARE IS ～」の箇所）で明記されています。これに合意できない場合はそもそもBSDライセンスで利用許諾されたOSSを使ってはいけません。

　続いて3項型BSDライセンスの第3項（4項型BSDライセンスでは第4項でした）を見てみましょう。

■3項型BSDライセンスの第3項

原文	日本語参考訳
3. Neither the name of the copyright holder nor the names of its contributors may be used to endorse or promote products derived from this software without specific prior written permission.	書面による特別の許可なしに、本ソフトウェアから派生した製品の宣伝または販売促進に、<組織>の名前またはコントリビューターの名前を使用してはならない。
引用元： https://spdx.org/licenses/BSD-3-Clause.html	引用元： https://ja.osdn.net/projects/opensource/wiki/licenses%2Fnew_BSD_license

　「本ソフトウェアから派生した製品の宣伝または販売促進に、<組織>の名前またはコントリビューターの名前を使用してはならない。」とあります。たとえばそのソフトウェアがUCBのある教授が開発したものだとします。つまり著作権者はその教授または大学となるでしょう。そのソフトウェアを含む製品などで「この製品にはカリフォルニア州立大学バークレー校のなになに先生の開発された

第4章　寛容型ライセンス——TOPPERS、MIT、BSDとApache　　85

ソフトウェアが使われています」などと言って製品の宣伝をすることは禁じられています。ただし、特別な許可を書面で著作権者から受ければ許されます。

▌2項型BSDライセンス

3項型BSDライセンスの第3項は、2項型BSDライセンスでは削除されています。したがって、2項型BSDライセンスでは、3項型BSDライセンスの第1項と第2項とそれに前後する段落が残っています。

では、2項型および3項型BSDライセンスの第1項、第2項では何が記されているかというと、第1項ではソースコード形式での頒布の条件、第2項ではバイナリー形式での頒布の条件が記されています。

■2項型および3項型BSDライセンスの第1項、第2項

原文	日本語参考訳
Redistribution and use in source and binary forms, with or without modification, are permitted provided that the following conditions are met:	ソースコード形式かバイナリ形式か、変更するかしないかを問わず、以下の条件を満たす場合に限り、再頒布および使用が許可されます。
1. Redistributions of source code must retain the above copyright notice, this list of conditions and the following disclaimer.	1．ソースコードを再頒布する場合、上記の著作権表示、本条件一覧、および下記免責条項を含めること。
2. Redistributions in binary form must reproduce the above copyright notice, this list of conditions and the following disclaimer in the documentation and/or other materials provided with the distribution.	2．バイナリ形式で再頒布する場合、頒布物に付属のドキュメント等の資料に、上記の著作権表示、本条件一覧、および下記免責条項を含めること。
THIS SOFTWARE IS PROVIDED BY THE COPYRIGHT HOLDERS AND CONTRIBUTORS "AS IS" AND ANY EXPRESS OR IMPLIED WARRANTIES, INCLUDING, BUT NOT LIMITED TO, THE IMPLIED WARRANTIES OF MERCHANTABILITY AND FITNESS FOR A PARTICULAR PURPOSE ARE DISCLAIMED. IN NO EVENT SHALL THE COPYRIGHT HOLDER OR CONTRIBUTORS	本ソフトウェアは、著作権者およびコントリビューターによって「現状のまま」提供されており、明示黙示を問わず、商業的な使用可能性、および特定の目的に対する適合性に関する暗黙の保証も含め、またそれに限定されない、いかなる保証もありません。著作権者もコントリビューターも、事由のいかんを問わず、損害発生の原因いかんを問わず、かつ責任の根拠が契約であるか厳格責任であるか（過失その他の）不法行為であるかを問わず、仮にその

BE LIABLE FOR ANY DIRECT, INDIRECT, INCIDENTAL, SPECIAL, EXEMPLARY, OR CONSEQUENTIAL DAMAGES (INCLUDING, BUT NOT LIMITED TO, PROCUREMENT OF SUBSTITUTE GOODS OR SERVICES; LOSS OF USE, DATA, OR PROFITS; OR BUSINESS INTERRUPTION) HOWEVER CAUSED AND ON ANY THEORY OF LIABILITY, WHETHER IN CONTRACT, STRICT LIABILITY, OR TORT (INCLUDING NEGLIGENCE OR OTHERWISE) ARISING IN ANY WAY OUT OF THE USE OF THIS SOFTWARE, EVEN IF ADVISED OF THE POSSIBILITY OF SUCH DAMAGE.

引用元：
https://spdx.org/licenses/BSD-2-Clause.html

ような損害が発生する可能性を知らされていたとしても、本ソフトウェアの使用によって発生した（代替品または代用サービスの調達、使用の喪失、データの喪失、利益の喪失、業務の中断も含め、またそれに限定されない）直接損害、間接損害、偶発的損害、特別損害、懲罰的損害、または結果損害について、一切責任を負わないものとします。

引用元：
https://ja.osdn.net/projects/opensource/wiki/licenses%2Fnew_BSD_license

　どちらの内容も端的に言えば「**著作権表示およびライセンス表示を、ソフトウェアのすべての複製または重要な部分に記載する**」ことです。その結果「ソースコード形式かバイナリー形式か、変更するかしないかを問わず、再頒布および使用が許可」されます。結局、2項型BSDライセンスになるとMITライセンスに酷似してくるのです。

　ところで、BSDライセンスの場合、いずれの型でもライセンスに書かれていない制約事項を著作権者が利用者に対して課すことについては何も言及していません。このため、場合によると著作権者が利用者に対して制約事項や要請事項を別途提示している可能性があります。利用に際してはそのような事柄がないか確認し、何かあった場合はそのことを適切に実施する必要があります。もし、BSDライセンスでOSSの利用許諾をする立場である場合、仮にBSDライセンスに書かれていること以外のことも利用者に課したい場合は、そのことを別途明記すべきでしょう。

BSDライセンスのまとめ

以下に、BSDライセンスに関わる注意点をまとめます。

入手して利用する際の注意点

- □ 利用に伴うすべての責任が使う側にあることを確認してください。
- □ BSDライセンスで書かれていること以外に著作権者が制約事項や利用許諾条件などを示していないか確認してください。もしそのような事柄がある場合は適切に実施してください。これが受け入れられないものであった場合は、このOSSを利用するのは望ましくありません。

他の人に頒布する際の注意点

- □ 適切にライセンス表記をしていることを確認してください。ライセンスは事実上全文を表記する必要があります。
- □ 適切に著作権表記をしていることを確認してください。
- □ 頒布する際の制約事項などについて、BSDライセンスに書かれていること以外の要請を著作権者が求めていないか確認してください。もしそのような事柄がある場合は適切に実施してください。

BSDライセンスには2項型から4項型まで3種類あります。次の2つを確認してください。

- □ 4項型、3項型の場合は、著作権者の名前などをそのOSSで実現するフィーチャーのアピールに無許可で使っていないことを確認してください。
- □ 4項型の場合は、そのOSSで実現するフィーチャーを製品のフィーチャーとして謳う場合は、そのフィーチャーがそのOSSで実現していることを広告媒体、カタログなどにも付記しているのを確認してください（ただし、カリフォルニア大学バークレー校はこれを無効とする告知を出していま

す)。

Apacheライセンス

　Apacheライセンスは、ApacheというOSSの利用許諾条件として用意されたものです。ApacheとはHTTPサーバー、いわゆるWebサーバーを構築するための重要なソフトウェアです。Apacheは極めて広範に利用されており、Linux同様、OSSの代表的な成功例とされています。Apacheライセンスもさまざまなソフトウェアでよく使われています。たとえばスマートフォンで使われているAndroid OSを構成するソフトウェアモジュールの多くはApacheライセンスで利用許諾されています。

　ApacheライセンスにはApache開発者のある思いが込められています。それは特許です。Apacheを使ったHTTPサーバーを構築した人が「思わぬ特許権利行使を受けないように」という思いです。そのための仕組みがApacheライセンスに込められています。一方で、Apacheを使ったHTTPサーバーを使ったWebシステムなどで実現する特許には影響が及びません。このことはクラウドを基盤とした事業を展開しようとする人にとって極めて好都合です。これはApacheというOSSが広く受け入れられた要素のひとつでしょう。また、ApacheライセンスはOSSライセンスと特許の関係を考えるきっかけとしても大いに参考になります。

　ソフトウェア開発者がライセンスを読む機会は限られているでしょう。そのような方にとってApacheライセンスは比較的読みやすく、一読する経験をする価値があるものです。

- Apache License, Version 2.0 | The Apache Software Foundation
  https://www.apache.org/licenses/LICENSE-2.0

　Apacheライセンスには日本語参考訳もあります。英語の原文を読むのも骨が折れるでしょう。日本語参考訳もぜひ参考にしてください。

- Apache License, Version 2.0 | Open Source Group Japan
  https://ja.osdn.net/projects/opensource/wiki/licenses%2FApache_License_2.0

第4章　寛容型ライセンス——TOPPERS、MIT、BSDとApache　　89

なお、本節のApacheライセンスの引用（英語・日本語参考訳）はいずれも上記のページからのものです。

利用にあたっての責任

Apacheライセンスの第7項では、利用にあたっての一切の責任がオリジナルの著作者にも、オリジナルに対して改変を加えてオリジナルの著作物に受け入れてもらった人（コントリビューター）にも、いずれにもないとしています。利用するうえでの責任、あるいはリスクはすべて利用する人が取ることになります。

■Apacheライセンス、バージョン2：第7項

原文	日本語参考訳
7. Disclaimer of Warranty.	7. 保証の否認
Unless required by applicable law or agreed to in writing, Licensor provides the Work (and each Contributor provides its Contributions) on an "AS IS" BASIS, WITHOUT WARRANTIES OR CONDITIONS OF ANY KIND, either express or implied, including, without limitation, any warranties or conditions of TITLE, NON-INFRINGEMENT, MERCHANTABILITY, or FITNESS FOR A PARTICULAR PURPOSE. You are solely responsible for determining the appropriateness of using or redistributing the Work and assume any risks associated with Your exercise of permissions under this License.	適用される法律または書面での同意によって命じられない限り、ライセンサーは成果物を（そしてコントリビューターは各自のコントリビューションを）「現状のまま」提供するものとし、明示黙示を問わず、タイトル、非侵害性、商業的な使用可能性、および特定の目的に対する適合性を含め、いかなる保証も条件も提供しません。あなたは成果物の使用や再頒布の適切性を自分で判断する責任を持つと共に、本ライセンスにより付与される権利を行使することに伴うすべてのリスクを負うことになります。

なお、Apacheライセンスでは、改変を加えてオリジナルの著作物に受け入れてもらった人を「コントリビューター」と呼び、受け入れてもらった著作物のことを「コントリビューション」と呼びます。

著作物の利用許諾

Apacheライセンスでは第2項で著作権利用許諾が記載されています。

■Apacheライセンス、バージョン2：第2項

原文	日本語参考訳
2. Grant of Copyright License.	2. 著作権ライセンスの付与
Subject to the terms and conditions of this License, each Contributor hereby grants to You a perpetual, worldwide, non-exclusive, no-charge, royalty-free, irrevocable copyright license to reproduce, prepare Derivative Works of, publicly display, publicly perform, sublicense, and distribute the Work and such Derivative Works in Source or Object form.	本ライセンスの条項に従って、各コントリビューターはあなたに対し、ソース形式であれオブジェクト形式であれ、成果物および派生成果物を複製したり、派生成果物を作成したり、公に表示したり、公に実行したり、サブライセンスしたり、頒布したりする、無期限で世界規模で非独占的で使用料無料で取り消し不能な著作権ライセンスを付与します。

ここでは「ソース形式であれオブジェクト形式であれ、成果物および派生成果物を複製したり、派生成果物を作成したり、公に表示したり、公に実行したり、サブライセンスしたり、頒布したりする、無期限で世界規模で非独占的で使用料無料で取り消し不能な著作権ライセンスを付与します」とあり、著作物の利用を認めています。むろん、前提条件として「本ライセンスの条項」に従うことが掲げられているのは言うまでもありません。著作物を利用する許諾は「無制限」で与えられるとしています。したがって、著作物利用についての許諾条件がこのライセンス以外に存在する可能性は極めて低いでしょう。

もし、Apacheライセンスで自ら作成したソフトウェアをOSSとして利用許諾しようとする場合は、このライセンス以外の著作物利用許諾条件を課すことは厳に避けるべきです。

ここでの条件とは何でしょうか。まず、単に利用するだけの場合は、すでに述べたとおり、すべてのリスクを取ることが条件です。この条件が受け入れられないのならばそのようなOSSの利用はあきらめるしかありません。

次に頒布する際の条件は何でしょうか。それは第4項に記されています。「成果物」、「派生成果物」のいずれにも機械語への翻訳をしたコード、つまりバイナ

第4章 寛容型ライセンス──TOPPERS、MIT、BSDとApache　　91

リーコードも含まれます。ですからApacheライセンスで利用許諾されたOSSを製品に組み込んだり、AndroidやiOSなどのOS上で動作するモバイルアプリに組み込んだりしてリリースすることも「成果物」あるいは「派生成果物」の頒布に該当します。

■Apacheライセンス、バージョン2：第4項

原文	日本語参考訳
4. Redistribution.	4. 再頒布
You may reproduce and distribute copies of the Work or Derivative Works thereof in any medium, with or without modifications, and in Source or Object form, provided that You meet the following conditions:	あなたは、ソース形式であれオブジェクト形式であれ、変更の有無に関わらず、以下の条件をすべて満たす限りにおいて、成果物またはその派生成果物のコピーを複製したり頒布したりすることができます。
a. You must give any other recipients of the Work or Derivative Works a copy of this License; and	1. 成果物または派生成果物の他の受領者に本ライセンスのコピーも渡すこと。
b. You must cause any modified files to carry prominent notices stating that You changed the files; and	2. 変更を加えたファイルについては、あなたが変更したということがよくわかるような告知を入れること。
c. You must retain, in the Source form of any Derivative Works that You distribute, all copyright, patent, trademark, and attribution notices from the Source form of the Work, excluding those notices that do not pertain to any part of the Derivative Works; and	3. ソース形式の派生成果物を頒布する場合は、ソース形式の成果物に含まれている著作権、特許、商標、および帰属についての告知を、派生成果物のどこにも関係しないものは除いて、すべて派生成果物に入れること。
d. If the Work includes a "NOTICE" text file as part of its distribution, then any Derivative Works that You distribute must include a readable copy of the attribution notices contained within such NOTICE file, excluding those notices that do not pertain to any part of the Derivative Works, in at least one of the following places: within a NOTICE text file distributed as part of the Derivative Works; within the Source form or documentation, if provided along	4. 成果物の一部として「NOTICE」に相当するテキストファイルが含まれている場合は、そうしたNOTICEファイルに含まれている帰属告知のコピーを、派生成果物のどこにも関係しないものは除いて、頒布する派生成果物に入れること。その際、次のうちの少なくとも1箇所に挿入すること。(i) 派生成果物の一部として頒布するNOTICEテキストファイル、(ii) ソース形式またはドキュメント（派生成果物と共にドキュメントを頒布する場合）、(iii) 派生成果物によって生成される表示（こうした第三者告知を盛り込むことが標準的なやり方

原文	日本語参考訳
with the Derivative Works; or, within a display generated by the Derivative Works, if and wherever such third-party notices normally appear. The contents of the NOTICE file are for informational purposes only and do not modify the License. You may add Your own attribution notices within Derivative Works that You distribute, alongside or as an addendum to the NOTICE text from the Work, provided that such additional attribution notices cannot be construed as modifying the License. （後略）	になっている場合）。NOTICEファイルの内容はあくまで情報伝達用であって、本ライセンスを修正するものであってはなりません。あなたは頒布する派生成果物に自分の帰属告知を（成果物からのNOTICEテキストに並べて、またはその付録として）追加できますが、これはそうした追加の帰属告知が本ライセンスの修正と解釈されるおそれがない場合に限られます。 （後略）

　第4項 a.（日本語参考訳では第4項1.）を見ると、このライセンスそのものを渡すことが義務づけられているため、このライセンス全文を誰からも異論が出ないような形式で表記する必要があります。ときおり、このライセンスの末尾にある「付録」[3] を参照して略記のみを記載している事例を見ます。この略記は、たとえばプログラムのソースコードにコメントの形でApacheライセンスの適用を宣言するためのものです。しかし、頒布にあたってはそのような略記だけではなく、おそらくこのライセンスの全文を表記することを求めていると見るのが適切と思われます。

　第4項 b.（日本語参考訳では第4項2.）では、頒布に先立ってなんらかの変更を加えた場合はその旨を頒布時に告知するように求めています。もし頒布がソースコードで行われるのならば改変を加えた箇所に適切なコメントを挿入するのがよいでしょう。製品やモバイルアプリに組み込んで頒布する場合は、ライセンス表記に合わせて誰が改変を加えたかの簡単なコメントを付加するようにします。

　第4項 c.（日本語参考訳では第4項3.）では、ソースコードによる再頒布の場合、頒布しようとする対象著作物にある「著作権、特許、商標、および帰属につ

---

[3]　ここで「付録」とは、Apacheライセンスの「APPENDIX: HOW TO APPLY THE APACHE LICENSE TO YOUR WORK」のことです。

いての告知」を必ず入れることを求めています。

第4項 d.（日本語参考訳では第4項4.）は、**著作権表記を求めている**と考えられるでしょう。Apacheライセンスでは、「NOTICE」という名前のファイルの中に著作権表記があるのを前提にしています。このため、NOTICEファイルの中身を表記する必要があります。特に製品やモバイルアプリに組み込んでApacheライセンスで利用許諾されたOSSを頒布する場合、この表記は必須です。たとえばHTTPサーバーApacheのNOTICEファイルには次のような記述があります。

Apache HTTP Server
Copyright 2016 The Apache Software Foundation.

This product includes software developed at
The Apache Software Foundation (http://www.apache.org/).

Portions of this software were developed at the National Center
for Supercomputing Applications (NCSA) at the University of
Illinois at Urbana-Champaign.

This software contains code derived from the RSA Data Security
Inc. MD5 Message-Digest Algorithm, including various
modifications by Spyglass Inc., Carnegie Mellon University, and
Bell Communications Research, Inc (Bellcore).

出典：https://www.apache.org/licenses/example-NOTICE.txt

このような対応をすることを条件として、Apacheライセンスで利用許諾されたOSSの頒布が許されます。

特許権

Apacheライセンスには特許について重要な規定があります。それは第3項にあります。

94　第Ⅰ部　基本編

■Apacheライセンス、バージョン2：第3項

原文	日本語参考訳
3. Grant of Patent License. Subject to the terms and conditions of this License, each Contributor hereby grants to You a perpetual, worldwide, non-exclusive, no-charge, royalty-free, irrevocable (except as stated in this section) patent license to make, have made, use, offer to sell, sell, import, and otherwise transfer the Work, where such license applies only to those patent claims licensable by such Contributor that are necessarily infringed by their Contribution(s) alone or by combination of their Contribution(s) with the Work to which such Contribution(s) was submitted. If You institute patent litigation against any entity (including a cross-claim or counterclaim in a lawsuit) alleging that the Work or a Contribution incorporated within the Work constitutes direct or contributory patent infringement, then any patent licenses granted to You under this License for that Work shall terminate as of the date such litigation is filed.	3. 特許ライセンスの付与 本ライセンスの条項に従って、各コントリビューターはあなたに対し、成果物を作成したり、使用したり、販売したり、販売用に提供したり、インポートしたり、その他の方法で移転したりする、無期限で世界規模で非独占的で使用料無料で取り消し不能な（この項で明記したものは除く）特許ライセンスを付与します。ただし、このようなライセンスは、コントリビューターによってライセンス可能な特許申請のうち、当該コントリビューターのコントリビューションを単独または該当する成果物と組み合わせて用いることで必然的に侵害されるものにのみ適用されます。あなたが誰かに対し、交差請求や反訴を含めて、成果物あるいは成果物に組み込まれたコントリビューションが直接または間接的な特許侵害に当たるとして特許訴訟を起こした場合、本ライセンスに基づいてあなたに付与された特許ライセンスは、そうした訴訟が正式に起こされた時点で終了するものとします。

　まず、Apacheライセンスで利用許諾されたOSSを使う場合、すばらしい朗報があります。「各コントリビューターはあなたに対し、成果物を作成したり、使用したり、販売したり、販売用に提供したり、インポートしたり、その他の方法で移転したりする、**無期限で世界規模で非独占的で使用料無料で取り消し不能な（この項で明記したものは除く）**特許ライセンスを付与します」とあるのです（**図4.1**）。ここで「各コントリビューター」とは、そのOSSのオリジナルを作った人、およびそれに対して改変を加えてオリジナル著作者にその改変を提供し受け入れてもらった人のことです。

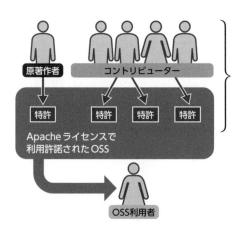

図4.1 Apacheライセンスは特許利用許諾も付いてくる

　Apacheのコミュニティはなぜこのような特許権許諾を加えたのでしょうか。それは、HTTPサーバーソフトウェアであるApacheを世に送り出す際にユーザーのことを考えたためです。開発者の持つ可能性がある特許のことをユーザーが心配して、利用をためらうようなことがないようにしたい、という思いが込められています。Apacheは現在極めて多く使われているOSSです。これは、この開発者たちの思いがユーザーに通じた結果とも思えます。

　ただし、その特許は「当該コントリビューターのコントリビューションを単独または該当する成果物と組み合わせて用いることで必然的に侵害されるものにのみ適用」とある点には注意してください。

　たとえばApacheの場合は、Apacheを元々作った人、それからそのような人たちに対して改変に貢献した人（厳密に言えば、Apacheライセンスにあるコントリビューターの定義に該当する人）が持っている特許で、ApacheというOSSでのみ実現可能な特許に限られます。たとえばHTTPサーバー上に動作するWebアプリケーションで、Webアプリケーションで実現する機能とApacheとの組み合わせで実現する特許は許諾する対象外です。

　もしApacheライセンスで利用許諾されたOSSについてそれだけで実現する特許を持っている人がいるとします。その人が、そのOSSについて誰か他の人が特許侵害をしているのを見つけて「成果物あるいは成果物に組み込まれたコントリ

ビューションが直接または間接的な特許侵害に当たるとして特許訴訟を起こした場合、本ライセンスに基づいてあなたに付与された特許ライセンスは、そうした訴訟が正式に起こされた時点で終了する」と書かれています。つまり訴訟を起こした瞬間にその訴訟を起こした人がそのApacheライセンスで利用許諾されたOSSに伴う特許利用許諾をすべて失うというペナルティを被ります（**図4.2**）。

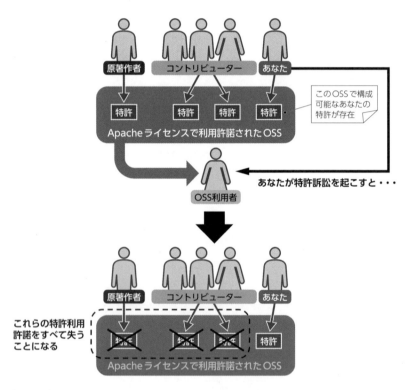

図4.2 特許利用許諾がキャンセルされてしまう場合がある

　この規定をよく読むと少し面白いことが見えてきます。たとえ訴訟を起こして他社から受けた特許の利用許諾を失ったとしても、著作権に関わる利用許諾は無効になるとは書いてありません。この特許利用許諾が取り消された状況になっても、再度特許所持者と交渉して特許利用許諾を得れば問題なく使い続けること

ができると言えそうです。ただし、はたしてその交渉が現実的かどうかはなはだ疑問です。誰がどのような特許をそのApacheライセンスで利用許諾されたOSSについて持っているのかを同定するだけで、とんでもない手間と時間、調査費用がかかるでしょう。結局のところ、この規定は**そのOSSを使おうとする人であればあるほど、そのOSSにまつわる特許についての訴訟を起こしにくくなるというメカニズムとして機能する**のです。

①もし自らが作成したソフトウェアをApacheライセンスで利用許諾しようとした場合、②あるいは誰かがApacheライセンスで利用許諾をしているOSSに対してコントリビューションを行う場合、その結果できあがるOSSのみで実現する特許を持つときには、その特許権の権利行使がしにくくなることがあるということです（図4.3）。このライセンスを作り上げたコミュニティの人々の気持ちを思い出してください。「開発者の持つ可能性がある特許のことをユーザーが心配して、利用をためらうようなことがないようにしたい」という思いは、コントリビューターになるのならばぜひともコミュニティと共有してください。

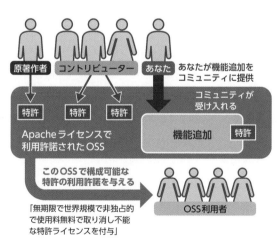

| 図4.3 | あなたがコントリビューターの一人になると…

Apache ライセンスのまとめ

Apache ライセンスに関わる注意点をまとめます。

入手して利用する際の注意点

- [ ] 利用に伴うすべての責任が使う側にあることを確認してください。
- [ ] 原著作者やコントリビューターからの特許権の利用許諾が含まれている可能性があります。
- [ ] あなたが利用しようとしている OSS と同じ OSS の利用者に対して、その OSS の利用に関してあなたの所有する特許の権利侵害を訴えた訴訟を起こすと、その時点で原著作者やコントリビューターからあなたに対する特許権の利用許諾が取り消される場合があります。特に Apache ライセンスで利用許諾された OSS を利用する場合は、その OSS のみによって実現する特許をあなた自身が保有している場合は、利用に慎重になる必要があります。

Apache ライセンスで利用許諾された OSS では、その OSS のみによって実現する特許を自身が持っている場合は、利用に慎重になる必要があります。もし特許についての専門部門が社内にある場合は、Apache ライセンスで利用許諾された OSS を利用するにあたって助言を得るのが望ましいでしょう。

他の人に頒布する際の注意点

まず、バイナリー形式での頒布をする際の注意点を挙げます。

- [ ] 製品の取扱説明書などに適切にライセンス表記をしていることを確認してください。ライセンスは全文を表記する必要があります。
- [ ] NOTICE ファイルがある OSS を使う場合は、製品の取扱説明書などに適切に NOTICE ファイルの中身を表記していることを確認してください。

ソースコード形式での頒布をする際は、原著作者や改善に寄与した方々の著

作権表記を削除してしまうようなことはあってはなりません。自身で改善した部分がある場合は、その旨と、どの部分がそれにあたるのかを明記するのが望ましいでしょう。なお、Apacheライセンスでは自身で改善した部分に対しては任意のライセンスを付与できることとなっています。どのようなライセンス条件であるのかも明記するのが望ましいでしょう。Apacheライセンス第4項を精読してください。

▌改善点を開発者たちにフィードバックする際の注意点

☐ バグ修正や機能追加を開発者たち（コミュニティ）に還元する場合、それが受け入れられた結果、改善されたOSSで実現可能な特許を自身が持つときは、その特許の無償、無条件の利用許諾をそのOSSの利用者に与えることになることを確認してください。

もちろん、特許利用許諾をするという判断のもとでフィードバックをするケースも考えられるでしょう。しかし、フィードバックするならば特許利用許諾について適切に判断できる人に相談してから決定すべきです。

✏ 演習問題

1 Apacheライセンスを精読して、次の点を検討してください。

あなたはApacheライセンスで利用許諾されているOSSを製品に組み込みました。しかし、そのままでは機能的に不足があったので、若干あなたがそのOSSを手直しして組み込んでいます。さらにその改変をライセンサーに送り、ライセンサーはそれを受け入れてくれてOSSの最新版に取り入れてくれました。

その最新版のOSSを別の企業（A社）が利用しているのがわかりました。実はあなたが行った手直しの結果そのOSSの最新版のみであなたの会社の取得済みの特許が実現できるようになっています。このため、あなたの会社はA社に対して特許ライセンス料を支払うように連絡をしました。しかしA

社はあなたの会社の要求に応じなかったのであなたの会社はA社に対してライセンス料の支払いを求める訴訟を起こしました。

　今後どのような事態があなたに起きると考えられるでしょうか。それはなぜですか？

　この演習問題は、あなたが相談できる法務あるいは知的財産権のスタッフがいる場合は一緒に検討することをお勧めします。

5 互恵型ライセンス —GPL／LGPL共通

前章では寛容型ライセンスを取り上げましたが、本章からは互恵型ライセンスについて見ていきます。最初に、代表例としてGPLを取り上げますが、LGPLと共通する部分が多いため、両方を合わせて説明することにします。LGPL固有のものについては次章で解説しています。

はじめに

　GPLとはGeneral Public Licenseの略で、正式名はGNU General Public Licenseとなります。GPLはリチャード・ストールマンによって作成され、同氏が中心となって運営しているフリーソフトウェアファウンデーション（Free Software Foundation：FSF）によって管理・維持されています。現在は、GPLはバージョン2と3が主に使われています。また、GPLの派生系としてLGPL（Lesser GPL）やAGPL（Affero GPL）があります。LGPLはバージョン2を時折見かける程度で、主に使われているのはバージョン2.1で、バージョン3も使われています。AGPLは組み込みシステム関連ではあまり目にすることはないライセンスです。ただしAGPLで利用許諾されたOSSは、頒布を伴わない使い方、たとえばネットワークサーバーで使われる際でも注意が必要になるライセンスです。

　GPLとLGPLのライセンス本文は以下のFSFのサイトで見ることができます。

- GPL バージョン2
  https://www.gnu.org/licenses/old-licenses/gpl-2.0.ja.html
- GPL バージョン3
  https://www.gnu.org/licenses/gpl.html

- LGPL バージョン2
  https://www.gnu.org/licenses/old-licenses/lgpl-2.0.ja.html
- LGPL バージョン2.1
  https://www.gnu.org/licenses/old-licenses/lgpl-2.1.ja.html
- LGPL バージョン3
  https://www.gnu.org/licenses/lgpl.html

それぞれ日本語参考訳もあります。GPL/LGPLでは翻訳したものは無効だとしています。たとえば裁判になったような場合は原文を精読する必要があるでしょう。しかし、それは技術者がすべき仕事ではありません。以下に示しているように、優れた日本語訳があるのでそれらを参照すれば十分でしょう。翻訳者の八田真行氏に感謝の念を込めつつ、積極的に利用させていただきましょう。

- GPL バージョン2の日本語参考訳
  http://www.opensource.jp/gpl/gpl.ja.html
- GPL バージョン3の日本語参考訳
  https://mag.osdn.jp/07/09/02/130237
- LGPL バージョン2.1の日本語参考訳
  http://www.opensource.jp/lesser/lgpl.ja.html
- LGPL バージョン3の日本語参考訳
  https://mag.osdn.jp/07/09/05/017211

たとえば、GPLバージョン2の冒頭を見ると、次のようになっています。

Copyright (C) 1989, 1991 Free Software Foundation, Inc.

フリーソフトウェアファウンデーションは、これらのライセンス文に自身の著作権があるとしていて、この文言を一言一句変えずに使うのならば誰でも利用してもよい（General Public Use）としています。

GPLというライセンスには、その創始者であるリチャード・ストールマンの思いが込められています。その思いについてはインターネットで検索してみるとさまざまなストーリーを閲覧することができます。その詳細については、本書では割愛することにします。

GPLはバージョンによって要請されているものが大きく異なる箇所があります。

第5章　互恵型ライセンス——GPL/LGPL共通　103

おそらく組み込みシステムを開発する際にはGPLバージョン2またはLGPLバージョン2.1に出会うことが多いはずです。本章では、まずGPLとLGPLで共通する事柄について押さえ、第6章でLGPL、第7章でGPL/LGPLバージョン3について見ていきます。第I部の最後にあたる第8章ではAGPLについて触れます。

頒布時に守るべき4つの事柄

GPL/LGPLで利用許諾されたOSSを頒布する際に絶対に忘れてはいけない事柄が4つあります。ただし、GPL/LGPLバージョン3やAGPLの場合は、これらに加えて他にも注意点があります（詳細は後述します）。

さて、頒布時に守るべき4つの事柄とは以下のものです。

1. GPL/LGPLのライセンス文言を**OSSの頒布を受けた人が必ず読めるかたちで表記する**こと
2. **ソースコードの開示をする**こと：これに関しては以下の事柄も十分に注意してください。
   a. OSSの頒布がバイナリーコードによるものであれば、ソースコードだけではなく、そのバイナリーコードを生成するのに必要な構成ファイル（configuration file）なども開示する必要があります。詳細は後述します。
   b. ソースコードにはあなたが改変を加えたものも含まれます。あなたが改変を加えた部分も、オリジナルと同じGPL/LGPLで利用許諾しなければなりません。
   c. GPL/LGPLで利用許諾されたソフトウェアと渾然一体となりGPL/LGPLの要請が及ぶ別のプログラムのもの（どのようなものが該当するかは後述します）も必ず含めてください。
3. **ソースコードの入手がどのようにすればできるかを明確に表記する**こと：たとえば製品にバイナリーコードの形式でGPL/LGPLで利用許諾されたOSSが入っている場合は、製品にソースコード入手方法を明記する必要があります。

4. ソースコードの開示はそのOSSの頒布を受けた人に対して少なくとも3
年間は継続すること

この中で3.と4.は、OSSの頒布と同時にソースコードも頒布している場合は省
略できます。ただし、以下に示すような、製品やバイナリーコードの頒布とは別
にソースコードを送る手段を取る場合は3.と4.は省略できないので注意してくだ
さい。

- ソースコードを製品そのものには含めずにインターネット上のWebサイト
  などで行う
- 連絡を受けたら郵便などでソースコードを含めたCD-ROMなどを返送す
  る

ソースコードはソースコードだけではない

ソースコードはソースコードだけではない。これは禅問答のように思えるかも
知れません。GPLバージョン2では、ソースコードについて次のように記載され
ています。GPLバージョン3やLGPLでも同様の記述があります。

> For an executable work, complete source code means all the source code for
> all modules it contains, plus any associated interface definition files, plus the
> scripts used to control compilation and installation of the executable.

引用元：GPLバージョン2、第3節

> ある実行形式の著作物にとって完全なソースコードとは、それが含むモジュール
> すべてのソースコード全部に加え、関連するインターフェース定義ファイルのす
> べてとライブラリのコンパイルやインストールを制御するために使われるスクリ
> プトをも加えたものを意味する。

引用元：http://www.opensource.jp/gpl/gpl.ja.html

バイナリーコードの頒布には上記のようにソースコードを公開する必要があります。これらを満たすにはどのような情報を付加すべきかは、OSSによって個別に検討する必要があります。

たとえばLinuxで、製品などに組み込んだLinuxカーネルのソースコードを開示する場合は、そのソースコードのルートディレクトリに「setup-binarycode」といったファイルを配置し、テキストファイルの中にどのような設定ファイル（defconfigファイル）が参照されているかを明記していたりします。

GPL/LGPL：他に条件をつけてはいけない

GPLバージョン2では、第6節にこのような記載があります。

> You may not impose any further restrictions on the recipients' exercise of the rights granted herein.

引用元：GPLバージョン2、第6節

> あなたは、受領者がここで認められた権利を行使することに関してこれ以上他のいかなる制限も課してはならない。

引用元：http://www.opensource.jp/gpl/gpl.ja.html

また、LGPLバージョン2.1では、第10節に次のように記されています。

> You may not impose any further restrictions on the recipients' exercise of the rights granted herein.

引用元：LGPLバージョン2.1、第10節

> あなたは、受領者がここで認められた権利を行使することに関してこれ以上他の
> いかなる制限も課してはならない。

引用元：http://www.opensource.jp/lesser/lgpl.ja.html

GPLバージョン3では、次のような文言があります。

> 10. Automatic Licensing of Downstream Recipients.
>
> （中略）
>
> You may not impose any further restrictions on the exercise of the rights granted
> or affirmed under this License. For example, you may not impose a license fee,
> royalty, or other charge for exercise of rights granted under this License, （後略）

引用元：GPLバージョン3、第10節

> 10. 下流の受領者への自動的許諾
>
> （中略）
>
> あなたは本許諾書の下で授与された、あるいは確約された権利の行使に対して、
> 本許諾書が規定する以上のさらなる権利制限を課してはならない。たとえば、あ
> なたはライセンス料、ロイヤルティや他の料金を、本許諾書の下で認められてい
> る権利の行使に関して課してはならない。（後略）

引用元：https://mag.osdn.jp/07/09/02/130237

　これを見れば、GPL/LGPLで利用許諾されたOSSを頒布する際にGPL/LGPL
で書かれていること以上の条件を課すことができないのは明確です。このため、
「このソフトウェアの頒布はGPLバージョン2の条件で認めます。ですが、それ
とは他にこの契約も結んでくださいね。その契約の中にはGPLでは求められてい
ないことも含まれています」と言うことはできません。GPL/LGPLバージョン3で
も同様の要請があります。
　たとえば、ライセンサーまたは頒布者がGPL/LGPLで利用許諾あるいは頒布
するソフトウェアで実現できる特許を持っていたとします。その特許ライセンス

契約をそのOSSの利用許諾条件や頒布の条件に含めることはできるでしょうか。この点は十分に慎重になるべきです。必ず法務や知的財産権の専門家から適切な助言を得てください。

特許とOSSの関係については、第10章で改めて詳しく検討します。

利用許諾されたOSSと渾然一体となったソフトウェアの扱い

GPL/LGPLで多くの人が悩むのが「伝染効果」ではないでしょうか。「GPLで利用許諾されたOSSと一緒にしている私の作ったプログラム。これもGPLで利用許諾しないといけないのですよね」、という悩みを聞くことは絶えることがありません。GPL/LGPLで利用許諾されたOSSが他のプログラムに影響を与える可能性があることは、極めて重要な点です。人によってはこれを「GPL汚染」（英語は「GPL contamination」）と呼びます。この言葉はGPLで利用許諾されたOSSがあたかも汚濁物であるような印象を与えます。強い拒否感を抱く表現です。

頻繁にみることができるOSSライセンスの中で、当該OSSとは別のプログラムに対してOSSライセンスの影響が及ぶケースは稀です。時折耳にする「OSSを使うとOSS以外のソースコードの開示もしないといけない」という理解は、GPL/LGPLの利用許諾条件が他のOSSライセンスにもあまねくすべてあるという誤解に基づいているでしょう。OSSを使うとそのOSS以外のソースコードの開示をしないといけなくなる可能性はGPL/LGPL以外のOSSライセンスの利用許諾条件では見ることは滅多にありません。

なお、LGPLについてはGPLとは違う結果になる可能性もあります。これについては第6章「誤解されやすいLGPL」で検討します。

たとえば、GPLバージョン2では、第2節で以下のように言っています。

2. You may modify your copy or copies of the Program or any portion of it, thus forming a work based on the Program, and copy and distribute such modifications or work under the terms of Section 1 above, provided that you also meet all of these conditions:

a) 省略

b) You must cause any work that you distribute or publish, that in whole or in part contains or is derived from the Program or any part thereof, to be licensed as a whole at no charge to all third parties under the terms of this License.

c) If the modified program normally reads commands interactively when run, you must cause it, when started running for such interactive use in the most ordinary way, to print or display an announcement including an appropriate copyright notice and a notice that there is no warranty (or else, saying that you provide a warranty) and that users may redistribute the program under these conditions, and telling the user how to view a copy of this License. (Exception: if the Program itself is interactive but does not normally print such an announcement, your work based on the Program is not required to print an announcement.)

These requirements apply to the modified work as a whole. If identifiable sections of that work are not derived from the Program, and can be reasonably considered independent and separate works in themselves, then this License, and its terms, do not apply to those sections when you distribute them as separate works. But when you distribute the same sections as part of a whole which is a work based on the Program, the distribution of the whole must be on the terms of this License, whose permissions for other licensees extend to the entire whole, and thus to each and every part regardless of who wrote it.

Thus, it is not the intent of this section to claim rights or contest your rights to work written entirely by you; rather, the intent is to exercise the right to control the distribution of derivative or collective works based on the Program.

In addition, mere aggregation of another work not based on the Program with the Program (or with a work based on the Program) on a volume of a storage or distribution medium does not bring the other work under the scope of this License.

引用元：GPLバージョン2、第2節

第5章　互恵型ライセンス──GPL/LGPL共通　109

2. あなたは自分の『プログラム』の複製物かその一部を改変して『プログラム』を基にした著作物を形成し、そのような改変点や著作物を上記第1節の定める条件の下で複製または頒布することができる。ただし、そのためには以下の条件すべてを満たしていなければならない：

　　a) 省略

　　b)『プログラム』またはその一部を含む著作物、あるいは『プログラム』かその一部から派生した著作物を頒布あるいは発表する場合には、その全体をこの契約書の条件に従って第三者へ無償で利用許諾しなければならない。

　　c) 改変されたプログラムが、通常実行する際に対話的にコマンドを読むようになっているならば、そのプログラムを最も一般的な方法で対話的に実行する際、適切な著作権表示、無保証であること(あるいはあなたが保証を提供するということ)、ユーザがプログラムをこの契約書で述べた条件の下で頒布することができるということ、そしてこの契約書の複製物を閲覧するにはどうしたらよいかというユーザへの説明を含む告知が印刷されるか、あるいは画面に表示されるようにしなければならない(例外として、『プログラム』そのものは対話的であっても通常そのような告知を印刷しない場合には、『プログラム』を基にしたあなたの著作物にそのような告知を印刷させる必要はない)。

以上の必要条件は全体としての改変された著作物に適用される。著作物の一部が『プログラム』から派生したものではないと確認でき、それら自身別の独立した著作物であると合理的に考えられるならば、あなたがそれらを別の著作物として分けて頒布する場合、そういった部分にはこの契約書とその条件は適用されない。しかし、あなたが同じ部分を『プログラム』を基にした著作物全体の一部として頒布するならば、全体としての頒布物は、この契約書が課す条件に従わなければならない。というのは、この契約書が他の契約者に与える許可は『プログラム』丸ごと全体に及び、誰が書いたかは関係なく各部分のすべてを保護するからである。

よって、すべてあなたによって書かれた著作物に対し、権利を主張したりあなたの権利に異議を申し立てることはこの節の意図するところではない。むしろ、その趣旨は『プログラム』を基にした派生物ないし集合著作物の頒布を管理する権利を行使するということにある。

110 第I部 基本編

> また、『プログラム』を基にしていないその他の著作物を『プログラム』（あるいは
> 『プログラム』を基にした著作物）と一緒に集めただけのものを一巻の保管装置
> ないし頒布媒体に収めても、その他の著作物までこの契約書が保護する対象に
> なるということにはならない。

引用元：https://ja.osdn.net/projects/opensource/wiki/licenses%2FGNU_General_Public_License

　上記と同様の記載はLGPLバージョン2.1、GPL/LGPLバージョン3にもあります。この部分を読み解けば、どのような場合に「GPL汚染が発生する」のかが解き明かせます。しかし、おそらくエンジニアにとってこれを読みこなすのは大変な労力を費やさなくてはならないでしょう。一方、法務や知的財産権の専門家がこれを読みこなすのもソフトウェアの構造についての十分な知識がなければ大変です。ここでは、GPLを起草し、メンテナンスしているフリーソフトウェアファウンデーション（FSF）の見解を参照してみましょう。

　FSFは以下のように解説しています（太字は引用者）。なお、この解説はGPLバージョン2に限定したものであるとする記載は見当たりません。LGPLバージョン2.1、GPL/LGPLバージョン3と共通した見解と見てよいでしょう。

■「集積物」とそのほかの種類の「改変されたバージョン」の違いは何ですか？ | FSF
　http://www.gnu.org/licenses/gpl-faq.ja.html#MereAggregation

> 二つの別々のプログラムと二つの部分の一つのプログラムを分ける線はどこにあるでしょうか？ これは法的な問題であり、**最終的には裁判官が決めること**です。わたしたちは、適切な基準はコミュニケーションのメカニズム（exec、パイプ、rpc、共有アドレス空間での関数呼び出し、など）とコミュニケーションのセマンティクス（どのような種の情報が相互交換されるか）の両方によると考えています。
>
> モジュールが同じ実行ファイルに含まれている場合、それらは言うまでもなく一つのプログラムに結合されています。もしモジュールが共有アドレス空間でいっしょにリンクされて実行されるよう設計されているならば、それらが一つのプログラムに結合されているのはほぼ間違いないでしょう。

> 逆に、**パイプ、ソケット、コマンドライン引数は通常二つの分離したプログラム
> の間で使われるコミュニケーションメカニズム**です。ですから**それらがコミュニ
> ケーションのために使われるときには、モジュールは通常別々のプログラム**です。
> しかしコミュニケーションのセマンティクスが親密であったり、複雑な内部デー
> タ構造を交換したりする場合は、それらも二つの部分がより大規模なプログラム
> に結合されていると考える基準となりうるでしょう。

　いきなり「最終的には裁判官が決めること」などととりつく島もないようなこと
が出てきます。それにめげずに読み進めると「モジュールが同じ実行ファイルに
含まれている場合、それらは言うまでもなく一つのプログラムに結合されていま
す」との解説が出てきます。この結果、たとえばGPLで利用許諾されたライブラ
リがあった場合、これとリンクしたプログラムは、第2節（c）の規定を参照して
適切に扱う必要があることがわかります。ただし、LGPLでは別の観点も含めて
考える必要があるため、後ほどLGPLの項目で改めて説明します。

　続いて、「パイプ、ソケット、コマンドライン引数は通常二つの分離したプロ
グラムの間で使われるコミュニケーションメカニズムです。ですからそれらがコ
ミュニケーションのために使われるときには、モジュールは通常別々のプログラム
です」という解説があります。これが何を意味するかはソフトウェア開発者の
方には明らかでしょう。たとえばLinux上で動作するユーティリティソフトウェア
があり、それがGPLで利用許諾されているとします。そのプログラムを別のプロ
グラムから「パイプライン処理で起動」し、データを「ソケットや共有メモリー
を介してやりとりする」といったケースでは、ここで言う別のプログラムであり、
そのユーティリティのGPLの要請は及ばないと考えられます。

　もっとも、そのあとで、「コミュニケーションのセマンティクスが親密であった
り、複雑な内部データ構造を交換したりする場合は、それらも二つの部分がより
大規模なプログラムに結合されていると考える基準となりうる」という記述もあり
ます。ただ、この懸念が発生したという話は聞き及びません。

　ソフトウェア開発者としては「パイプ、ソケット、コマンドライン引数は通常
二つの分離したプログラムの間で使われるコミュニケーションメカニズム」との
FSFの見解は大いに参考にできます。このようなメカニズムを使ってGPLで利用

許諾されたOSSとやりとりが行われているプログラムにはGPLの要請は及ばないと考えるのが合理的です。ソフトウェア技術に詳しい人であれば、「GPL汚染」の懸念がどのようなシーンでもたらされるのか容易に理解できるでしょう。

あなたの同僚の中にも、OSSを使うとあなたの周りにある秘するべきソフトウェアのソースコード開示が必須になると思い込んでいる人はいませんか。まず、そのような条件はOSSライセンスによって異なります。ソースコード開示が必須になるという条件が存在する代表的なライセンスはGPL/LGPLです。LGPLの場合は後述のように条件が緩和されるケースがあります。GPLの場合であっても、ここで見たように使い方によっては大事に至らずに済む可能性も十分あります。逆に、上記のようなGPLの要請があるライセンスで利用許諾されたOSSを不用意に使うと、その懸念が現実化してしまう可能性もあります。

ここで紹介したことはFSFの見解にすぎません。場合によってはOSSの著作権者が別の主張をしてくるかもしれません。その場合はその主張を傾聴し尊重するようにしてください。ただ、FSFより厳しいことを言う著作権者がいるとは思いがたいです。

ライセンス両立性問題

GPLバージョン2の第2節 b) の規定は、もうひとつ別の視点を与えています。再掲します。

b) You must cause any work that you distribute or publish, that in whole or in part contains or is derived from the Program or any part thereof, to be licensed as a whole at no charge to all third parties under the terms of this License.

b)『プログラム』またはその一部を含む著作物、あるいは『プログラム』かその一部から派生した著作物を頒布あるいは発表する場合には、その全体をこの契約書の条件に従って第三者へ無償で利用許諾しなければならない。

第5章　互恵型ライセンス——GPL/LGPL共通　113

「プログラム」またはその一部を含む著作物、あるいはその一部から派生した著作物を頒布あるいは発表する場合は、**その全体をこの契約書（GPLバージョン2）の条件に従う**ことが求められています。よく読むと、ここにはGPLバージョン2で利用許諾しなければならない言っているわけではありません。同様の記載が、LGPLバージョン2.1にもGPL/LGPLバージョン3にも見られます。

では、この契約書の条件とは何でしょうか。すでに述べたように、たとえばGPLバージョン2の場合は、次のものが代表的な条件です。

- ソフトウェアの自由な利用が認められている
- ソフトウェアの自由な頒布が認められている
- あなたが改変したところも含めてソースコードの開示をする
- ソースコードの入手方法をきちんと伝える
- ソースコードはバイナリーコードが頒布された時点から3年は開示し続ける
- ソフトウェアの利用や頒布に対して、GPLバージョン2以上の制約事項を課さない

ここで次のような場合のGPLで利用許諾されたソフトウェアと併存するプログラムのことを考えてみましょう。

例1 **GPLで利用許諾されているソフトウェアライブラリ**があります。**このライブラリをプログラムAとリンクして実装**しました。この場合、ライブラリをリンクしたプログラムAは、GPLで利用許諾されたソフトウェアライブラリと、もうひとつ別の独立したプログラムAという位置づけにはならないでしょう。つまり、**このライブラリとプログラムAをリンクした結果得られるソフトウェアはGPLで利用許諾されたソフトウェアライブラリと渾然一体となったものだとみなされる可能性が高い**です。

> **例2** GPLで利用許諾されたソフトウェアがあります。このソフトウェアの一部を抜き出して、それを別のすでに別途用意されているプログラムBにコピーしました。この場合は、その結果できあがったソフトウェアも、GPLで利用許諾されたソフトウェアと、もうひとつ別の独立したプログラムBという位置づけにはならないでしょう。つまり、このGPLまたはLGPLで利用許諾されたソフトウェアとプログラムBを混合した結果得られるソフトウェアはGPLで利用許諾されたソフトウェアと渾然一体となったものだとみなされる可能性が高いです。

 ソフトウェアの保守、脆弱性の視点も大切

例2のようなOSSの使い方はライセンス遵守の視点からは問題ない可能性が十分にあります。しかし、ソフトウェアの保守、脆弱性対応の視点からは好ましくはありません。この点については、第Ⅱ部の第9章の「避けたいOSSのつまみ食い」で検討します。

　上記の例にあるプログラムAとプログラムBについて考えます。もちろんそれぞれ併存するソフトウェアライブラリやプログラムのライセンス(GPLやLGPL)と同一のライセンスであるならばなんら問題ありません。しかし、もしプログラムAやプログラムBがMITライセンスで利用許諾されたものだった場合はどうなるでしょうか。

　MITライセンスの場合、上記に挙げたGPLバージョン2が求める条件を満たせなくする条件はあるでしょうか。おそらく、そのような条件は見当たらないはずです。LGPLバージョン2.1であっても、GPL/LGPLバージョン3であっても同様の結論になるでしょう。プログラムAにしてもプログラムBにしてもMITライセンスで利用許諾されたものであって、一緒になるプログラムAやプログラムBがGPL(例1の場合)やGPL/LGPL(例2の場合)で求める条件を満たすことができるのならば、例1も例2も問題にならないはずです。同様のことは、3項型BSDライセンスについても言えます。

しかし、4項型BSDライセンスだと様相が一変します。なぜでしょうか。4項型BSDライセンスの第3項を見てください。

---

3. All advertising materials mentioning features or use of this software must display the following acknowledgement:
　This product includes software developed by the <organization>.

引用元：http://directory.fsf.org/wiki/License:BSD_4Clause（2017年3月20日時点の記載内容を引用）

4項型BSDライセンスにあるこの条件。つまりそのBSDライセンスで利用許諾されたOSSによる機能を広告物に謳うのならば「This product includes software developed by the <organization>.」という謝辞を入れなくてはならない（これを「**宣伝条項**」と言います）との規定があります。このような規定はどう見てもGPL/LGPLにはありません。つまり、「**ソフトウェアの利用や頒布に対して、GPL/LGPL以上の制約事項を課さない**」という条件を満たせなくなるのです。一般にOSSの場合、ソフトウェアの自由な改変、頒布、ソースコードの開示などを妨げるものは存在しにくいはずです。反面、「このGPLを上回る条件を付けてはならない」という要請を満たしていないケースは多々見受けられます。このような問題のことを「**ライセンス両立性の問題**」と言います。

もし、例1におけるプログラムAや例2におけるプログラムBが4項型のBSDライセンスで利用許諾されたものであった場合は、その結果うまれたソフトウェアの頒布をしてはいけません。

なお「両立性」とは、原典（英語）にある「compatibility」という言葉を訳したものです。compatibilityの訳語としてしばしば「互換性」という言葉が使われますが、ここでは「共存可能性」「両立性」といった訳語のほうが適切です。どのようなOSSライセンスがGPLと互換性（両立性）があるか、どのようなものは互換性がないかについては、フリーソフトウェアファウンデーション（FSF）がその見解をまとめています。

■ GPLと両立性のあるOSSライセンス ｜ FSF
　https://www.gnu.org/licenses/license-list.ja.html#GPLCompatibleLicenses

■ GPLと両立性のないOSSライセンス | FSF
https://www.gnu.org/licenses/license-list.ja.html#GPLIncompatibleLicenses

主なものを列挙します。

GPL バージョン2と両立性がないライセンス

- GPLバージョン3／LGPLバージョン3：つまり、GPL/LGPLバージョン3はGPLバージョン2／LGPLバージョン2.1にはない制約を課していることを示唆しています。
- Apacheライセンス バージョン2.0
- 4項型BSDライセンス

GPLバージョン2と両立性があるライセンス

- MITライセンス
- 2項型／3項型BSDライセンス
- Mozilla Public License（MPL）バージョン2.0

GPLバージョン3と両立性がないライセンス

- GPLバージョン2／LGPLバージョン2.1
- 4項型BSDライセンス

GPLバージョン3と両立性があるライセンス

- Apacheライセンス バージョン2.0：つまり、Apacheライセンスと同等な制約条件をGPL／LGPLバージョン3では課しているということを示唆しています。
- MITライセンス
- 2項型／3項型BSDライセンス
- Mozilla Public License（MPL）バージョン2.0

もし、あなたがあなた独自のライセンスを作り、それがGPL/LGPLには書かれてない制約事項を持たず、GPL/LGPLの要請をすべて満たすことができるのならば互換性問題を引き起こさないかもしれません。もっとも、そのような場合はあなたが著作権を持つソフトウェアに独自のライセンスを適用するのではなく、素

直にGPL/LGPLで利用許諾したほうがすっきりするでしょう。

　なお、ここで挙げた例1についてですが、ソフトウェアライブラリがLGPLで利用許諾されている場合は、LGPL特有の事項をあわせて検討する必要があります。それは第6章で改めて検討します。

利用許諾条件の緩和

　GPLで求められている事柄に対して、著作権者が条件を緩和することは可能です。極端な場合「本来ならばこれはGPL違反になりますが、これこれの場合はGPL違反をしてもかまいません」といった例外事項を付している場合もあります。重要なことは、例外事項を付すことができるのはそのOSSの著作権者、つまり**利用許諾をする立場の人ができる**ことです。著作権を持たない人は例外事項を付け加えてはいけません。たとえば、あなたがLinuxを製品の中に組み込んだとします。もしかするとあなたもLinuxの開発に協力していて、あなたの著作物もLinuxの中に入っているかもしれません。たとえそうだとしてもLinux全体を製品に入れて出荷（頒布）する際に「この製品にはLinuxが入っています。LinuxはGPLバージョン2で利用許諾されています。しかし、特例として……」などとあなたが例外規定を加えるようなことは**絶対に**してはなりません。そうしたいのならば著作権者全員から了解を得て、すべての著作者の方々によって例外規定を加えて頂くべきです。

　実際に利用許諾条件が緩和されている実例としてJavaがあります。Javaではクラスライブラリを中心にGPLバージョン2で利用許諾をしているにもかかわらず、そのライブラリをリンクしたソフトウェアにはGPLで求められた事柄を実施しなくてもよいとしているものがあります。以下はGNU Classpath Exceptionの例です。

■GNU Classpath Exception

> Linking this library statically or dynamically with other modules is making a combined work based on this library. Thus, the terms and conditions of the GNU General Public License cover the whole combination.

118 第Ⅰ部 基本編

As a special exception, the copyright holders of this library give you permission to link this library with independent modules to produce an executable, regardless of the license terms of these independent modules, and to copy and distribute the resulting executable under terms of your choice, provided that you also meet, for each linked independent module, the terms and conditions of the license of that module. An independent module is a module which is not derived from or based on this library. If you modify this library, you may extend this exception to your version of the library, but you are not obligated to do so. If you do not wish to do so, delete this exception statement from your version.

引用元：https://www.gnu.org/software/classpath/license.html

静的、動的を問わずこのライブラリを他のモジュールとリンクすることは結合された成果物を作ることとなります。そのために結合された成果物全体にGNU General Public Licenseの文言と条件が及びます。

特別な例外として、このライブラリの著作権者は、このライブラリと独立なモジュールと、独立なモジュールのライセンスの文言がいかなるものであっても、リンクして実行可能なプログラムを作成し、作成された実行可能なプログラムをあなたの選んだ任意のライセンス文言で頒布をする許諾をあなたに与えます。このライブラリがリンクされた独立なモジュールはそのモジュールのライセンス文言や条件に適合することを条件とします。独立なモジュールとはこのライブラリから派生したものやこのライブラリをもとに作られたモジュールではないとします。あなたがこのライブラリを改変した場合、あなたもこの例外規定をあなたの改変したバージョンのライブラリにも続けて適用してもかまいません。もし、あなたがそのようにしたくなければ、あなたの改変したバージョンからこの例外規定を削除してもかまいません。

（筆者による参考和訳）

　この例外規定では、GPLで利用許諾されたライブラリであっても、そのライブラリをリンクした「他のプログラム」は任意のライセンスで利用許諾可能なうえ、ライブラリそのものも「他のプログラム」のライセンスで利用許諾してもかまわない、としているのがおわかりいただけるでしょう。

　以下は、GPLバージョン3に対する例外規定の例です。GNUのコンパイラ

GNU Compiler Collection（GCC）は現在GPLバージョン3で利用許諾されています。これに伴い、頒布されているランタイムライブラリもGPLバージョン3で利用許諾されていています。GCCでコンパイルしたオブジェクトコード【用語】にはそのランタイムライブラリが組み込まれます。その結果GCCでコンパイルしたオブジェクトコードはすべてGPLバージョン3で利用許諾しなくてはいけない、ということになります。しかし、GCCの開発者たちは以下のような例外規定を付けており、GCCでコンパイルしたオブジェクトコードはいかなるライセンスで利用許諾してもよいということになっています。

■GPLバージョン3に対する例外規定

> You have permission to propagate a work of Target Code formed by combining the Runtime Library with Independent Modules, even if such propagation would otherwise violate the terms of GPLv3, provided that all Target Code was generated by Eligible Compilation Processes. You may then convey such a combination under terms of your choice, consistent with the licensing of the Independent Modules.

引用元：https://www.gnu.org/licenses/gcc-exception-3.1-faq.en.html

> あなたは、「ランタイムライブラリ」と「独立モジュール」を組み合わせる形で形成された「ターゲットコード」の作品を伝搬する許可を有します。たとえ、その伝搬がGPLv3の条項に違反したとしても、すべての「ターゲットコード」が「適格なコンパイルプロセス」で生成されたものである限り、許可されます。そして、あなたは、「独立モジュール」のライセンスと一貫する、あなたの選択する条項でそのような組み合わせを運搬することができます。

引用元：https://www.gnu.org/licenses/gcc-exception-3.1-faq.html

用語　**オブジェクトコード**
コンパイラを使って、ソースコード（ソースプログラムとも呼ぶ）をコンピュータが実行可能な機械語に変換したもの。「オブジェクトプログラム」とも呼ばれる。複数のオブジェクトプログラムをつなぎ合わせることを「リンク」と言う。

GPLやLGPLで利用許諾されたOSSを使う際には、このような例外規定がないかどうか確認することも重要です。また、例外規定の規定の適用を受けようとする場合は、適用条件を精読し、内容を的確に理解し条件を必ず満たすようにしてください。たとえばGCCのランタイムライブラリに付けられた例外規定は容易に遵守できるはずです。ですが、例外規定はこのような条件を守りやすいものだけでは必ずしもありません。

GPL/LGPLのまとめ

GPL/LGPLに関わる注意点をまとめます。これらのライセンスには注意すべき点が多数あります。しっかり理解してください。

入手時（頒布を受けるとき）の注意事項

GPL/LGPLで利用許諾されたOSSを入手するときは、以下の2点に注意してください。

- □ 利用に伴うすべての責任が使う側にあることを確認してください。
- □ OSSによっては利用許諾条件を緩和している場合があります。緩和条件を確認しあなたが使おうとするケースが該当するか検討してください。

頒布時の注意事項

次に、そのようなOSSを頒布する際には、以下の点に注意してください。

- □ GPL/LGPLで利用許諾されたOSSを頒布する際には、GPL/LGPLで求められている条件以外の条件を付け加えることはできません。そのようなことをしていないことを確認してください。たとえばあなたがリリースするソフトウェア全体のライセンスがGPL/LGPLで求められている以外の条件を当該OSSに与えていないかは慎重に確認するべきです。
- □ 頒布に伴い、忘れてはいけない4つのポイントを守っているか確認してく

ださい。

- □ 1. GPL/LGPLのライセンス文言を、OSSの頒布を受けた人が必ず読めるかたちで表記すること
- □ 2. ソースコードの開示をすること：OSSの頒布がバイナリーコードによるものであれば、ソースコードだけではなく、そのバイナリーコードを生成するのに必要な構成ファイル（configuration file）なども開示する必要があります。
- □ 3. ソースコードの入手がどのようにすればできるかを明確に表記すること。たとえば製品にバイナリーコードの形でGPL/LGPLで利用許諾されたOSSが入っている場合は、製品にソースコード入手方法を明記する必要があります。
- □ 4. ソースコードの開示はそのOSSの頒布を受けた人に対して少なくとも3年間は継続すること
- □ 渾然一体となるソフトウェアがないか確認してください。そのようなソフトウェアがある場合はGPL/LGPLと矛盾が起きないことを確認してください。
- □ 頒布に際しての条件に関して、GPL/LGPLとは別に条件を緩和する規定が示されている場合があります。緩和規定の適用を受ける場合は緩和規定の内容を適切に理解したうえで対応してください。

✏️ 演習問題

1 インターネットで検索して、リチャード・ストールマン（Richard Stallman）がGPLにいかなる思いを込めているか調べてください。

2 Androidを搭載したスマートフォンは機器本体にOSSを搭載しています。オペレーティングシステム（カーネル）はLinuxが使われており、LinuxはGPLバージョン2で利用許諾されています。手元にあるAndroidを搭載したスマートフォンを見て、GPL/LGPLに対して適切な対応をしていることを確認してください。なお、ソースコード開示の方法の提示など、本体ではなく取扱説明書など本体と同梱されている印刷物などに記載されていることが

122 第Ⅰ部 基本編

あります。そちらも確認してみてください。

3 あなたは半導体ベンダーで働いているとします。あなたが提供する半導体のソフトウェア開発キット（SDK）にGPLバージョン2で利用許諾されたOSSを組み込みます。そのOSSのみで実現できる特許をあなたの会社は所持しています。この特許の利用許諾契約を締結することをこのSDKに含まれるOSSの利用に際して求めることが適切かどうか検討してください。

6 誤解されやすいLGPL

本章ではLGPLについて解説していきます。GPLとほぼ同じ内容のライセンスですが、ソフトウェアライブラリの扱いなど重要な点で異なっています。ソフトウェアライブラリを使わないソフトウェア製品は存在しないと言ってもよいため、LGPLを適切に使いこなすのが大切になります。

LGPLはLesser GNU General Public Licenseを略したものです。もともとは、Library GNU General Public Licenseという名称でしたが、バージョン2.1がリリースされたときにLesserへと名称が変わりました。

いまだに「LGPLだからソースコード開示義務はない」などといった誤解を持っている方もいるようです。最初に押さえておくべきことは「**LGPLは、基本はGPLとなんら変わらない**」ということです。"劣った" GPLだからといって、LGPLで利用許諾されたOSSを頒布する際にソースコード開示義務がなくなるようなことはありません。ただし、著作権者がソースコード開示を求めないとする例外規定を設けた場合は別ですが、これとてGPLの場合とまったく同様です。

ではLGPLの本質とは何でしょうか。これはLGPLが産まれた背景を知ることで理解できます。

1991年6月にGPLバージョン2がリリースされる前に、GPLの発案者であるリチャード・ストールマンに対して次のような問題提起があったそうです。

「私は大型計算機向けのソフトウェアを開発しています。今度その計算機にGPLで利用許諾された共有ライブラリが導入されるようです。私の作るプログラムは別の人にも渡されてそこで使われます。その際にこの共有ライブラ

リを使うと私のプログラムもGPLの要件に従ってリリースする必要があります。

　しかし、私の作っているプログラムはどうしても機密性があり、ソースコードを開示するなどとてもできません。**あなた（リチャード・ストールマン）の作成したGPLというライセンスはライブラリに適用されると私のようなプログラムを書く自由を妨げる**ことになります。共有ライブラリとそれを使うユーザープログラムには特別な事情があることを理解していただけないでしょうか。私の作ったプログラムは独自のGPLとはまったく異なるライセンスを付与したいのです。」

この問題点に応えるかたちでLGPLというライセンスが用意されたのです。当初の名称**Library** GNU General Public Licenseという名前の由来はここにあります。後年、このライセンスはライブラリ以外でも適用可能だという議論を受け、バージョン2.1からはLesser GNU General Public Licenseと改称されました。

LGPLを理解するためのポイント

LGPLを理解するポイントは、LGPLバージョン2.1では第6節に、LGPLバージョン3では第4節にあります。それぞれバージョンの引用元のURL（原文、日本語参考訳）は以下のとおりです。

- LGPL バージョン2.1
  https://www.gnu.org/licenses/old-licenses/lgpl-2.1.ja.html
- LGPL バージョン3
  https://www.gnu.org/licenses/lgpl.html
- LGPL バージョン2.1の日本語参考訳
  http://www.opensource.jp/lesser/lgpl.ja.html
- LGPL バージョン3の日本語参考訳
  https://mag.osdn.jp/07/09/05/017211

コラム　静的ライブラリと共有ライブラリ

　ライブラリには静的ライブラリと共有（あるいは動的）ライブラリという2種類が存在します。どちらでも同じ処理を提供するのですが、プログラムへの組み込み方が違います。

　プログラムの生成時には、まずソースコードをコンパイルしてオブジェクトファイルというファイルを作成します。そのうえでオブジェクトファイルが使うライブラリをリンクして、実行ファイルを作ります。静的ライブラリはリンク時に、ライブラリ内の関数をプログラムに組み込みます。これに対して共有ライブラリは、リンク時には「このライブラリのこの関数を呼び出す」といった情報だけを実行ファイルに埋め込みます。そのうえでプログラムの起動時、あるいは実行中に、ライブラリをメモリ上にロードして、プログラムはその中の関数を呼び出します。libcが提供する、何もせずに待つpause()関数を呼ぶだけのpauseプログラムにおいて両者の違いを示したのが下の図です。

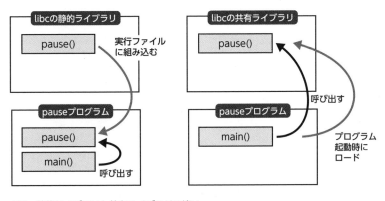

図A　静的ライブラリと共有ライブラリの違い

引用元：武内覚「試して理解Linuxのしくみ パワーアップ番外編：第5回 ライブラリ」Software Design 2018年9月号（技術評論社刊）。なお、引用にあたり表記を一部改めた。

126 第Ⅰ部 基本編

■LGPLバージョン2.1、第6節

原文	日本語参考訳
6. As an exception to the Sections above, you may also combine or link a "work that uses the Library" with the Library to produce a work containing portions of the Library, and distribute that work under terms of your choice, provided that the terms permit modification of the work for the customer's own use and reverse engineering for debugging such modifications.	6. 上記各節の例外として、あなたは「『ライブラリ』を利用する著作物」を『ライブラリ』と結合またはリンクして、『ライブラリ』の一部を含む著作物を作成し、その著作物をあなたが選んだ条件の下で頒布することもできる。ただしその場合、あなたの条件は顧客自身の利用のための著作物の改変を許可し、またそのような改変をデバッグするためのリバースエンジニアリングを許可していなければならない。
You must give prominent notice with each copy of the work that the Library is used in it and that the Library and its use are covered by this License. You must supply a copy of this License. If the work during execution displays copyright notices, you must include the copyright notice for the Library among them, as well as a reference directing the user to the copy of this License. Also, you must do one of these things:	あなたは著作物のそれぞれのコピーに、『ライブラリ』がその著作物の中で用いられていることと、その利用はこのライセンスで保護されていることを述べたはっきりとした告知を載せねばならない。また、あなたはこのライセンスのコピーを一部提供しなければならない。もし著作物が実行時に著作権表示を表示するならば、あなたはその中に『ライブラリ』の著作権表示を含めなければならず、更にユーザにこのライセンスのコピーの在処を示す参照文も含めなければならない。また、あなたは以下のうちどれか一つを実施しなければならない：
• a) Accompany the work with the complete corresponding machine-readable source code for the Library including whatever changes were used in the work (which must be distributed under Sections 1 and 2 above); and, if the work is an executable linked with the Library, with the complete machine-readable "work that uses the Library", as object code and/or source code, so that the user can modify the Library and then relink to produce a modified executable containing the modified Library. (It is understood that the user who changes the contents of definitions files in the Library will not necessarily be able to recompile the application to use the modified definitions.)	• a) 著作物に、著作物の中で行われたあらゆる改変点（それらの改変点は上記第1節および2節の条件に従って頒布されなければならない）をすべて含む、『ライブラリ』の対応する完全かつ機械で読み取り可能なソースコードを添付する。もし著作物が『ライブラリ』とリンクされた実行形式ならば、著作物を完全かつ機械読み取り可能な「『ライブラリ』を利用する著作物」のオブジェクトコードあるいはソースコード（どちらかでも可）と一緒にし、ユーザが『ライブラリ』を改変した後に再リンクして、改変された『ライブラリ』を含む改変された実行形式を作成できるようにする（ここでは、『ライブラリ』に含まれる定義ファイルの内容を改変したユーザは、改変された定義を利用するためにアプリケーションを再コンパイルすることができる必要は必ずしも無いと理解されている）。

原文	日本語参考訳

- b) Use a suitable shared library mechanism for linking with the Library. A suitable mechanism is one that (1) uses at run time a copy of the library already present on the user's computer system, rather than copying library functions into the executable, and (2) will operate properly with a modified version of the library, if the user installs one, as long as the modified version is interface-compatible with the version that the work was made with.

- c) Accompany the work with a written offer, valid for at least three years, to give the same user the materials specified in Subsection 6a, above, for a charge no more than the cost of performing this distribution.

- d) If distribution of the work is made by offering access to copy from a designated place, offer equivalent access to copy the above specified materials from the same place.

- e) Verify that the user has already received a copy of these materials or that you have already sent this user a copy.

For an executable, the required form of the "work that uses the Library" must include any data and utility programs needed for reproducing the executable from it. However, as a special exception, the materials to be distributed need not include anything that is normally distributed (in either source or binary form) with the major components (compiler, kernel, and so on) of the operating system on which the executable runs, unless that component itself accompanies the executable.

- b)『ライブラリ』とのリンクに適切な共有ライブラリ機構を用いる。適切な機構とは (1) ライブラリの関数を実行形式にコピーするのではなく、実行時にすでにユーザのコンピュータシステム上に存在するライブラリのコピーを利用し、そして (2) ユーザがライブラリの修正版をインストールした場合でも、そのような修正版が著作物が作られた版とインターフェース的に互換である限り、修正版のライブラリでも適切に動作するようになっているものである。

- c) 著作物に、著作物を受け取ったユーザに対し、上記小節6aで指定されたものを、頒布に要するコストを上回らない程度の手数料と引き換えに提供する旨述べた少なくとも3年間は有効な書面になった申し出を添える。

- d) 著作物の頒布が指定された場所からコピーするためのアクセス手段の提供によって為される場合、上記で指定されたものを同じ場所からコピーするのに要する同等のアクセス手段を提供する。

- e) そのユーザが以上で指定されたもののコピーをすでに受け取っているか、あなたがすでにこのユーザにコピーを送ったかどうか確かめる。

ある実行形式について、「『ライブラリ』を利用する著作物」は、それから実行形式を複製する際必要なデータまたはユーティリティプログラムをすべて含めた形で頒布されなければならない。しかし特別な例外として、その部分自体が実行形式に付随するのでは無い限り、頒布されるものの中に、実行形式が実行されるオペレーティングシステムの主要な部分 (コンパイラやカーネル等) と通常一緒に (ソースかバイナリ形式のどちらかで) 頒布されるものすべてを含んでいる必要はないとする。

■LGPLバージョン3、第4節

原文	日本語参考訳
4. Combined Works.	4. 結合された作品

You may convey a Combined Work under terms of your choice that, taken together, effectively do not restrict modification of the portions of the Library contained in the Combined Work and reverse engineering for debugging such modifications, if you also do each of the following:

- a) Give prominent notice with each copy of the Combined Work that the Library is used in it and that the Library and its use are covered by this License.

- b) Accompany the Combined Work with a copy of the GNU GPL and this license document.

- c) For a Combined Work that displays copyright notices during execution, include the copyright notice for the Library among these notices, as well as a reference directing the user to the copies of the GNU GPL and this license document.

- d) Do one of the following:

  - 0) Convey the Minimal Corresponding Source under the terms of this License, and the Corresponding Application Code in a form suitable for, and under terms that permit, the user to recombine or relink the Application with a modified version of the Linked Version to produce a modified Combined Work, in the manner specified by section 6 of the GNU GPL for conveying Corresponding Source.

あなたは、『結合された作品』に含まれる『ライブラリ』部分の改変を事実上禁止したり、そのような改変をデバッグするためのリバースエンジニアリングを禁止したりしない限り、『結合された作品』をあなたが選択したいかなる条件の下でも複製、伝達して構わない。ただしその場合、以下をすべて行う必要がある：

- a)『ライブラリ』が『結合された作品』中で利用されており、また『ライブラリ』とその利用は本許諾書によって保護されるということを、『結合された作品』のコピーそれぞれにおいて目立つように告知する。

- b)『結合された作品』に、GNU GPLと本ライセンス文書のコピーを添付する。

- c) 実行中に『コピーライト』告知を表示する『結合された作品』の場合、そういった告知文中に『ライブラリ』の著作権告知と、ユーザに対してGNU GPLと本ライセンス文書のコピーがどこにあるかを示す参照先情報を含める。

- d) 以下のどれか一つを行う：

  - 0) 本許諾書の条項に従い、『最小限の対応するソース』を伝達する。また、『対応するアプリケーションコード』を、『対応するソース』の伝達に関してGNU GPL第6項が指定しているのと同様のやり方で、ユーザが『アプリケーション』を『ライブラリ』の改変されたバージョンと再結合または再リンクして改変された『結合された作品』を作成するのに適した形式、かつそういった再結合や再リンクを許可する条項の下で伝達する。

原文	日本語参考訳
○ 1) Use a suitable shared library mechanism for linking with the Library. A suitable mechanism is one that (a) uses at run time a copy of the Library already present on the user's computer system, and (b) will operate properly with a modified version of the Library that is interface-compatible with the Linked Version.	○ 1)『ライブラリ』をリンクするのに適した共有ライブラリメカニズムを利用する。適したメカニズムとは、(a) 実行時すでにユーザのコンピュータシステムに存在する『ライブラリ』のコピーを利用し、(b)『リンクされたバージョン』とインターフェースに互換性がある『ライブラリ』の改変されたバージョンと共に適切に機能するものである。
● e) Provide Installation Information, but only if you would otherwise be required to provide such information under section 6 of the GNU GPL, and only to the extent that such information is necessary to install and execute a modified version of the Combined Work produced by recombining or relinking the Application with a modified version of the Linked Version. (If you use option 4d0, the Installation Information must accompany the Minimal Corresponding Source and Corresponding Application Code. If you use option 4d1, you must provide the Installation Information in the manner specified by section 6 of the GNU GPL for conveying Corresponding Source.)	● e)『インストール用情報』を提供する。ただしこれはGNU GPL第6項に従いそのような情報を提供することが義務付けられている場合に限られ、またそのような情報が、『リンクされたバージョン』の改変されたバージョンと『アプリケーション』を再結合ないし再リンクすることによって作成された『結合された作品』の改変されたバージョンをインストール、実行するのに必要とされる限りにおいてのみである（あなたが小項4dの0を選択する場合、『インストール用情報』は『最小限の対応するソース』と『対応するアプリケーションコード』と共に供しなければならない。あなたが小項4dの1を選択する場合、あなたは『インストール用情報』をGNU GPL第6項が『対応するソース』の伝達に関して指定するのと同様のやり方で提供しなければならない）。

　LGPLで利用許諾されたライブラリの多くはLGPLバージョン2.1が適用されています。そこでここでは、LGPLバージョン2.1を中心に検討します。特にその第6節に注目します。冒頭は次のように記述されていました。

> 「6. 上記各節の例外として、あなたは「『ライブラリ』を利用する著作物」を『ライブラリ』と結合またはリンクして、『ライブラリ』の一部を含む著作物を作成し、その著作物をあなたが選んだ条件の下で頒布することもできる。」

この部分を読めば、このライセンスが**LGPLで利用許諾されたライブラリをリンクするプログラム**に対して、そのプログラムの**著作権者はいかなるライセンスで利用許諾してもかまわない**、としているのは明らかです。

キーポイント1 リバースエンジニアリング

しかし、もちろん無条件で利用許諾してよいわけではありません。まず次のような条件が付きます。この条件は見落としがちです。注意してください。

> ただしその場合、あなたの条件は顧客自身の利用のための著作物の改変を許可し、またそのような改変をデバッグするためのリバースエンジニアリングを許可していなければならない。

LGPLで利用許諾されたライブラリをリンクするプログラムには、次の2つの条件が課されています。

1. LGPLで利用許諾されたライブラリをリンクするプログラムを使う人がそのプログラムの改変をすることを許す[1]
2. LGPLで利用許諾されたライブラリをリンクするプログラムのリバースエンジニアリングを許さなくてはいけない

よく、アプリケーションソフトウェアなどのエンドユーザーアグリーメント（ソフトウェア利用許諾契約）に「このソフトウェアの改変やリバースエンジニアリングを一切禁じます」と記載しているのをよく見かけます。**このアプリケーションソフトウェアがLGPLで利用許諾されたライブラリとリンクしたものが含まれているとすると、これは思わしくない状態に陥っている**と言わざるを得ません。

もし、あなたが開発している製品用のソフトウェアに第三者が作成したソフトウェアが使われているとします。さらに、そのソフトウェアはLGPLで利用許諾さ

---

[1] この段階ではLGPLで利用許諾されたライブラリをリンクするプログラムのソースコード開示は求めていません。どのような場合にソースコード開示が必要になるかは別のところに書いてあります。後ほど詳しく検討します。

れたライブラリとリンクして使うことが前提となっているとします。このソフトウェアについてその提供者である第三者から「リバースエンジニアリングは一切禁止する」などという条件が付けられていた場合もあなたがその製品の出荷する段階、つまりソフトウェアの頒布の開始する時点で大きな問題に直面することになるでしょう。あなたは製品を出荷する際にLGPLで利用許諾されたライブラリのリバースエンジニアリングを禁止できません。それにもかかわらず第三者から提供されたソフトウェアでリバースエンジニアリングを禁じる条件を付けられていたとしたら、あなたはLGPLの条件に従ったソフトウェアの頒布ができなくなるでしょう。製品の出荷の可否を問われる事態も覚悟せざるを得ません。

キーポイント2 利用許諾されたライブラリ利用の明記

続いて、以下のように述べています。

> あなたは著作物のそれぞれのコピーに、『ライブラリ』がその著作物の中で用いられていることと、その利用はこのライセンスで保護されていることを述べたはっきりとした告知を載せねばならない。また、あなたはこのライセンスのコピーを一部提供しなければならない。もし著作物が実行時に著作権表示を表示するならば、あなたはその中に『ライブラリ』の著作権表示を含めなければならず、更にユーザにこのライセンスのコピーの在処を示す参照文も含めなければならない。

たとえばあなたが出荷する製品の中にLGPLで利用許諾されたライブラリが含まれているのだとしたら、

1. LGPLで利用許諾されたどのようなライブラリが含まれているのかを明記する
2. LGPLライセンス全文の表記をする
3. あなたが作成したソフトウェアが著作権を表示する場合は、このLGPLで利用許諾されたライブラリの著作権表記も含めた上にLGPLのライセンス文全体を入手する方法も示す

132　第I部　基本編

以上を行う必要があります。

■ キーポイント3 ライブラリをリンクしたソフトウェアのライセンス

上記の記述に続けて、以下のように書いてあります。

> また、あなたは以下のうちどれか一つを実施しなければならない：

　この部分はLGPLで利用許諾されたライブラリをリンクする他のソフトウェアにどのような利用許諾条件を付けられるかを決める極めて大事な部分です。注意深く読んでください。これまで検討してきた内容に加え、ここで検討する内容が満たせられれば、LGPLで利用許諾されたライブラリをリンクするソフトウェアにいかなる利用許諾条件を付けることもできるようになります。あなた自身の独自のOSSライセンスではないライセンスを適用することも可能になるのです。

　それでは、LGPLバージョン2.1で重要な箇所を順番に見ていきましょう。まずは、第6節のa）を引用します（太字は引用者、図6.1）。

> **a）著作物に、著作物の中で行われたあらゆる改変点（それらの改変点は上記第1節および2節の条件に従って頒布されなければならない）をすべて含む、『ライブラリ』の対応する完全かつ機械で読み取り可能なソースコードを添付する。もし著作物が『ライブラリ』とリンクされた実行形式ならば、著作物を完全かつ機械読み取り可能な「『ライブラリ』を利用する著作物」のオブジェクトコードあるいはソースコード（どちらかでも可）と一緒にし、ユーザが『ライブラリ』を改変した後に再リンクして、改変された『ライブラリ』を含む改変された実行形式を作成できるようにする（ここでは、『ライブラリ』に含まれる定義ファイルの内容を改変したユーザは、改変された定義を利用するためにアプリケーションを再コンパイルすることができる必要は必ずしも無いと理解されている）。**

　a）を選択した場合は、この**LGPLで利用許諾されたライブラリをリンクしたプログラムのソースコードを開示する**ことを求めています。その結果そのプログラムはいかなるライセンスでも利用許諾できるようになります。

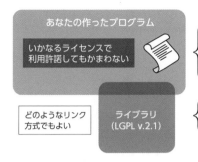

図6.1 LGPL v.2.1で利用許諾されたライブラリをリンクしたプログラムは任意のライセンスが可能（第6節 a）による場合）

特に組み込みシステム開発では、次の第6節のb）に従うケースが多くなるでしょう（太字は引用者、**図6.2**）。

> b）『ライブラリ』とのリンクに適切な共有ライブラリ機構を用いる。適切な機構とは（1）ライブラリの関数を実行形式にコピーするのではなく、**実行時にすでにユーザのコンピュータシステム上に存在するライブラリのコピーを利用**し、そして（2）ユーザがライブラリの修正版をインストールした場合でも、そのような修正版が著作物が作られた版とインターフェース的に互換である限り、修正版のライブラリでも適切に動作するようになっているものである。

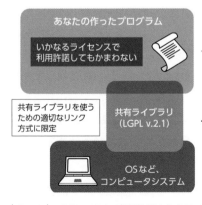

図6.2 LGPL v.2.1で利用許諾されたライブラリをリンクしたプログラムは任意のライセンスが可能（第6節 b）による場合）

まずライブラリとのリンクの方式ですが、共有ライブラリをリンクするのに適切な手段を講じるように求めています。たとえば、Linuxならば共有ライブラリを使う方法とダイナミックリンクがそれに該当します。Windowsなどにも同様なメカニズムがあります。

共有ライブラリは、ライブラリをリンクして実行するプログラムをロードする前にコンピュータにインストールされていることを想定しています（でなければ、プログラムを実行できません）。「ユーザがライブラリの修正版をインストールした場合でも、そのような修正版が著作物が作られた版とインターフェース的に互換である限り、修正版のライブラリでも適切に動作する」というのも極めて合理的なことです。

この**b) を選択した場合、このライブラリとリンクするプログラムのソースコード開示は求められません**。なお、c)、d)、e) は、上記のa) またはb) を補足するものとなっています。

LGPLバージョン3の場合は、第4節 d) の0) と1) を精読してください。そこには、LGPLバージョン2.1の第6節 a) およびb) と同等の記述があります。

インライン関数

あなたが作ったプログラムをLGPLで利用許諾されたライブラリとリンクする場合について考えます。ライブラリの場合、ライブラリのコードの中の一部を取り出してライブラリをリンクする対象のプログラムの中に組み込む機能を持たせられることがあります。これらはインライン関数やマクロと呼ばれる機能で実現します。ライブラリがLGPLで利用許諾されたものなのだとすれば、ライブラリの一部を取り込んだあなたの作ったプログラムは本来ならばLGPLで利用許諾されたプログラムが明らかに渾然一体となっていると考えられます。そのため第5章ですでに検討したとおり、あなたの作ったプログラムもLGPLの条件に従って利用許諾することとなるのが本筋です。

しかし、ライブラリの一部をリンクする先のプログラムの中で展開する手法は世の中で広く見ることができます。あまり厳格にインライン関数やマクロの機能

でライブラリの一部をあなたのプログラムに組み込むことを捉え、あなたのプログラムもLGPLの条件に従って利用許諾するように仕向けるのはLGPLが生まれた理由であるライブラリの特殊事情を勘案することと相容れません。

そのため、LGPLではあなたのプログラムの中でライブラリから展開される部分が10行（ちょうど10行を含めて）に満たない場合は、展開する部分は些細なプログラムだとして、あなたのプログラムをLGPLの条件で利用許諾することは求めないとしています。ライブラリに含まれるインライン関数やマクロで展開される部分がここで言う10行以下の範囲に入るのかどうか自信が持てない場合はライブラリの著作権者に問い合わせて著作権者の考えを傾聴するのが望ましいでしょう。

一方、もしあなたがあなた自身で作成したライブラリをLGPLで利用許諾しようとしているのならば、お勧めしたいことがあります。コンピュータ言語によってもコーディングスタイルによって10行で実現できる機能に差が生じる可能性は否定できません。もしあなたが著作権者として利用許諾するライブラリの中にここで述べたインライン関数やマクロのような実装がある場合、利用してリンクするプログラムに展開されるどのインライン関数やマクロがここで言う10行の範囲の中として認められるのかを明記しておくと、ライブラリを利用する人に有益な情報になるはずです。この場合、あなたは実際のコードに展開したときに10行以下のインライン関数やマクロについてはこれらを含めたプログラムに対してLGPLの条件での利用許諾を求めてはいけません。LGPLであってもLGPLで求められることをより厳しくする条件を付けてはならないからです。

あなたは仮に実際のコードに展開したときに10行を超えるインライン関数やマクロについても、あなたがLGPLの利用許諾条件を緩和して、これらを含めたプログラムに対してLGPLの条件での利用許諾を求めないとすることも可能です。こちらはLGPLが求めている利用許諾条件に対してあなたが著作権者として条件を緩和することになるため可能になるのです。

LGPLのまとめ

LGPLに関わる注意点をまとめておきます。

☐ LGPLで利用許諾されたソフトウェアライブラリについては、そのライブラリをリンクしたソフトウェアは、LGPLとはまったく異なるライセンス（たとえば商用ライセンス）で利用許諾できる場合があります。LGPLバージョン2.1の場合は第6項に、LGPLバージョン3の場合は第4項にその条件が記されています。もしそのライブラリをリンクしたソフトウェアを頒布する場合で、そのソフトウェアをライブラリとは異なるライセンスで利用許諾する場合は、条件に合致しているか確認してください。

☐ 上記の条件に合致していても、ライブラリをリンクしたソフトウェアのリバースエンジニアリングを禁じてはいけません。このようなリバースエンジニアリングを禁ずるような利用条件が別途課していないことを確認してください。

☐ LGPLで利用許諾されたライブラリを頒布する場合は、そのライブラリ自体の頒布にはGPLの利用許諾条件と同様な事柄が課せられていることを忘れないでください。それにはソースコードの開示、LGPLのライセンス文言表記なども含まれます。

✎ 演習問題

1 あなたは、Linuxをベースにしたアプリケーションソフトウェア開発し、それを製品に組み込みました。そのアプリケーションソフトウェアはLGPLバージョン2.1で利用許諾されたライブラリをダイナミックリンクしています。このアプリケーションソフトウェアを頒布する際に付加する利用許諾書を用意する際に注意すべき点を考えてください。

7 GPL/LGPLバージョン3と AGPLバージョン3

この章では、GPL/LGPLバージョン3とAGPLバージョン3に焦点を当てて解説します。最初にGPL/LGPLバージョン3特有の事柄について見ていきます。そのあとでAGPLバージョン3と「ASPループホール」などについて説明します。

再インストール情報開示

　前章まではGPL/LGPLでバージョンに依存しないものについて紹介してきました。本章ではGPL/LGPLバージョン3に特有なものについて見ていきます。

　GPLバージョン3の起草作業がフリーソフトウェアファウンデーションで始まったことが公になったのは2005年のことです。その後、2007年6月に正式にリリースされました。この間、何度かドラフト版がリリースされ、検討されました。当時、GPLバージョン3に大きな影響を与える出来事がいくつかありました。そのひとつがTiVo社にまつわるものです。

　TiVo社はLinuxを搭載したハードディスクビデオレコーダーを製品化し、販売していました。Linuxを搭載しているわけですから当然GPLバージョン2の要請に基づいてソースコード開示なども実施していました。あるとき、あるソフトウェア開発者がTiVo社の製品で使われているソフトウェアが書き替えられることに気づきました。そこで、開示されているソースコードを改良した別のLinuxのバイナリコードを用意し、TiVo社製品にインストールしてみたのです。しかし、結果は残念なことになりました。改造したバイナリコードの実行をTiVo社

の製品が拒絶したのです。そのような機構が製品に搭載されていました。

この件についてフリーソフトウェアファウンデーションは「ソフトウェアの実行の自由を奪うもの」という見解を発表しました。当初はあらゆる場合において、このようなバイナリーコードの頒布をする際には、改造したバイナリーコードを製品にインストールする方法の開示も義務づける条項を含むドラフトが発行されました。このドラフトは議論を巻き起こし、結局、家庭で使われる機器以外に対してはインストールの方法の開示は求めないことで決着しました。GPLバージョン3の日本語参考訳から関係する部分を引用します（次ページ以降参照。太字は引用者）。

- GPLバージョン3
  https://www.gnu.org/licenses/gpl.html
- GPLバージョン3の日本語参考訳
  https://mag.osdn.jp/07/09/02/130237

LGPLバージョン3のライセンスの冒頭では、以下のように記述されています。

This version of the GNU Lesser General Public License incorporates the terms and conditions of version 3 of the GNU General Public License, supplemented by the additional permissions listed below.

このバージョンのGNU劣等一般利用許諾書では、GNU一般公衆利用許諾書（GNU General Public License）バージョン3が規定する利用条件を取り込んだ上で、以下に列挙する追加的許可で補足するものとする。

GPLとLGPLの差異については第6章を参照してください。それ以外は、ここで検討するGPLバージョン3と共通します。

- LGPLバージョン3
  https://www.gnu.org/licenses/lgpl.html
- LGPLバージョン3の日本語参考訳
  https://mag.osdn.jp/07/09/05/017211

6. ソース以外の形式における伝達

あなたは、オブジェクトコード形式の『保護された著作物』を、上記第4項および第5項の規定に従って伝達することができる。ただしその場合、あなたは機械読み取り可能な『対応するソース』も本許諾書の条件に従って、以下のいずれかの方法で伝達しなければならない。

- a) オブジェクトコードを物理的製品（物理的頒布媒体を含む）で、あるいはそれに組み込んで伝達する。その際、『対応するソース』を、ソフトウェアのやりとりで一般的に使われる耐久性のある物理的媒体に固定していっしょに頒布する。
- b) オブジェクトコードを物理的製品（物理的頒布媒体を含む）で、あるいはそれに組み込んで伝達する。その際、最低でも3年間、あるいはあなたがその製品モデルに補修用部品やカスタマーサポートを提供する限り有効な、書面による申し出を添付する。その申し出には、(1) オブジェクトコードを所有する者すべてに対して、その製品に含まれるソフトウェアのうち本許諾書で保護されるものすべてに『対応するソース』のコピーを、ソフトウェアのやりとりで一般的に使われる耐久性のある物理的媒体で頒布する旨を記載する。その際、物理的にこのソースの伝達を行うのにかかる正当なコスト以上の価格を要求してはならない。あるいは、(2) 『対応するソース』を無料でネットワークサーバから複製するためのアクセスを提供する旨を記載する。
- c) オブジェクトコードの個々のコピーを、対応するソースを提供するという書面による申し出のコピーといっしょに伝達する。この選択肢は特別な場合、かつ非商業的な場合のみに、そしてあなたがオブジェクトコードを上記小項6bに合致した申し出といっしょに受領した場合にのみに認められる。
- d) オブジェクトコードを、指定の場所から複製するためのアクセスを提供することによって伝達し、『対応するソース』に対しても同じ場所を通じて同じ方法で複製するための同等のアクセスを提供する。伝達は無料でも手数料を課しても構わないが、『対応するソース』に対して追加的な課金を行ってはならない。受領者に対して、『対応するソース』をオブジェクトコードといっしょに複製することを義務づける必要はない。オブジェクトコードの複製元がネットワークサーバの場合、対応するソースは同等の複製機能をサポートする異なったサーバ（あなたか第三者が

運営）上にあっても良い。その場合、オブジェクトコードの傍らに、『対応するソース』はどこで見つけられるかを明確に指示しておかなければならない。どのサーバが『対応するソース』をホストするかに関わらず、あなたは『対応するソース』がこれらの条項を満たすために必要なかぎり利用可能であることを保証する責任がある。

- e) オブジェクトコードをピア・ツー・ピア伝送を使って伝達する。ただしこの場合、あなたは上記小項6dに従い、その作品のオブジェクトコードと『対応するソース』がどこで一般公衆に無料で提供されるのかということを他のピアに知らせておかなければならない。

オブジェクトコードの分離した一部であり、そのソースコードが『対応するソース』から『システムライブラリ』として除外されているものは、オブジェクトコード作品を伝達する場合に含める必要はない。

「ユーザ製品」（User Product）とは、**(1)「コンシューマ製品」（consumer product）、すなわち、個人、子供、あるいは家庭用に通常使用される有形個人資産すべてか、あるいは (2) 居住所における導入を目的に設計ないし販売されるものすべてを指す。ある物品がコンシューマ製品であるかを決定する際疑義がある場合には、極力範囲を広げる方向で決定されるべき**である。ここで、ある特定のユーザによって受領されたある特定の製品にとっての「通常使用」（normally used）とは、その種の製品において典型的な、あるいは一般的な利用のことであり、その特定のユーザが置かれた状況や、その特定のユーザがその製品を実際にどう使っているか、どう使うことを予期しているか、あるいは予期されているかとは関係ない。その製品に相当な商業的、産業的または非コンシューマ的な利用法があったとしても、そうした利用がその製品の唯一重要な利用形態を代表するものでない限り、その製品はコンシューマ製品である。

ユーザ製品の「『インストール用情報』」（Installation Information）とは、ユーザ製品内の『保護された作品』に関して、『対応するソース』の改変されたバージョンから得られる『保護された作品』の改変されたバージョンを、インストール、実行するために必要な手法、手順、認証キーやその他の情報すべてを意味する。この情報は、改変されたオブジェクトコードの継続的な動作が、改変が為されたということによってのみ拒否されたり妨害されることが決してないことを保証するのに十分なものでなければならない。

本節の下において、作品をユーザ製品の内で、またはユーザ製品と共に、あるいは特にユーザ製品での利用を念頭においてオブジェクトコードで伝達し、またそ

の伝達がユーザ製品の受領者への所有と利用の権利の永遠ないし有期の移転の一部として起こる場合 (移転がどのように行われるかは問わない)、この条項の下で『対応するソース』は『インストール用情報』と共に提供されなければならない。しかしこの条件は、あなたと第三者のいずれもが改変されたオブジェクトコードをユーザ製品にインストールする能力を有していない際には適用されない (例えば、作品がROMにインストールされている場合)。

『インストール用情報』を提供する条件には、受領者によって改変ないしインストールされた作品、あるいはそうした作品が改変ないしインストールされたユーザ製品に対し、サービスや保証、アップデートを提供しつづけるという条件は含まれない。改変自体がネットワークの運用に実質的かつ有害な影響をもたらし、ネットワークを介したコミュニケーションのプロトコルや規則に違反する場合には、ネットワークアクセスを拒否しても構わない。

伝達される『対応するソース』や提供される『インストール用情報』が本節を満たすためには、それらが公に文書化された形式で (かつ公衆に対してソースコード形式で利用可能な実装とともに) 提供されなければならない。この場合、これらの圧縮展開や読み込み、複製に特別なパスワードやキーを必要としてならない。

この記述からわかるのは、あなたが家庭で使われる可能性がある機器を開発していて、その中にGPL/LGPLバージョン3で利用許諾されたOSSを含んでいると、次の事柄を実施しなければなりません。第5章冒頭の「頒布時に守るべき4つの事柄」では、GPL/LGPLで利用許諾されたOSSを頒布するときに実施が必要な事柄を4つ挙げましたが、次のものは5つ目になります。

5. ただ単にソースコードの開示だけではなく、改変されたバイナリーコードを対象機器にインストールするための情報も開示しなくてはいけません。ただしこれは、下記のいずれかの場合は除外されます。

   a. 家庭用には使われる可能性が一切ない機器
   b. プログラムがROMのように常識的な手段では再インストールできないかたちで組み込まれている場合

このインストールのための情報の開示が本当にできるのかどうかは、あなた自

身で、あなたが作ろうとしている製品などの諸条件をもとに慎重に検討してください。もし上司や相談できる法務あるいは知的財産権のスタッフがいるのであれば必ず相談して適切な判断をしてもらうべきです。あなたが一般家庭で使われる製品を開発しているとした場合、製品にGPL/LGPLバージョン3で利用許諾されたOSSが含まれる場合は、当該OSSのソースコード開示だけではなく、開示されたソースコードをベースに作られたバイナリーコードの再インストールの手段も開示しなくてはなりません（プログラムがマスクROMに書き込まれているような常識的な手段では再インストールできない場合は、例外として再インストールの手段の開示が求められない場合があります）。もし、あなたがバイナリーコードを再インストールしようとしている人が絶対に邪悪な試みをしないと信じるのならば、再インストールの手段の開示も怖れるに足りないと結論づけられるでしょう。

　なお、「家庭用で使われる機器か否か」や、「プログラムがROM（Read Only Memory）のように常識的な手段ではインストールできないという点に関しては具体的にはどう考えればよいのか」について、曖昧な点が残るのもいなめません。何がGPL/LGPLのライセンス違反になるのかは後ほど検討しますが、その内容も含めて検討してください。

差別的特許の禁止

　これもGPLバージョン3の起草中に起きた事件が発端となったことです。

　GPLバージョン3の起草作業が進んでいた2005年頃は、まだマイクロソフト社が、「Linuxにはマイクロソフト社の特許を侵害している部分が数多くある」と警告を発していた時期でした。現在のマイクロソフト社のオープンソースソフトウェアに好意的なスタンスとは隔世の感があります。

　そのような中で、ノベル社がマイクロソフト社と契約を結んだ旨の発表をしました。曰く、マイクロソフト社とノベル社の契約の結果、ノベル社からLinuxの提供を受けた場合は、マイクロソフト社は提供を受けた人に対して特許権利行使をしない、とするものでした。

これに対してリチャード・ストールマンが設立したフリーソフトウェアファウンデーションは、これもソフトウェアの自由で公平な利用を阻害することとして強い問題意識をもって対応しました。その結果産まれたのが、この「差別的特許の禁止」という要請です。

GPL/LGPLバージョン3では、あるOSSに関してそれに内在する特許で、特許権利保持者がそのOSSの頒布者と契約を結び、その頒布者から供給を受けた人には特許権利行使せず、それ以外の頒布者から供給を受けた人は特許権利行使をされる可能性が残る。このような特許契約を「差別的特許契約」として、このような契約を締結した人（法人）に対してペナルティを課しています。上記のマイクロソフト社とノベル社のようなケースでは、ノベル社の位置づけになる企業にペナルティが課されます。具体的には、ノベル社にあたる企業は当該OSSを自社内で使うのは差し支えない。しかし、それを社外に頒布してはいけない、ということになります。

このように言うと、Linuxカーネルの開発者からはGPLバージョン3が魅力的に見えるはずです。ですが実際にはLinuxカーネルはGPLバージョン2に留まりました。数万人とも想定されるLinuxの著作権者からライセンスの変更の承認を得るのは事実上不可能だということが理由として挙げられました。

▌その他の特徴

GPL/LGPLバージョン3には、他にもさまざまな特徴があります。

特許権についてApacheライセンスに類似する事項が求められています。この結果、ApacheライセンスはGPLバージョン2やLGPLバージョン2/2.1とは互換性（両立性）がないとされているのに対して、GPL/LGPLバージョン3は互換性があるとされています。

GPL/LGPLバージョン3には万が一ライセンス違反の状況が認められた場合でも一定期間（Grace Period）の間にその状況が是正された場合はペナルティを課さないとしています。Linux開発者コミュニティは2017年のリリース（Kernel 4.14）からその条文のみを引用して、Linuxコミュニティはその部分は尊重すると

いうコメントを追加しています。これはLinuxコミュニティがGPLバージョン2に対して新たな緩和条項を追加したとみることもできます。

GPL/LGPLバージョン3のまとめ

GPL/LGPLバージョン3に関わる注意点をまとめます。

- □ Apacheライセンスと同様に、頒布に際して特許権の許諾を求めていることに注意してください。特に利用しようとするGPL/LGPLバージョン3で利用許諾されたOSSだけで実現するあなたの特許がある場合は、法務や知的財産権を担当するスタッフと協議して適切な対応をしてください。
- □ 家庭で使われる可能性がある製品にGPL/LGPLバージョン3で利用許諾されたOSSを使う場合、開示されたソースコードをもとに改変したバイナリーコードをインストールする方法の開示も求められます。頒布にあたってはそのような情報も適切に開示してください。なお、例外となるケースもあります。
- □ 「差別的特許」とは無関係であることを確認してください。

AGPLバージョン3

次にAGPL（Affero GPL）を簡単に紹介しましょう。AGPLバージョン3の原文は次のFSFのサイトで参照できます。

- ■ AGPLバージョン3
  https://www.gnu.org/licenses/agpl-3.0.ja.html

GPL/LGPLには「ASPループホール」（アプリケーションサービスをネットワークを介して提供する人たちの抜け穴）と呼ばれる問題が長いこと指摘され続けていました。すでに述べたとおり、OSSライセンスは基本的にそのOSSの頒布を受ける場合、それと頒布をする場合に、頒布を受ける人、頒布をする人に義務や条

第7章 GPL/LGPLバージョン3とAGPLバージョン3 **145**

件の承諾などを求めています。しかし、インターネットを介したアプリケーショ
ンサービスの提供やサーバー構築などに伴うOSSの利用では、それらからOSS
の頒布がされることは滅多にありません。JavaScriptで書かれたスクリプトなど
は頒布が行われる例外的な事例です。たとえばLinuxとApacheを使ったHTTP
サーバーを構築したとしても、そこからLinuxそのものやApacheがサーバー外に
頒布される可能性は常識的にはありません。

とすると、これらのケースではたとえばソースコードの開示などGPL/LGPLが
求めている事柄の実施を義務づけることができなくなります。それらはプログラ
ム（著作物）の頒布が行われたときに頒布をする人が実施する義務を負うもので
す。頒布がないわけですから、このようなことを実施する義務を負わなくなりま
す。これが「ASPループホール」（ASPの抜け穴）です。

AGPLは、この抜け穴をふさぐことを目的としたライセンスです。このため、こ
のライセンスで利用許諾されたOSSは頒布が行われなくてもソースコード開示
などの義務がサーバーサービス提供者に対して課せられる場合があります。次
のAGPLバージョン3の第13節を見てください。

---

13. Remote Network Interaction; Use with the GNU General Public License.

Notwithstanding any other provision of this License, **if you modify the Program**,
your modified version must prominently offer all users interacting with it
remotely through a computer network (if your version supports such interaction)
an opportunity to receive the Corresponding Source of your version by providing
access to the Corresponding Source from a network server at no charge, through
some standard or customary means of facilitating copying of software. This
Corresponding Source shall include the Corresponding Source for any work
covered by version 3 of the GNU General Public License that is incorporated
pursuant to the following paragraph.

---

13. リモートネットワークインタラクション；GNU General Public Licenseによ
り利用する

本ライセンスの他の条項にかかわらず、**あなたが当該プログラムを変更した場**

> **合**、変更されたバージョンは、コンピュータネットワーク（そのバージョンがその
> ようなインタラクションをサポートしている場合）を介してリモートでインタラク
> ションするすべてのユーザに、ソフトウェア配布のための標準的または慣習的な
> 手段によって、無償でネットワークサーバーからあなたの改変したバージョンに
> 対応するソースコードにアクセスできるようにすること。この対応するソースコ
> ードには、次のパラグラフに述べられるGNU一般公衆利用許諾契約書のバージ
> ョン3が対象とするすべての成果物に対応するソースコードが含まれる。

（筆者による参考和訳）

このライセンス文書で「you」とはどのような人のことでしょうか。AGPLバー
ジョン3を見てみると、第0節「用語の定義」（0. Definitions.）に次のように書か
れています。

> Each licensee is addressed as "you". "Licensees" and "recipients" may be
> individuals or organizations.

たとえば、ネットワークサーバーを設置し、その中にAGPLバージョン3で利
用許諾されたOSSを入手および導入し、設置した人は「you」となるでしょう。

上の参考和訳では、「Interaction」という語句についてはあえてそのまま「イ
ンタラクション」としました。「Interaction」とは「対話する」といった意味です。
これが厳密にどのような場合が該当するのかについてはライセンサーによって理
解が異なる可能性もあります。実際に何がそれに該当するかは、個別に検討して
ください。

AGPLで利用許諾されたOSSを使う場合は、ライセンスに十分に注意してくだ
さい。別途法務担当者などに相談して適切に対応することを強くお勧めします。

AGPLはバージョン3以前のものもありますが、適用された事例は極めて限定
的です。また、他にもASPループホールをふさいだライセンスとされるものもあ
りますが、こちらも適用された事例は極めてわずかです。

AGPLバージョン3のまとめ

第5章の「GPL/LGPLのまとめ」、本章の「GPL/LGPLバージョン3のまとめ」で示した注意事項に加え、以下の点に注意してください。

☐ AGPLバージョン3ライセンスでは、頒布を伴わなくてもソースコード開示などを求められることがあります。そのような例に該当しないか注意してください。該当する場合は必要な対応をしてください。インターネット向けのサーバー構築、ASPサービス構築などは該当する可能性が発生する典型例です。

✏️ 演習問題

1 GPLバージョン3で利用許諾されているOSSを一般消費者用製品に組み込んで出荷する際に懸念されることがないか、検討してください。

2 GCCはランタイムライブラリも含め、GPLバージョン3で利用許諾されています。GCCでコンパイルされた生成物(オブジェクトコード)には一般的にそのランタイムライブラリも組み込まれます。このような生成物をGPLバージョン3以外のライセンスで利用許諾する可否を検討してください。検討する際にはGCCにおけるGPLバージョン3の例外規定を参照してください。

8 GPL違反を考える

第Ⅰ部の最後に、GPL/LGPLライセンス違反の考え方について見ていきましょう。厳罰の処すべきなのか、裁判沙汰にはしたくないのだが、そう考えてもよいのだろうか。FSFの考えも知りたい。いろいろと疑問があると思います。本章を読んで、指針を固める一助としてください。

GPL/LGPLライセンス違反についてのFSFの見解

もし、あなたがGPL/LGPLライセンス違反を見つけたらどうしますか。

GPL/LGPLを起草し、メンテナンスしているフリーソフトウェアファウンデーション（FSF）はこの問いについて明確な指針を与えています。FSFが公開しているFAQを見てみましょう。

- ■「GPLを行使する力があるのは誰ですか?」GNUライセンスに関してよく聞かれる質問 | FSF
  https://www.gnu.org/licenses/gpl-faq.ja.html#WhoHasThePower
- ■ GNUライセンスに対する違反 | FSF
  https://www.gnu.org/licenses/gpl-violation.ja.html

GPLを行使する力があるのは誰ですか? (#WhoHasThePower)

GPLは著作権のライセンスですから、GPLを行使する力を持つのはソフトウェアの著作者です。GPLに違反した事例を発見した場合、あなたは関係

第8章 GPL違反を考える　149

するGPLの及ぶソフトウェアの開発者たちに知らせるべきです。かれらは自身著作権者であるか、著作権者とつながりがあるでしょう。

GNUライセンスに対する違反

もしGPL、LGPL、AGPL、あるいはFDLに違反すると思われる事例がありましたら、まず以下に挙げるような事実をもう一度確かめて見てください：

（中略）

詳細を集めたら、それを正確なレポートとして、悪用されているパッケージの著作権者に送りましょう。法的にライセンスの施行を強制する権利を持っているのは著作権者だからです。

もし著作権者がフリーソフトウェアファウンデーション自身だったならば、どうか<license-violation@gnu.org>までご報告下さい。製品あるいは違反の内容についてより多くの情報を得るため、わたしたちからあなたへお返事を差し上げられることが重要です。ですので、匿名再メーラをお使いの方であっても、返信の手段をぜひ何らかの形で教えてください。連絡先を暗号化したい場合、適切なアレンジをしますので、その旨を記述したメールを送ってください。

GPLやその他のコピーレフトなライセンスは、著作権に基づくライセンスであることに注意して下さい。これは、違反に対して行動を起こす権限があるのは著作権者のみであるということを意味します。FSFは、FSFが著作権を持つコードに関して報告されたあらゆるGPL違反に対して行動しますし、また違反を見逃したくないと考える他の著作権者の皆さんにも助力を惜しみません。

しかし、わたしたちは著作権を持っていない場合、自分で行動することができません。そこで、違反を報告する前にそのソフトウェアの著作権者は誰なのか調べるのを忘れないで下さい。

　これらのFAQでFSFは、GPL/LGPLというライセンスに対する位置づけを明確にしています。GPL/LGPLというライセンスはそもそも著作権に関する利用許諾についてのものです。ですから著作物の利用許諾条件に違反しているか否かを最初に判断するのは、FSFではなく、あくまでも著作権者なのです。もちろん、

FSFが著作権者である場合はFSFが最初に判断する人です。

たとえば、GPL/LGPLバージョン3で説明した、「家庭用で使われる機器か否か」や、「プログラムがROM（Read Only Memory）のように常識的な手段ではインストールできないという点に関しては具体的にはどう考えればよいのか」についても、FSFが一定の見解を出す可能性はあるとしても、最終的には著作権者がどう定義づけるかに委ねられていると考えられます。

極端な話ではありますが、場合によってはGPL/LGPLでOSSを利用許諾している著作権者がFSFとは異なる考え方でGPL/LGPL違反を定義づけているかもしれません。もちろん、FSFの見解は参考にされているはずですが、まずはそのOSSの開発者がどのように考えているかのほうが強く尊重されます。

最終的に著作権者が求めている条件に従っているかいないか、著作権法上の問題があるかないかは裁判を通じて判断することになるでしょう。とは言え、その判断をいちいち裁判所に求めるのは現実的ではありません。ソフトウェア開発者としては、ライセンス違反の状態に陥るのを防ぐための心得として、GPL/LGPLで求められていることを適切に理解して実施することが大切です。

あわせて、実際にOSS開発者コミュニティと親交を持つ、あるいはコミュニティの一員となって共に活動してコミュニティがこの点についてどのように考えているかを体得するのも望ましいことです。これは技術に精通したエンジニアでこそなし得ることです。

GPL/LGPL違反で訴訟は起きているのか？

残念ながら、組み込みシステムに関係するGPL/LGPL違反による訴訟は起きています。本書ではその詳細については検討しません。

特筆に値するのは、2009年12月14日にサムスン、JVC（現在はJVCケンウッド）など14社が「BusyBox」と呼ばれる組み込み機器開発で起きたライセンス違反訴訟です[1]。BusyBoxはGPLバージョン2で利用許諾されているOSSを使っていました。訴訟で問題とされたのは、ソースコード開示がなされていないなど、

---

[1] 第2章の問2「ODM開発業者に製品開発を委託する」（56ページ）を参照。

ごく基本的な事柄が守られていなかったことのようです。その多くは和解で解決していますが、1件だけ実際に判決が下され、当該製品の出荷禁止の命令が下っています。

いずれにせよ、ソフトウェア開発者として心がけるべきことは以下につきます。

> OSSを使うのならば公明正大に堂々と使う
> お天道様に顔向けできないようなことはしない
> ライセンスが求めている事柄をきちんと実施する

残念ながらOSSライセンス遵守にまつわる疑念を持たれてしまったような場合は、間髪を入れずに法務スタッフ、あるいは弁護士など法務対応の専門家の支援を仰ぐべきです。多くの場合、これは一刻を争います。

演習問題

1 あなたはある製品を開発するにあたり、その製品に利用するCPUのベンダーからSDK（ソフトウェア開発キット）を入手しました。その中にはLinuxも入っています。あなたはLinuxがGPLバージョン2で利用許諾されていることからそのCPUベンダーに対してソースコード開示を求めました。しかし、そのベンダーは開示に応じません。この場合であなたがとれる対応策と、その実施についての問題点を検討してください。なお、Linuxの中にあなたの著作物は入っていない前提で考えてください。

memo　この演習問題は、あなたが相談できる法務あるいは知的財産権のスタッフがいる場合は一緒に検討することをお勧めします。

第II部
実務編

ソフトウェア開発とOSS

第II部では、ソフトウェア開発時にOSSとどのように向き合い、活用すべきかについて見ていきます。現代のソフトウェア開発は多種多様な人たちが関わっているため、OSSについてどのようなコンセンサスをまとめ上げるかは重要な課題です。OSSライセンスと知的財産権についても知るべきことはたくさんあります。他社にソフトウェア開発を委託するとき、あるいは委託されるときの諸注意について見てゆき、最後に組織の中でOSSを適切に使うためのチーム作りについて考えます。

9 OSSと構成管理

本章では、OSSをどのように業務に取り込むとよいか、その際には構成管理が大切であることについて説明します。また、構成管理記録の重要性についても強調します。ソースコードスキャンツールなどのツール類についてもいくつか紹介します。

ソフトウェアとの向き合い方

　第Ⅱ部、本章から第13章まではソフトウェア開発の現場でどのようにOSSを利用しなければならないかについて検討します。あなたが日々のソフトウェア開発業務の中でプロフェッショナルとして当然の対応をしているのであれば、OSSの適切な利用に対するハードルはさほど高くないはずです。

　筆者が特に強調したいのは「構成管理」です。作り上げられたソフトウェアの中身がどうなっているのか皆目見当がつかないといった事態は避けなければなりません。構成管理をしっかりと行い、信頼に足るBOM（Bill of Materials：ソフトウェアの部品表）を作り上げることがことが大切です。

　そのためにはどうすればよいのでしょうか？　まず大原則に立ち返りましょう。それは「**自らに著作権がないソフトウェア（著作物）を使うのならば著作権権利所持者（著作権者）からの許諾を取るのは鉄則**」だということです。これはOSSであっても例外ではありません。OSSライセンスには「指定された条件を守ればいちいち著作権者から許諾を得なくても使ってもよい」と書いてあります。そのようなことが本当に実施可能なのかどうかをまず自問自答してください。利用時

の責任はすべて使う側が取ることになります。その責任とは何か、責任を取ることができるのかを検討して答えを出してください。提示された条件が実施できない、あるいは利用にあたっての責任が取れないのならばその OSS は使ってはいけません。

このような評価をするタイミングも重要です。もし、そのような評価をソフトウェアのリリース直前、製品出荷直前に行って、現在組み込んでいる OSS を「使ってはならない」という結論に陥ると、事業に深刻な影響を与えかねません。このような評価を早めに行うのが鉄則です。

開発したソフトウェアの中でどのような OSS が、どのように使われているのかわからなくなってしまうような事態を避けるのも鉄則です。 たとえばソフトウェアリリース後に特定の OSS に脆弱性の問題が露見して対応を迫られたとしましょう。しかし、それが本当にそのすでにリリースされているソフトウェアに使われているのかどうかわからない、そうこうするうちにお客様が脆弱性問題の被害に遭遇してしまった。こうなると取り返しのつかない事態に至るかもしれないのです。

「道ばたで拾ったソフトウェア」を口にしない

あなたは道ばたにコーラの瓶が落ちていたとしても、それをいきなり拾い上げて栓を抜いて無造作に中身を口にすることはないでしょう。街を歩いていて道ばたにソフトウェアが落ちていることはありませんが、インターネット空間であれば話は違います。そこにはあらゆるソフトウェアが"落ちています"。使えそうなソフトウェアであれば、拾って持ち帰ってしまうかもしれません。

インターネットで簡単に入手できるソフトウェアをそのまま何も検討しないで使ってしまうのは、道ばたに落ちているコーラをそのまま飲んでしまうのと同じことだと心得るべきです。もしかするとその瓶の中には毒が仕込まれているかもしれません。

少なくとも、自分以外の人が開発したソフトウェアを使うときは、安全なのかどうかきちんと検討しなくてはいけません。もちろん、OSS やパブリックドメインとされているソフトウェアも一切の例外とはなりません。以下、ここではそのような

第三者が開発したソフトウェアのことを「第三者ソフトウェア」と呼ぶことにします。

ソフトウェアの技術評価

まず最初に考えるべきことは、ソフトウェアの品質についてです。そのソフトウェアは、あなたが開発中の製品が求めている品質水準を満たすのに十分なレベルに達しているのか。また、脆弱性の問題に対応できるのか。これらの項目は、あなたの顧客に直接影響を与えかねない重大事項です。

ソフトウェアの品質や脆弱性について、完璧なものを求めるのは現実的ではないことはソフトウェア開発者ならすぐにわかるはずです。問題は、**ソフトウェアの品質や脆弱性などに関する技術的な問題点が、問題が起きる前に見つかり、対応できるか**です。この点に自信が持てないのならば、そのようなソフトウェアの採用は見送るべきです。

第三者ソフトウェアが商用ライセンスで供給されている場合は、その供給元の対応力の有無や、どの程度信頼できるかが最大の関心事になるでしょう。これらの対応についてソフトウェアの利用契約の中でどのように約束されているかを確認することも重要です。

第三者ソフトウェアがOSSであったり、パブリックドメインのソフトウェアであったらどうでしょうか。この場合は「利用に伴う責任はすべてあなたに帰すること」になります。**あなたは自信をもって対応できますか？** それを自問自答してください。

コミュニティ活動は活発か？

第三者ソフトウェアを使うときに気をつけるべき点の2つ目は、OSSの開発者の姿勢です。もしOSSの開発者たち、すなわち開発者コミュニティの活動が活発で、多くの人がそのOSSを使い、修正し、評価を重ねているようなものであれ

ば、何か問題が出てきたとしても多くの人がすぐに対応するでしょう。また、問題点の早期発見も期待できます。あなたはあなた一人だけで問題に取り組まなくてもよくなる可能性が高いのです。

しかし、コミュニティの活動が低調な場合はそうはいきません。あなたはあなた自身で問題を発見し、すべてあなただけで解決する必要があります。そのような覚悟があるのならば、そのようなOSSを使う可能性も出てくるでしょう。ですが、これには経費もかかります。人材確保も自身で行わないといけません。

コミュニティの活動が低調な場合、別の選択肢もあります。それは「コミュニティの活動を活発化する」という選択肢です。2000年頃、本気でLinuxを一般消費者製品に組み込もうとした人はごく少数でした。コミュニティの活動も必ずしも活発ではありませんでした。それに対して、パナソニック（当時は松下電器産業）とソニーが共同で世界に働きかけて、そのような方向でLinuxを発展させ使っていくコミュニティを立ち上げて活性化させたという実績があります。

ここでコミュニティの活性度を知るために参考になるWebサイト「Black Duck Open Hub」を紹介します。

■ Black Duck Open Hub
   https://www.openhub.net

このサイトはあらゆるコミュニティサイトを自動的にクローリングして、メールのやりとり、パッチの投稿頻度などを計量し、表示しています。たとえばこのサイトにアクセスして、「Linux Kernel」を検索してみてください。検索結果画面の「Linux Kernel」リンクをクリックすると詳細画面が表示されます（**図9.1**）。

「Code」の部分を見るとすでに2000万行を超えています。この巨大なコードに対して、1か月あたり7000〜8000箇所にも及ぶ変更が加えられていることが「Activity」の部分でわかります。さらに、このような活動を支えている人々が1000人を超えているのを「Community」の部分が物語っています。これらの数字からも、Linuxカーネルのコミュニティがいかに頼りになるかわかるでしょう。

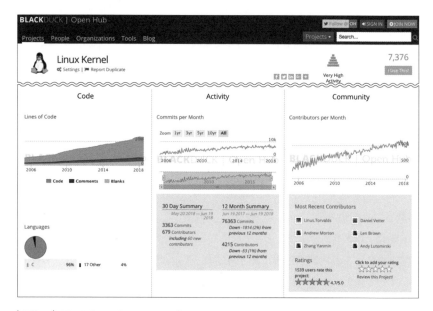

図9.1 Black Duck Open Hubで「Linux Kernel」を検索し、詳細画面を表示

LTS版があるか否か

　OSSによっては極めて頻繁に新しいバージョンがリリースされます。そして、「バグ修正などは最新版のみ（あるいは最新に近いもののみ）で行う」としている場合も珍しくありません。たとえばLinuxカーネルの場合は、「次の次のメジャーリリースがあったらその時点で原則としてバグ修正などは受け付けない」としています。現時点ではLinuxカーネルのメジャーリリースは2か月半程度（70日から77日程度）の間隔で行われています。つまり、今リリースされたとすると、5か月後にはコミュニティによるサポートが終了するということです。これは、OSSを業務で利用する人たちにとっては頭が痛い問題です。業務で求められるサポート期間がこのような短期間であるはずがありません。

　その問題を緩和するために、Linuxカーネル開発者コミュニティは特定のバージョンを適宜選択し、長期サポートを約束しています。それがLTS（Long Term

Support）版です。他のOSSでもLTS版を指定していることがあります。実際に業務にOSSを使う場合は、LTS版を選択すべきです。とはいえ、常に未来を向き、新しいことにチャレンジする傾向があるコミュニティでは過去のものに対するメンテナンスはどうしても後回しになりがちです。

　このような状況を改善するため、そのOSSを利用する側と開発するコミュニティが相互に連携して特定の分野向けにLTS版を作り、共に協力して長期間メンテナンスするという取り組みも見受けられます。社会インフラストラクチャ向けに極めて長い期間のサポートを目指す「シビル・インフラストラクチャ・プラットフォーム」などはその典型的なものです。

- シビル・インフラストラクチャ・プラットフォーム（Civil Infrastructure Platform）
  https://www.cip-project.org/

　このようなOSS開発コミュニティとは別に、開発コミュニティの成果を元に長期のサポートで協力しあうコミュニティを構築するのも望ましい方向でしょう。バグや脆弱性の問題が発覚した場合、コミュニティは新しいバージョンから対応していきます。その対応を参照してLTS版に移植します（これを「バックポート」と呼びます）。常にバックポートがしやすいようにメンテナンスを進めていくわけです。LTS版を使うユーザーがサポートに関わることで、そのコミュニティの活動も活発になるという好影響が期待できます。

利用許諾条件の確認

　続いてさらに重要なのが、利用許諾条件、つまりライセンスの確認です。まだあなたは製品に組み込むソフトウェアの開発を始めたばかりかもしれません。ここでは、製品を出荷するタイミングを想像してみてください。製品の出荷するタイミングは、すなわちソフトウェアの頒布を行うタイミングです。さて、そのタイミングでライセンスによって求められたことがきちんと履行できるでしょうか？

ライセンスによって求められたことが履行できないのならば、そのソフトウェアの利用は断念すべきです。また、ライセンスによって求められたことを履行す

るのに解決しなければいけない問題があるのならば、その問題は必ず製品の出荷をするまでに解決してください。

　たとえば、MITライセンス、BSDライセンス、ApacheライセンスなどでOSSを使うのならば、その製品に明らかにわかるところにライセンスの表記や著作権の表記をしなくてはいけません。ライセンス表記や著作権表記の場所は確保できるでしょうか。GPLバージョン2で利用許諾されたOSSを使う場合は、ライセンス表記、ソースコード開示などについて検討済みでしょうか。また、そのGPL/LGPLで利用許諾されたソフトウェアと渾然一体となって使われる可能性があるソフトウェアがあった場合、そのようなソフトウェアに対してGPL/LGPLの要請が及ぶかどうか検討はしましたか。もしGPL/LGPLの要請が及ぶ場合、GPL/LGPLで求められている条件を満たせますか。

　このような課題に適切な解決策を見いだす自信がないのならば、解決策を見いだせないOSSは使ってはいけません。

　もし、万が一、このようなことが製品を出荷する直前に露見した場合どうなるでしょうか。最悪の場合、その時点で問題となるOSSを除外して再設計しなくてはならなくなります。製品そのものの出荷ができるかどうかにも影響を与えかねません。そのようなことを避けるためにも、以下の項目に関する検討は早めに済ませ、問題があるのならば製品出荷前までに対処することが大切になります。

1. 技術評価
   - 求められるレベルの品質は確保できるか
   - 脆弱性の問題に適切に対応できるか
2. 利用許諾条件（ライセンス）評価
   - ライセンスで求められていることはきちんと履行できるか

OSSマトリョーシカ

　マトリョーシカのようにOSSの中に別のOSSが組み込まれていることがよくあります。これも、利用に先立ってチェックすべき事項のひとつです。しかも、かな

り手間がかかることがあり、後回しにすると大幅な手戻りが発生する可能性があるため要注意です。

たとえば図9.2のようにソフトウェアパッケージ全体としてはApacheバージョン2ライセンスで利用許諾されていることになっているのにもかかわらず、ソフトウェアパッケージの中には他のOSSが混ざっている。それぞれMITライセンス、2項型BSDライセンス、3項型BSDライセンス、さらにはLGPLバージョン2.1やGPLバージョン3で利用許諾されているものまである。これは実際にあった事例もあります。

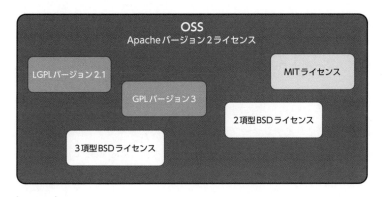

図9.2 OSSマトリョーシカ（OSSの中にOSSが入っている）

こういったケースにもOSS開発者コミュニティが慎重に対応しているのであれば、中で使われている別のOSSのリストとライセンスについての解説についてもドキュメントなどで触れているでしょう。しかし、残念ながらそのような配慮がまったくなされていないOSSや、仮にドキュメントがあったとしてもその内容がメンテナンスされていないこともよくあります。上図の例は場合によると深刻である危険性すらあります。ApacheライセンスとLGPLバージョン2.1の間、あるいはLGPLバージョン2.1とGPLバージョン3の間で両立性が確保できない可能性があります。該当するOSSの使われ方をきちんと精査しなくてはなりません。

さらにもしこの中にAGPLで利用許諾されたOSSが含まれていたらどうなるでしょうか。そうなると、もしあなたがそのOSSをWebサーバー構築に使おうとし

ていた場合、このOSSの頒布がない状況でも、場合によるとソースコード開示などをしなくてはならなくなるかもしれません。

　問題の存在を確認した場合は、回避策が必要です。実際にコミュニティの過誤で思わしくないライセンスで利用許諾されたOSSが混用されているケースもあります。その場合はコミュニティに報告して修正を依頼したり、修正のプログラムを送ることも選択肢として浮上するでしょう。おそらく一定の時間を要することとなるでしょう。

　もしかすると残念ながら問題を回避できないのかもしれません。その場合は利用をあきらめなければならないかもしれません。問題の発覚が製品出荷直前だったり、ソフトウェアリリース直前だったりすると本当に窮地に追い込まれます。改めて繰り返しますが、この視点からもOSSの利用にあたっては利用を決定するタイミングにきちんと精査することが大切だということがおわかりいただけるでしょう。

　ところで、このようなOSSの中に別のOSSが混用されていないかを確認するのを支援するツールがあります。ソースコードスキャンツールです。詳細については後ほど紹介しますが、ソースコードスキャンツール自体にもOSSで頒布されているものもあります。

構成管理がすべてのセーフティネットになる

ブラックボックスにしない 市場品質の観点から

　現代のソフトウェア開発において、構成管理の重要性は改めて指摘するまでもないでしょう。プロフェッショナルとしてソフトウェア開発に臨むのならば日々の開発作業の結果どのような進捗があったか、そこにどのようなソフトウェアが作られ、あるいは導入されたか。どのような改変をしたのかをきちんと記録するのは日常化しているでしょう。本書では、これらについては日常化しているのを前提とします。

　たとえば、次のようなセキュリティインシデントが発生したケースを考えてみ

第9章 OSSと構成管理　163

ましょう。

脆弱性に関するインシデント発生

製品が完成しお客様のもとに届けた。そのあとで、市場からその製品に対して脆弱性の問題があるのではないかとの指摘を受けた。実際に脆弱性が原因とも疑われる事象が確認された。

　顧客に迷惑をかけることないように細心の注意を払うのは当然としても、昨今の巨大化したソフトウェアシステムの中で、製品出荷後（ソフトウェアリリース後）に想定していなかった事態が発生するのを完全に回避することは困難です。もし、そのときにソフトウェアの構成を知る手掛かりがまったくなく、あるのはバイナリーコードだけだったらどうなるでしょうか。または、ただ単に膨大なソースコードが転がっているだけ。それがどのように使われて製品に組み込まれたのかわからないという事態も何としても避けたい状況です。

　そのような懸念がもたらされるのは、製品を出荷した先からだけとは限りません。たとえばCVE[用語]の報告がもたらされ、あるOSSに脆弱性があることが発覚したとします。まだ市場では問題が起きてはいないけれど、その製品とこの報告が無関係ではなさそうに思えますが、そのような事態も考慮しておかなければなりません。

　このようなときに、手許に製品に組み込まれたソフトウェアについての詳細資料がなかったらどうなるでしょうか。まず間違いなく一大事になるでしょう。しかも問題解決の手掛かりを得るのに途方もない労力がかかります。そのあいだに時間がどんどん経過して被害が拡大し、燎原の火のごとく拡散していく。この事態が与えるであろう製品や企業に対する信頼損失、それに伴う事業上のダメージ

用語　CVE（Common Vulnerabilities and Exposures）

CVEはソフトウェアの脆弱性やインシデントに固有の名前や番号を付与したデータベース。CVEの登場以前は各ベンダーはばらばらに名称・番号を付けていて対応や相互互換性に問題が生じていた。現在、米国政府の支援を受けたMITREコーポレーションが脆弱性情報データベースを管理している。これまでに付与されたCVEとCVE IDの一覧は http://cve.mitre.org/cve/ で公開されている。

はともに計り知れないものがあります。

このような事態を避けるためにソフトウェア開発者はソフトウェアの構成について綿密な記録（構成管理記録）を残しているはずです。OSSを適切に利用するためにも、構成管理記録にはOSSをはじめとする第三者が開発したソフトウェアの情報を記載しておきます。主な項目は以下のようになります。

1. **どのような第三者が開発したソフトウェアを使っているのか**
2. どのようなOSSを使っているのか
3. **使っているOSSの詳細情報（どのソースコードを使っているのかを特定する情報）**
   a. バージョン番号、ビルド番号、リポジトリのURLなどは重要な情報となる
   b. オリジナルのOSSのソースコードは保持しているか（可能な限り保持するようにしておきたい）
4. OSSをそのまま使っているのか、**手を加えているとすればどのようなところに手を加えたか**
   a. 手を加えたソースコード（パッチファイル、差分を記録したファイルなど）は保全されているか
   b. 手を加えた理由は何か
   c. 手を加えた部分に適切なコメントを残すなど詳細な情報を残したか
5. 利用許諾条件について
   a. 選択できるライセンスは何か
   b. 選択したライセンスは何か
   c. ライセンス以外に例外事項などはないか。例外事項がある場合はその適用を適切に受けられるようになっているか
   d. ライセンスで求められることは実施できることを確認したか
   e. OSSのパッケージに含まれているライセンス関係のファイルは保持しているか（保持することを強く推奨する）
6. そのOSSは品質面で十分なレベルにあるか。また、脆弱性についての対応は可能か

第9章 OSSと構成管理　165

　少なくとも上記の項目については必ず構成管理記録に記載しておくべきです。特に4.の「手を加えているか否か」に関しては、日々のソフトウェア開発記録にも記載し、さらなる変更があればそれも漏らさず記録しなければなりません。また、他の項目も変更があればその都度きちんと記録するようにします。

　これができているのならば、以下に示すような事態に直面してもスムースに対応が進むはずです。

あるOSSの特定のバージョンについて、脆弱性があることがわかった。対応の手段もわかっている。

　構成管理記録を見れば、該当するOSSが使われているか否かがすぐにわかるでしょう。該当するものがあるのならば、適切な対策を進めてください。

ブラックボックスにしない ライセンス対応の観点から

　今度は次のような事態が発生したとします。この場合も構成管理記録を見れば、その指摘が正当なものかどうかすぐにわかるでしょう。

製品を出荷したあとから、あるOSSの著作権者から不適切にそのOSSが使われているのではないかという指摘がもたらされた。

　万が一、その指摘が正しく、あなたが適切な対応をしていなかったとしたら、すぐに対策を取るべきです。指摘が誤解によるものだということもすぐにわかるでしょう。そのときはその旨をきちんと指摘をしてきた人にお伝えするべきです。いずれにせよこのような外部からの問い合わせの対応に関しては、万が一の展開に備えて法務の専門家に助言を求めたうえで行動するのが望ましいでしょう。

　もしこの局面で、このような整備された構成管理記録がないとすると、この外部からの指摘の確認に長時間を要する結果となりかねません。その結果、しびれを切らした著作権者が訴訟などの法律的手段に出ることも想定しなくてはならなくなります。残念ながら筆者は体験したことがありませんが、実際にそのような

事例もあったようです。裏返して言えば、構成管理などプロフェッショナルとして求められるソフトウェア開発者の日常を積み重ねている人でしたら、このリスクはかなり抑止できるとも言えるでしょう。

　次に別のケースを見てみましょう。

製品出荷の最終段階に入った。取扱説明書の準備や製品サポートのWebサイトの準備も始まっている。OSSライセンスの表記や著作権表記、ソースコード開示の準備に着手した。

　このときも構成管理記録が威力を発揮します。その中からどのようなライセンスのもとでOSSが使われているかの記録を抽出することが、ソフトウェアリリースや製品出荷に向けた準備の最初にすることです。

　構成管理記録が不十分な場合は、製品出荷などの直前に自らが開発したソフトウェアの解剖作業をしなくてはならなくなるでしょう。開発したソフトウェアの規模が大きければ大きいほど、その作業は困難なものになります。たしかにそのような際に役に立つソフトウェアツールもありますが、魔法の杖というわけではありません。

▌避けたいOSSのつまみ食い

　ときおり、OSSの一部だけを抜き出して使用しているのを見かけます。一部のファイルだけを使ったり、極端な場合はそのファイルの中のごく一部だけを切り取って使ったりするのです。あたかもOSSのつまみ食いのような状態です。もちろん、OSSがそのような使い方を禁じていることはまずあり得ないでしょう。ですが、ここで考えたいことがあります。

　昨今、OSSに脆弱性が発見されて問題になることが増えています。多くの人が検証し、さまざまな知見が集まりやすいOSSは、そのような問題が見つかりやすいとも言えます。決して、OSSだから脆弱性の問題が起きやすいというわけではありません。

そのような検証が限られた人のみでなされている商用ソフトウェア（もちろん大多数の商用ソフトウェアは十分なリソースをかけてこのような検証を積み重ねているでしょうが）、または開発コミュニティの活性度が低いOSSなどではそのような問題が顕在化しにくいという面があります。その結果、それらのソフトウェアを組み込んだ製品がゼロデイ攻撃を受ける危険性が高まります。

ここで、OSSをつまみ食いした場合について考えて見ましょう。世間一般で行われる検証や知見の収集、さらに万が一の事態が起きた場合の対策は、そのOSS全体に対して行われます。一方、つまみ食いされた場合はどうでしょうか。果たしてその検証が当を得たものであるかどうか疑わしいでしょう。また、対策もそのまま適用できない可能性も大きくなります。要するにOSSのつまみ食いはOSSの持つ、「コミュニティと共にある」という利点を毀損してしまうものなのです。つまみ食いをしたばあい、その部分はもはやOSSとしてのアドバンテージを捨てたものであり、あなたが単独でさまざまな面倒を見なくてはいけないものになってしまう可能性が高まります。

OSSは使うのならば、つまみ食いを避ける。OSSはOSS全体をそのまま使う、またはなるべく大きな単位で使うのが原則です。

ソースコードスキャンツールを活用する

構成管理もきちんと行ってきた。その内容に自信はある。でも、万が一のことがあってはいけない。プロであれば、そのように思うのも当然です。そのような場合、ソースコードをスキャンし、その中からOSSと思われる部分とそのライセンスを列挙してくれるツールがあります。製品開発が最終段階を迎えたときにこのようなツールを使って構成管理記録の検証をするのは有効です。

このツールは、外部からもたらされたソフトウェアが適切にOSSを使っているか疑わしい場合のチェックツールにもなります。ここでは、そのようなツールのひとつである「FOSSology」を紹介します。

FOSSologyはOSSです。GPLバージョン2またはLGPLバージョン2.1で利用許諾されています。次のWebサイトからソフトウェアを入手できます。

■ FOSSology
https://www.fossology.org/

このソフトウェアツールはもともとヒューレット・パッカード社が社内で開発していたものを Linux ファウンデーションに寄付し、OSS として多くの人が使え、また多くの人が改善に貢献できるようにしたものです。Apache ベースで構築された Web サーバーにインストールして利用します。インターフェイスもブラウザベースで操作も使いやすくなっています。ブラウザから FOSSology がインストールされたサーバーにアクセスし、所定の設定と共に検査するコードのパッケージ（tar ball など）をアップロードすると、チェックを開始します。

FOSSology はソフトウェアの中からテキストサーチを行い、OSS ライセンスに触れている可能性がある部分、著作権表記をしている可能性がある部分を抜き出してくれます。この出力結果は構成管理記録の妥当性を確認する有力な手掛かりになるはずです。ただし、テキストサーチが基本であるために、たとえば恣意的にライセンス表記を消去する、著作権表記を消去する、あるいはそれらを書き替えるといった行為には対処できません。また、同じ理由から FOSSology は OSS のつまみ食いを検出することはほとんど期待できません。とは言え、OSS を正々堂々と使い、ライセンス表記や著作権表記もそのままきちんと表示する、お天道様に顔向けができるソフトウェア開発者には大いに役に立つツールです。

FOSSology とは異なり、商用ソフトウェアとして提供されているソースコードスキャンツールもあります。これらの多くの製品には、OSS のつまみ食いを検出する機能も付属しています。そのかわりに、その利用許諾を得るための代金がかなり高額になる場合もあります。そもそも OSS のつまみ食いのような使い方は避けるべきだということはすでに述べたとおりです。

さらに商用ソフトウェアとして提供されているソースコードスキャンツールの一部にはバイナリーコードであっても使われている可能性のある OSS を列挙する機能があることがあります。もっとも、ソフトウェア開発者の方でしたら想像できるとおり、その検出は困難で限界があると思われます。

ソースコードスキャンツールの注意点

ソースコードスキャンツールは魔法の杖ではありません。あくまでも構成管理記録の最終確認や、外部からソフトウェアを持ち込んだときにその中身を検証する目的に使うべきです。あるいは、週ごとに構成管理記録をレビューするなどの使い方もいい考えです。

たとえばソフトウェア開発が混乱してしまい、どのような構成になっているのか皆目見当がつかなくなってしまったようなケースではどうでしょうか。この巨大なブラックボックスを開けるための最終手段としてソースコードスキャンツールを使うと、まず間違いなく悲惨な結果になります。OSSを不適切に利用している可能性を大量に指摘され、それをすべて確認するのに膨大な手間がかかります。もしその中で遵守が困難なライセンスによって利用許諾されたOSSが見つかったりすると手に負えません。それがソフトウェアや製品のリリース直前に発生したりすると事業に対するダメージは甚大なものになります。とは言っても、リリース前に気づいたのだからまだましかもしれません。

ソースコードスキャンツールを活用すべきタイミングは次の2つです。

1. 外部からソフトウェア開発キット（SDK）やOSSなどを受け取ったとき
2. ソフトウェアのビルドを行うとき

上記のどちらのタイミングも部分的なソフトウェアのビルドを行うタイミングならばまだソフトウェアの規模もさほど大きくないでしょう。ソフトウェアの規模が大きくないのならばソースコードスキャンツールで問題が発覚しても、いろいろと対策手段があるはずです。ソフトウェアのビルドをする際にどのようなモジュールが使われたか詳細なレポートを出力してくれれば貴重な情報となります。そしてソフトウェアをリリースする直前に構成管理記録の妥当性を再確認する目的でスキャンツールを使うとよいでしょう。

ソースコードスキャンツールの選択を行う際も、ソフトウェア開発者が日常的に気軽に使えるものかどうかは大きな評価点になります。また、ソースコードスキャンツールの利用をソフトウェア設計品質確保のための品質プロセスの中に

組み入れるのもいいでしょう。

演習問題

1 あなたの日常的なソフトウェア開発業務を想像してください。もしあなた
が直接ソフトウェア開発業務をしていないのならばあなたが関係するソフ
トウェア開発業務の現場を想像してください。

❶ ソフトウェア構成管理がどのように行われているか確認してください。
そして、どこにOSSの利用についての記録を残せばよいか考察してく
ださい。

❷ もし、OSSソースコードスキャンツールが使えるのだとしたらあなたの
ソフトウェア開発業務の中でどの段階で使うのが望ましいか、考察して
ください。

10 OSSライセンスと知的財産権

本章では、OSSについて考えるときの最重要事項とも言える知的財産権について見ていきます。知的財産権に関わる問題は、実際に裁判にまで発展することもあるため注意が必要です。OSSとの関連で何が問題になるのか、何に気をつけるとよいのか理解するようにしてください。

本章では、OSSライセンスと知的財産権との関係について見ていきます[1]。知的財産権という言葉はこれまでにも出てきましたが、実際どのようなものでしょうか。まずは法律でどのように定義されているか見てみましょう（**図10.1**）。

「知的財産権」とは、特許権、実用新案権、育成者権、意匠権、著作権、商標権その他の知的財産に関して法令により定められた権利又は法律上保護される利益に係る権利をいう。（知的財産基本法第二条）

OSSライセンスは、基本は著作権に関係します。著作権者が一定の条件下で著作物の利用や頒布を認める、というのが基本です。では他の知的財産権についてはどうでしょう。これはライセンスによりますが、商標権や意匠権について触れている場合もあります。これらについてはとりあえず法務・知的財産権、または商標権の専門家に任せればよいでしょう。

問題は特許権です。OSSライセンスによっては、入手して利用しはじめた瞬間

---

[1] 本章で扱っているような問題が実際に発生した場合、自らあるいは自社の不適切な対応を原因とする法律問題になる可能性があります。実際の業務を通じて少しでもそのような恐れを感じたら、弁護士、弁理士、法務あるいは知的財産権のスタッフなどに速やかに相談し、専門的な助言を受けるようにしてください。

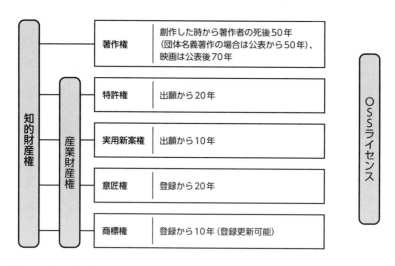

図10.1 知的財産権の主な種類と権利期間

に、あるいは他の人に頒布をした瞬間に特許権についても無償、無条件、永続的にそのOSSを使う誰にでも利用許諾をしてしまうことになるケースもあります。第4章で説明したApacheライセンスはその典型です。また、GPL/LGPLバージョン3も同様です。GPLバージョン2やLGPLバージョン2.1も実務的に見ると注意を払うべきでしょう。

OSSライセンスと特許権の関係について考えてみると、よくあるのは他社の特許権を侵害してしまう事例でしょう。この点についてはすでにApacheライセンスの説明のときに解説しましたが、本章では改めて検討します。

なお、著作権、特許権などの知的財産権を保障する法律は国によって差異が見られます。実際に訴訟対応をするような場合は度の国の法律に準拠するのかなどの検討も必要です。これについては法律の専門家に訴訟などに対応する際に考えていただきましょう。

OSSが他社の特許を侵害するリスク

特許に関わる問題で最初に気になるのは、他社の特許侵害をしてしまい、係

争になることでしょう。開発者はOSSを利用する責任を一切負いません、とほぼ例外なくどのOSSライセンスにも書かれていることを思い出してください。あなたはそのOSSを入手するにあたって、OSSライセンスに書かれたことを承諾したことになっています。つまり利用にあたっての責任をすべて負うことを事実上承諾しています。これまで見てきたTOPPERSライセンス、MITライセンス、BSDライセンス、それとApacheライセンス、GPL/LGPLのどれにもそのことを明記してありました。

あなたがOSSを利用したとして、第三者から特許侵害の疑いを持たれたとします。あなたはOSSを利用した責任を負う必要がありそうです。もちろん、これはそれぞれ具体的にケースごとに弁理士などの専門家を交えて検討しなくてはなりません。たとえば、そのOSSの利用に関してOSSライセンス以外の利用許諾条件や利用に関する保証条件がないかどうか総合して検討すべきです。いずれにせよ、このような精緻な判断が求められる場合は法務や知的財産権に関する専門家から助言を得るべきです。これはエンジニアが単独で取り組むべきことではありません。

OSSを使うときに他社特許の侵害に配慮しなくてはならないのは当然です。しかしながら、エンジニアの日常の視点から冷静に考えてみると、どのような対応が望ましいのか見えてきます。

他社特許への対応

新製品や新技術を開発することはエンジニアにとってありふれた日常業務です。その中で常に気をつけていることのひとつとして、他社によってすでに権利化された、あるいは権利化されそうな特許についての配慮があります。そのような特許は日常的にチェックすることは行われているでしょう。そして、そのためのノウハウもさまざまな組織で蓄積されているはずです。

OSSも同じです。そのノウハウをつぎ込めばよいのです。もし、使おうとしているOSSにすでに知り得た他社特許があるのならば、利用にあたって慎重になるべきです。まず知的財産権の専門家の助言を仰ぎ、そのOSSに特許に関する注意

事項がコメントなどのかたちで書かれていないかを確認します。他に、そのOSSについて書かれているブログなどを検索し、その中に特許についての記載がないか確認します。そのOSSの利用にあたって利用許諾を得るべき特許がありそうに思えた場合は特に慎重に取り扱ってください。

　特にすでに多くの人に使われてきているOSSの場合は、他社特許に対する侵害は少ないと考えられます。たとえばLinuxは、その源流は1991年8月25日にさかのぼります。この日にリーナス・トーバルズが発信したメールからその歴史は始まっています。以後、20余年、Linuxは多くの人の目にさらされてきました。その間、特許侵害の指摘をするチャンスはたくさんあったはずです。もしかすると、広く公開される前に誰かが気づいて回避策を講じていたのかもしれません。これをもってLinuxは第三者特許侵害のリスクが皆無となったと断言はできません。しかし、「十分にリスクがコントロールできる範囲に入っている」と考えることはできるできるのではないでしょうか。

　一方で、生まれたばかりのOSSや、すでに開発者たちが雲散霧消してしまっており、誰も使っていないようなOSSには多くの人の目というフィルターがかかっていないという不安が高まります。そのようなOSSを使うには、やはりそれなりの決心はいるかもしれません。そのような場合は新製品や新規技術開発をするときのノウハウを思い切りつぎ込むことになるでしょう。また、将来のリスクを下げる意味でも、そのOSSの開発や利用促進をする人々、つまりコミュニティ活動の活性化も念頭においた行動も考慮すべきでしょう。

問題回避のメカニズムを持つライセンス

　先に見たApacheライセンスのようにライセンス自体に特許係争を起こしにくくするメカニズムを持つものもあります。正しい表現ではありませんが、**Apacheライセンスは利用許諾されたOSSについてそのOSSの開発者と利用者の間でパテントプールのようなものを作る効果が期待できます**。ただし、これはそのOSSを使っていない人から特許係争を持ち込まれた場合は効果がありません。しかしApacheライセンスには、ApacheというOSSを使うにあたってApacheそのもの

から起きる特許についての心配事はできる限り低くしたいという思いが込められています。Apacheライセンス以外にもGPL/LGPLバージョン3などのように同様な思いがこめられたOSSライセンスがあります。

第三者特許侵害のリスクについて、たとえば「Apacheライセンスであればすべからく第三者特許侵害に起因するトラブルを回避できる」といった単純な見方は禁物です。Apacheライセンスで特許の利用許諾がどのようになされるのか、そのメカニズムを理解すれば、このような捉え方は適切ではないことは容易に理解できるでしょう。

自社特許の権利行使が制限されるケース

特許について、OSSではむしろ深刻に考えなくてはならないのが、自社の所有する特許権利の権利行使に制限がかかる可能性のほうかもしれません。これはすべてのOSSに適用されるわけではありません。たとえばBSDライセンスではそのような懸念は杞憂でしょう。ですが、Apacheライセンスでは問題になるケースがあり得ます。

Apacheライセンスの特徴をおさらいしましょう。次の2点に注目してください。

1. Apacheライセンスで利用許諾されたOSSにはその開発者からの特許利用許諾が含まれる。このため、そのOSSを使う場合はそれらの特許利用許諾も含まれていると考えられる。しかし、そのOSSを使う人がもしその同じOSSについて自らの特許があるとして他者（他の会社、団体など）に対して特許訴訟を起こすと、その時点ですでにApacheライセンスにより許諾された特許利用許諾がすべて無効になる。

2. 自らがApacheライセンスでソフトウェアを利用許諾した場合、あるいはすでにあるApacheライセンスで利用許諾されたOSSに改良を加えたものを提供し、開発者たち（コミュニティ）が受け入れた場合に、完成したOSSに自ら保有する特許があるときには、その特許の無償、永続的、無条件での利用許諾をそのOSSの利用者に与えなくてはならない。

これらはいずれもOSSの利用者、頒布者自らが関連する特許を持つ場合、面倒な問題を引き起こします。これに類した規定は、Apacheライセンスだけではなく、Mozilla PublicライセンスやGPLバージョン3、LGPLバージョン3などにも見られます。ほかにもさまざまなOSSライセンスが特許権利行使について言及をしています。また、GPLバージョン2やLGPLバージョン2.1でも注意すべき点があります。

もし、このような自社の持つ特許権利行使に一定の影響があるOSSライセンスで利用許諾されたOSSを利用する際には、その特許に関する戦略を十分に検討し意思決定する必要が出てくるばあいもあるでしょう。たとえばIBMはそのような特許に関してOSSとして実装がリリースされることを条件に特許の無償利用を許諾している例もあります。これに対するIBMの考え方は、IBMは特許ライセンス収入がほしいわけではない。OSSでIBMが望む実装がいち早く実現して、それがIBMの事業の糧になることを期待している、というものです。このような特許施策のことを**パテントコモンズ**【用語】と呼ぶことがあります。実に戦略的なアプローチでしょう。

「成果物」の範囲に留まる

さて、もう一度Apacheライセンス（バージョン2の日本語参考訳）を精読してみましょう。そこには許諾しなくてはならない特許の範囲について言及されています（日本語参考訳の太字は引用者）。

■ Apache License, Version 2.0 | Open Source Group Japan
　https://ja.osdn.net/projects/opensource/wiki/licenses%2FApache_License_2.0

パテントコモンズ
IBMは2005年1月に所有する500件あまりの特許についてオープンソースソフトウェア（OSS）開発者がOSSとして特許技術を実現するのならば、無償での利用を許諾するとしました。これはIBMの方針で特別に許された共有地（コモンズ）を作りその中で自社のアイデアがOSS開発者の手と共にいち早く実現することを目指したものとされています。その後、この考え方は他の企業にも拡がり、たとえばトヨタ自動車は2015年に燃料電池車に関する約5000件の特許を無償公開しました。

第10章　OSSライセンスと知的財産権　**177**

> 3. 特許ライセンスの付与
> 本ライセンスの条項に従って、各コントリビューターはあなたに対し、成果物を
> 作成したり、使用したり、販売したり、販売用に提供したり、インポートしたり、
> その他の方法で移転したりする、無期限で世界規模で非独占的で使用料無料で
> 取り消し不能な（この項で明記したものは除く）特許ライセンスを付与します。
> **ただし、このようなライセンスは、コントリビューターによってライセンス可能**
> **な特許申請のうち、当該コントリビューターのコントリビューションを単独また**
> **は該当する成果物と組み合わせて用いることで必然的に侵害されるものにのみ**
> **適用されます。**

ここでいう「成果物」（原文では「Work」）とは何でしょうか。

> 「成果物」とは、ソース形式であるとオブジェクト形式であるとを問わず、製作物
> に挿入または添付される（後出の付録に例がある）著作権表示で示された著作物
> で、本ライセンスに基づいて利用が許されるものを指します。

　要は、Apacheライセンスで利用許諾された特定のOSSのことを指しているので
す。なお、このOSSの範囲にはコントリビューターによって追加されたものが
ある場合はそれも含めた範囲の中で「必然的に侵害」している特許が対象となり
ます。
　同様に、特許訴訟を起こすとオリジナルを作成した人やコントリビューターか
らもたらされた特許利用許諾が無効になるのは次のようなケースです。

> あなたが誰かに対し、交差請求や反訴を含めて、**成果物あるいは成果物に組み込**
> **まれたコントリビューションが**直接または間接的な特許侵害に当たるとして特許
> 訴訟を起こした場合、本ライセンスに基づいてあなたに付与された特許ライセン
> スは、そうした訴訟が正式に起こされた時点で終了するものとします。

　Apacheライセンス以外にも、訴訟を起こしたときにそのライセンスの条項に
基づいて他者から許諾を受けた特許の使用権利を失うものもあります。実際

にはそれぞれのライセンス内容を精査して検討する必要がありますが、事前に
Apacheライセンスの状況を理解しておくと参考になるでしょう。

　あなたがあなたの技術をOSSとして世の中に送るとき、あるいはOSSを誰かに
頒布するとき、以下の点に十分注意してください。

- □　OSSライセンスによっては、明示的にあるいは事実上、ライセンサーや頒
  布をする人に対して、当該OSSを頒布する人がそのOSSのみで構成可能
  な特許を持つ場合は、その特許の無償、無条件の利用許諾を求める場合
  があります。
- □　OSSを頒布する人に対して特許の利用許諾を求めるか否かはライセンス
  によって千差万別。Apacheライセンスではこのことが明記されています。
  GPL/LGPLバージョン3でも同様に明記されています。
- □　**GPLバージョン2では第6節に、LGPLバージョン2.1では第10節にこの
  ライセンス以外にさらなる制約を設けてはいけない、との規定**があります。
  それらのOSSの利用許諾でGPLバージョン2やLGPLバージョン2.1を適
  用した場合、またはその条件下でOSSの頒布する場合に、他に特許権利
  利用許諾契約を結ぶことを利用条件に加えることができるかどうかは慎
  重に考えるべきです。あなたが法務や知的財産権の専門家ではない場合
  は、まず「**利用条件に特許権利利用許諾契約を結ぶことを加えることがで
  きない**」のを前提にして進めるのが無難でしょう。
- □　当該OSSの利用に対してのみ特許権の利用許諾を与えるのであり、当該
  OSSとは別の実装に対してまで許諾を求めるものではありません。
- □　特許利用許諾が与えられるライセンスでは、一般に当該OSSのみの範囲
  で（Apacheライセンスの場合はライセンスで「work：成果物」と定義され
  ている範囲の中のみで）実現する特許について利用者は利用許諾を得ら
  れます。一方で、当該OSSのみでは実現しない特許は許諾の対象にはな
  りません。

　筆者は、上記についてこれまでこれとは異なる考え方をすべきOSSライセンス
を経験したことがありません。とは言うものの、例外とするべきものもあり得ます
ので、ライセンスごとに慎重に精査してください。

Linux用のデバイスドライバを作る例

Linux用のデバイスドライバを作って頒布する例を考えてみましょう。Linuxは
GPLバージョン2で利用許諾されています。デバイスドライバも一般的にはGPL
バージョン2で利用許諾することとなります。

検討するポイントは以下の3パターンです。

1. デバイスドライバだけで構成可能な特許がある場合
2. デバイスドライバとハードウェア、またはLinuxカーネル以外のソフトウェ
   アと組み合わせることで構成可能な特許がある場合
3. デバイスドライバとLinuxカーネルの組み合わせで実現する特許がある場
   合

1. デバイスドライバだけで構成可能な特許がある場合

まず、デバイスドライバだけで実現する特許がある場合を考えてみましょう。
たとえばプリンタのデバイスドライバで、そのデバイスドライバの中にカラーマッ
チングの機能が入っていて、そこにあるカラーマッチングの機能だけで実現する
特許をあなたが持っている場合です。この場合は、あなたはこのドライバの利用
許諾条件であるGPLバージョン2に対してさらに特許利用許諾に関わる条件を
付加できるという前提でデバイスドライバ開発を進めるのはよくありません。

たとえばデバイスドライバの機能の一部を別のプログラムとしてユーザー空間
で実現できるようにするなどの対策をしてから、次に挙げるパターンに該当する
ように変更してください。

2. デバイスドライバとハードウェア、またはLinuxカーネル以外のソフトウェアと組み合わせることで構成可能な特許がある場合

まずハードウェアの場合はそれがデバイスドライバと渾然一体となった著作物
だと主張する人がいるとは思えません。またユーザー空間に置かれたソフトウェ
アとデバイスドライバならば（例外がある可能性は否定しませんが）常識的に考

えられる範囲ではこれも渾然一体となった著作物になるとは考えにくいです。なお渾然一体となった著作物にあたるかどうかについては、第5章「互恵型ライセンス——GPL/LGPL共通」を参照してください。

すると、少なくともそれらのハードウェアやソフトウェアの利用許諾条件として特許利用に関する契約を結ぶ可能性は十分に考えられるでしょう。もちろん、これも網羅的にどのような場合でもそう言えるかどうかについては慎重を期す必要性が残ります。最終的にはケースごとに法務あるいは知的財産権の専門家に助言を求めるのが望ましいでしょう。とは言うものの、極めて多くの場合は、この特許権利行使の可能性に疑義が発生することは考えにくいです。

ときおり、Linux向けのデバイスドライバについてそれをGPLバージョン2で利用許諾することに対して、半導体デバイスへの特許権利行使ができなくなることを懸念して回避しようとするケースがあるようです。これは多くの場合は杞憂に終わるはずです。

3. デバイスドライバとLinuxカーネルの組み合わせで実現する特許がある場合

このような例は極めてまれだと想定します。この場合は徹底的にケースバイケースで多面的に検討する必要があります。まずはそのような特許の権利行使はそのデバイスドライバの利用者に対しては難しい、という前提でデバイスドライバの開発者としては進めるのは差し控えたほうがよさそうです。これについても法務または知的財産権の専門家に状況を説明し、適切な助言を得るようにしてください。

自社特許権利行使に懸念を感じた場合

ソフトウェア開発者自らが頒布しようとしているOSSの中に自社の保有する特許が関係している可能性に気づくこともあるでしょう。この場合にソフトウェア開発者自らのみで頒布の可否を判断するのは思わしくありません。必ず、特許の専門家や事業責任者に相談してください。この検討をする際にポイントとなるのは、

次の2点です。

1. **特許権利行使をすることにより得られる利点**：特許ライセンス収入や、その特許によって一定期間事業を優位に展開できることなどがどのように評価できるか（この場合はOSSの利用はあきらめることとなります）

2. **OSSを使うことにより得られる利点**：開発費用の削減、市場導入時期を早めることによる利点、品質・脆弱性対策に優れたソフトウェア利用に伴う利点をどのように評価できるか

この2つを天秤にかけて事業判断をしなくてはなりません。この評価を行ったときに、1.の利点のほうが2.の利点よりも大きいと判断した場合は、そのOSSの利用はあきらめることとなるでしょう。一方、2.の利点のほうが1.の利点より大きいと判断した場合は、OSSを利用することになりますが、もし本当にそのOSSのみで実現する特許を所持しているのだとすれば、そのOSSの利用者に対しては特許権利行使をするのをあきらめることとなるはずです。

この事業判断は重大です。必ず事業責任を持つ人を交えて特許権の専門スタッフと共に適切な判断をするべきです。

✏️ 演習問題

1 あなたはあるOSSを組み込んだソフトウェアを開発中です。そのソフトウェアはあなたの会社の製品に組み込まれる予定です。あなたは、そのOSSで実現する他社（A社）の特許があるように感じています。A社はそのOSSの開発には一切関係していません。あなたはどのような対応をするべきか考えてください。また、このまま製品化をしてしまった場合どのような事態が考えられるか検討してください。

2 あなたは半導体開発企業に所属しています。あなたの企業の半導体デバイスにはあなたの企業が取得した特許が多数盛り込まれています。あなたはその半導体をLinuxで利用するためのデバイスドライバを開発しました。Linuxの要請に従い、このドライバもGPLバージョン2で利用許諾しようと

思います。このデバイスドライバがあなたの企業の半導体の特許権利行使に対する影響の有無を検討してください。

　なお、あなたの開発するデバイスドライバは、半導体のレジスターに適切なタイミングでデータを書き込んだり読み出したりするだけの単純なものです。

これらの演習問題は、あなたが相談できる法務あるいは知的財産権のスタッフがいる場合は一緒に検討することをお勧めします。

11 ソフトウェアの サプライチェーン問題

本章では、ソフトウェアのサプライチェーン問題に焦点を当てて解説します。現代のソフトウェア開発では、単独でソフトウェア開発が完結することはありません。複数の企業が関わり、ソフトウェアが流通していきます。その連鎖の中で発生するのが「サプライチェーン問題」です。

サプライチェーン問題とは何か

現代のソフトウェア開発は規模が大きくなり、社外の開発者との共同開発や社外からの調達は一般的になっています。そして、そこから新たな問題が生まれています。それはソフトウェアの供給ネットワークの連鎖の中で発生する問題、すなわちサプライチェーン問題です。本書ではソフトウェアを中心に扱っているため、特に「ソフトウェアサプライチェーン」に焦点を当てて検討していきます。

OSSを利用したソフトウェアを頒布する場合、OSSライセンスの要請に従ってさまざまなことをしなくてはなりません。最終製品をリリースするということは、まさにOSS頒布の総まとめになります。つまり、製品リリース時に製品の中に含まれるソフトウェアにどのようなOSSが使われているのか把握しなければなりません。このとき、製品に組み込まれたソフトウェアの中にどのようなOSSが含まれているかわからないような事態が生まれると、製品のリリースに支障をきたします（**図11.1**）。

もし、ソフトウェアサプライチェーンの中にいる誰かが、ソフトウェア供給先にOSSを使っていることを伝えない場合、どのような事態が発生するでしょうか。こ

の場合には、ソフトウェアサプライチェーンの下流に位置するソフトウェア開発者や最終製品ベンダーがOSSが使われていることを知らずに使うことになります。OSSを利用していることを隠したOSSがGPLバージョン3で利用許諾されたとします。すると、最終製品ベンダーが自らが気づかないうちにGPLバージョン3によって求められたことを実施しなくてはいけない状況に置かれます。最終製品ベンダーは本来ならば当該OSSのソースコードの開示、ライセンス表記、またもし製品が一般消費者向けのものならばバイナリーコードの再インストールの方法も開示する必要があるでしょう。ところが、最終製品ベンダーは自らが実施すべきことに気づけないことで、知らず知らずのうちにOSSライセンス違反の状況に置かれてしまうのです。

　残念ながらサプライチェーン問題が現実のものとなり、関係したOSSの著作権者が当該OSSの頒布者に対して警告を発したり、訴訟に至ったりした例もあるようです。放置したままにしておくと、サプライチェーン問題は深刻化する可能性があります。

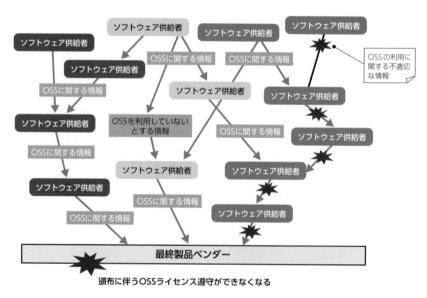

図11.1 サプライチェーン問題の発生

ソフトウェアサプライチェーンの上流にいる人が注意すべき点

ソフトウェアサプライチェーンの上流にいる人は、大きく次の3つに分けられるでしょう。

- OSSの開発者、開発コミュニティ
- 半導体企業などデバイス提供者でソフトウェア開発キット（SDK）の作成にあたる人
- 顧客の要望に基づいてソフトウェア開発業務を行う人

ここではあなたがソフトウェアサプライチェーンの上流側にいる人であるとしましょう。あなたが注意すべきことは、あなたが開発したソフトウェアの中に含まれるOSS情報をソフトウェアサプライチェーンの下流側に対して適切に伝えることにつきます。下流に対して渡すソフトウェアの中に含まれるOSSについて適切な情報を確保するには、第9章「OSSと構成管理」で説明した構成管理記録が役立つはずです。

OSSを利用した事実がある場合は、OSS利用の事実と詳細な情報を下流側に適切に伝えなければなりません。もしOSSを利用することを下流側のソフトウェア開発者や企業から拒絶された場合は、拒絶の理由を傾聴したうえで次のような対策を講じてください。

- 問題となるOSSの利用をあきらめる
- 問題とされたOSSの利用を下流側に理解してもらう
- 問題とされたOSS利用に対する問題点を解決したうえで利用する

あなたが絶対にしてはいけないことは、**下流側にOSSの利用を伝えずにこっそりと黙って使ってしまう**ことです。下流側でOSSの存在が認知されていない場合は下流側で深刻な事態を引き起こします。もちろん、下流側にOSSについての情報を伝えないということは、あなた自身が日頃からOSSの頒布者として課せられたことを実施していないという問題があることを想起させます。あなた自身

のOSSライセンス遵守の倫理が問われるのです。

　ところで、あなたがソフトウェアに組み込み、ソフトウェアサプライチェーンの下流に引き渡すことになるOSSについての責任は誰にあるのでしょうか。あらためて言うまでもなく、OSSの利用に対する責任は利用する人が持つのが原則です。この原則に従うのならばあなたはソフトウェアサプライチェーンの下流の人がOSSを使うときの責任は問われません。しかし、たとえばあなたが提供するOSSがあなたしか知り得ないハードウェア技術情報と深く関連しているような場合でも、責任は使う人にあるという原則を貫くことが合理的かどうかはあなたが真摯に考えてください。たとえばあなたが「責任は使う人にある」とする考えを貫いた結果、あなたのお客様が満足できない事態に至るのならば問題があります。ここはカスタマーサティスファクションの視点からどのような行動をするかを考えるのが重要だと言えます。

ライセンス情報交換のための標準規格「SPDX」

　あなたの開発したソフトウェアに含まれるOSSに関して、ソフトウェアサプライチェーンの下流側に対して伝えるべき情報には以下のようなものがあります。

- OSSの名称と機能の概略
- OSSの入手元、バージョンナンバー、ビルドナンバーなど、開発成果物を受け取る人がOSSを特定する詳細情報
- 選択できるライセンスと選択したライセンス、そのライセンスを選択した根拠
- 改変せずに使うのか、あるいは改変して使うのか。改変する場合はどのような改変をするのか
- リリース後のソフトウェアメンテナンス（品質対応、脆弱性対応）をどうするか

　ソフトウェアサプライチェーンの下流にいる人に対してOSS情報を伝えるのは、書面でするのが望ましいでしょう。この情報は下流にいる人がOSSの適切な

利用をするためのまさに命綱になります。

すでに、第10章で説明したとおり、OSSの中に（あるいは商用ライセンスなどOSS以外の形態で提供されているソフトウェアの中に）別のOSSが組み込まれていることもあります（OSSマトリョーシカ）。そのようなOSSが極めて多岐にわたる場合もあります。たとえばAndroidやChrome OSなどはその典型例でしょう。そのようなソフトウェアを使うのならばその中に組み込まれているOSSもすべてつまびらかにして、開発成果物を提供する相手方に呈示するべきです。

開発が進行するにつれて、当初合意した内容の修正が必要になることもあるでしょう。下流側に伝えた内容に変更がある場合は、改めてその事実を下流側に伝えて合意を得るべきです。あわせて、下流側と当初交わした書面の改訂をして履歴を残すようにしてください。

場合によるとソフトウェアサプライチェーンであなたの下流にいる人がそれぞれ個別に抱える特別な理由で特定のOSSやOSSのバージョンの利用を避けている可能性もあります。利用を避けているOSSに該当しないか確認する意味でも、OSSの利用についての報告は早めにかつこまめに行うべきです。

そして、開発成果物を引き渡す直前には、開発過程で記録してきた構成管理記録の内容を最終確認しましょう。OSSの適切利用については専用のソフトウェアツールを使うのは良い考えです。たとえば第9章で紹介したFOSSology、あるいはその他のOSSソースコードスキャンツールの使用を推奨します。

通常の場合、ソースコードスキャンツールには、**SPDX（Software Package Data Exchange）と呼ばれる仕様に基づいたレポートを出力する機能**が付いているはずです。SPDXとは、ソフトウェアを次の開発者に引き渡す際に、どのようなライセンスのものが含まれているのかを伝えるための共通フォーマットです。

■ Software Package Data Exchange（SPDX）
https://spdx.org/

SPDX規格では、さまざまなOSSライセンスの略称も定めています（https://spdx.org/licenses/）。SPDXは、LinuxファウンデーションのSPDXプロジェクトが作成し、メンテナンスしています。SPDXフォーマットを使うことでOSS情報のやりとりの標準化が図れます。開発成果物を引き渡す際には、確認資料として

SPDX規格に基づいたレポートを添付するとよいでしょう。

- SPDX License List
  https://spdx.org/licenses/

ソフトウェアサプライチェーンの下流にいる人が注意すべき点

続いて、ソフトウェアサプライチェーンの下流にいる人が注意すべき点を検討してみましょう。今度は、あなたはソフトウェアサプライチェーンの下流にいるという想定です。製品を直接市場に送り出すベンダーは最下流に位置づけられます。あるいは、あなたは上流から引き継いだソフトウェアを集め、あなた自身の開発したソフトウェアと組み合わせてさらに下流に引き渡す中間的な立場かもしれません。

あなたから見て上流に位置するソフトウェア供給者はOSS開発者コミュニティかもしれません。OSS開発者コミュニティも他のOSSを開発成果物に組み込む可能性は十分にあります。組み込んだOSSをきちんと記録し、ドキュメント化していればよいのですが、場合によっては管理がずさんである可能性もあり、苦慮することもあるでしょう。あなたが取れる対策は、以下の2通りです。

1. 当該OSSの利用をあきらめる
2. 当該OSSで使われているOSSをあなた自身が解析する

2.を選択した場合、使われているOSSの解析作業をコミュニティと一緒に進めるのも良い方法です。コミュニティの人々も解析結果を活用できるでしょう。さらにあなたが見逃したものや、誤って把握したものをコミュニティが修正してくれるかもしれません。

あなたから見て上流のソフトウェア供給者がソフトウェア開発業者であった場合はどうでしょうか。いくつか重要なポイントがあります。

□ OSSの利用に関するあなたの基本的な考え方を上流のソフトウェア供給

者に伝えなければなりません。現代のソフトウェア開発でのOSSの利用は日常化しています。にもかかわらずOSSを使わないことを上流のソフトウェア供給者に向けた条件にするのであれば、それには何か理由があるはずです。また、あなたに隠れて上流のソフトウェア供給者がOSSをこっそり使うような事態は何としても避けるべきです。

☐ OSSが使われているのならば、どのようなOSSが使われているのかを上流のソフトウェア供給者に具体的に示してもらいます。その情報はあなた自身がそのOSSを頒布する際に必ず参照しなくてはならない情報であり、あなたがOSSライセンスを遵守するために必要不可欠なものです。

☐ OSSが使われていないのであれば、その確約を上流のソフトウェア供給者から得るべきです。

☐ 上記の事柄は、上流のソフトウェア供給者との間で契約書に盛り込み、確実に実行してもらえるようにします。

あなたが上流のソフトウェア開発者からソフトウェアを受領する際にすべきことは、どのようなOSSが含まれているのかを確認することです。さらに、上流からもたらされたOSSに関する情報は信頼するに十分に足るかを確認しましょう。上流からもたらされたOSSがソースコードの形式で提供されるのだったら、ソースコードスキャンツールを活用するのも望ましいでしょう。結果として確認できたOSSが、あなたが利用する、さらに他者（他社、他の団体、人など）に頒布する（製品に組み込んで出荷する）際に支障がないことも、上流からソフトウェアを受領したらすみやかに確認するべきです。あなたが頒布をする際にライセンス表記、著作権表記が必要なOSSライセンスであるならば、ライセンス情報や著作権情報も必須です。ソースコード開示が必要なOSSライセンスであればソースコードの提供も必須です。もし何らかの問題があればすぐに上流に対して修正を求めましょう。

場合によってはあなたが利用を禁忌としているOSSが組み込まれているかもしれません。たとえば、あなたが所持している特許の権利行使に支障を来すようなOSSが入っているような場合は、そのまま供給されたソフトウェアを使うと深刻な事態となりかねません。

もちろん、OSSについては利用に関わる責任は使う人が持つのが原則です。しかし、あなただけで責任を持ちきれない場合はソフトウェアサプライチェーンの上流にいる人から適切な支援が得られるよう算段してください。たとえば、上流に位置する半導体ベンダーから特別な半導体機能を使うための高度な処理を行うデバイスドライバがOSSとして供給されたとします。はたしてこのようなデバイスドライバの利用にまつわる責任をあなただけで果たすことができるでしょうか。このようなデバイスドライバではバグ修正やパフォーマンス向上などは半導体のハードウェアに関する情報も必須です。「OSSだから利用にまつわる一切の責任はあなたにあります」と半導体ベンダーから言われたとしても、その責任を果たせないこともあるでしょう。

いずれにせよ、あなたにとってすべての基本となる事柄は、上流のソフトウェア開発者に対して、本書第9章「OSSと構成管理」で検討した事柄（164ページ）を確認し、実行することです。

✏ 演習問題

1 あなたはこれから社外に製品開発を委託します。ソフトウェア開発などもその開発委託先にすべて任せます。これから開発委託契約を用意します。開発委託契約には、OSSの適切利用の観点からどのようなことが盛り込まれるべきか検討してください。

2 あなたは顧客から製品開発の委託を受けました。その開発はソフトウェア開発を伴い、製品にそのソフトウェアを組み込むこととなります。また、その製品にOSSを使うと開発効率も品質もかなり上がることが想定できます。その際に、あなたはOSSに関してどのようなことを製品開発委託者に伝える必要があるか検討してください。

12 製品出荷・ソフトウェア リリース時の実務

本章では、ソフトウェア開発が終わって、製品出荷時あるいはソフトウェアリリースのタイミングでするべきことについて解説します。ここでも構成管理記録は重要な役割を果たします。その他に注意すべき点についても具体的に紹介します。

ソフトウェアリリース前に済ませておくこと

ソフトウェア開発もほぼ終わり、製品出荷などソフトウェアをリリースするタイミングがいよいよ近づいてきました。ソフトウェアリリースのタイミングでは何をすべきなのでしょうか。注意すべきことは何でしょうか。詳しく見ていきましょう。

いま、あなたの手許にはこれまでのソフトウェア開発を通じて、それなりの分量になった構成管理記録があるはずです。最初に構成管理記録の確認から始めましょう。

もし、あなたがリリースするソフトウェアに含まれるOSSをソースコードの形式で頒布をするのならば、することは単純明快です。あなたが頒布しようとしているOSSについて、ライセンスや著作権の表記についてはオリジナルのOSSにあるものをそのまま残して開示してください。プログラムのコードなどにOSSライセンス情報が付加されていることもよくあります。これらの表記もオリジナルのまま必ず保持するようにしてください。OSS開発者コミュニティから提供されているソースコードやOSSパッケージにあるライセンス表記、著作権表記、あるいは関連するドキュメントやプログラムのソースコードはまさに開発者コミュニティ

（著作権者）の意向に基づいて書かれているものです。OSSライセンス遵守の基本である、著作権者の意向を最大限に重視することが肝要です。

　あなたがオリジナルのOSSに対して何か手を加えている場合は、それぞれのライセンスに従って、また開発者コミュニティからガイドラインなどが提示されている場合はガイドラインの内容に従って、適切にコメントを入れるなどの対応をしてください。

　慎重な対応をしなくてはいけないのは、OSSの頒布がバイナリーコード（オブジェクトコードも含む）だけで行われる場合です。必ずしもOSSの頒布をする際にソースコードが伴わない場合です。ここから先は、一般的にIoTデバイスや家電製品、自動車などに見られるバイナリーコードだけでOSSを頒布する場合を主な検討対象とします。

実際に使われているOSSの確認 （構成管理記録の確認）

　いよいよ開発作業の努力が報われる時が迫ってきました。製品出荷、ソフトウェアのリリース、ネットワークサービスの開始。OSSの適切利用も最後の仕上げの段階を迎えます。

　最初にすることは構成管理記録の確認です。開発したソフトウェアの中でどのようなOSSがいかなるかたちで使われているかの情報はその記録の中にあります。構成管理記録に書かれたOSSの利用状況が正確であるのを確かめるために、このタイミングでソースコードスキャンツールが使える場合は積極的に使いましょう。そして、使われているOSSの正確なリストを作ってください。そのリストには、各OSSがどのようなライセンスで利用許諾されたものかも正確に記してください。

　続いて、いま作成したリストをもとに、それぞれのライセンスが何を求めているかを確認してください。TOPPERSライセンス、MITライセンス、BSDライセンス、Apacheライセンス、それからGPL/LGPLについては本書で解説した内容が役立つはずです。その他のライセンスについてはライセンスを読んで判断してください。もし、法務あるいは知的財産権の専門家の助けが得られるのであれば支

援を求めるとよいでしょう。以下の作業を行ってOSSライセンスファイルを作成し、開示すべきソースコードを収集してください。

1. ライセンス表記が求められるライセンスについては、OSSライセンスファイルを作ります。ライセンス文をあなたが入手したOSSのパッケージにあるとおり、一字一句間違えることなくコピーして、OSSライセンスファイルに追記してください。なお、ライセンス表記に併せて著作権表記もある場合はそれも含めてコピーしてください（それについては2.は省略できます）。

2. 著作権表記が求められるライセンスについては、1.で作成したライセンスファイルのライセンス表記の前に指定された形式で著作権表記を追加してください。

   作成するソフトウェアの規模が大きくなると、ライセンス表記のファイルも巨大なものになります。たとえばAndroidでは、このファイルの行数は数万行に及びます。システムのビルドツールにライセンスファイルを自動的に作成する機能がある場合があります。Androidはその代表例です。またYocto ProjectやBuildrootにも同等の機能が搭載されています。その場合は、ツールで自動生成されたファイルを参照するのが現実的でしょう。
   - Yocto Project　https://www.yoctoproject.org/
   - Buildroot　https://buildroot.org/

3. GPL/LGPLやMozilla Publicライセンスなど、ソースコード開示が求められているライセンスで利用許諾されたOSSが含まれている場合は、開示すべきソースコードを収集してください。その際に、GPL/LGPLのようにビルド情報などの開示も求められることがあります。注意してください。

OSSライセンスファイルの例

最終的に、OSSライセンスファイルは以下のようなものになるでしょう。なお、以下の中で行頭に「#」を付けたものは筆者が解説のために挿入したコメントです。実際にはこのようなコメントを付す必要はありません。なお、このライセンスファイルは特定の製品等を想定したものではありません。

■OSSライセンスファイルの例

```
===============================================================
[Apache HTTP server]
===============================================================
# この部分はNOTICEファイルから引用。
# https://github.com/apache/httpd/blob/trunk/NOTICE

Apache HTTP Server
Copyright 2018 The Apache Software Foundation.

This product includes software developed at
The Apache Software Foundation (http://www.apache.org/).

Portions of this software were developed at the National Center
for Supercomputing Applications (NCSA) at the University of
Illinois at Urbana-Champaign.

This software contains code derived from the RSA Data Security
Inc. MD5 Message-Digest Algorithm, including various
modifications by Spyglass Inc., Carnegie Mellon University, and
Bell Communications Research, Inc (Bellcore).


---


# この部分はLICENSEファイルから引用。
# Apacheライセンスではライセンス全文の表記が求められています。
# 他にもライセンス全文表記を求めるライセンスもあるので注意してください。
# たとえば、この例には入れていませんが、GPL、LGPLもライセンス全文表記が必要です。
# https://raw.githubusercontent.com/apache/httpd/trunk/LICENSE


                       Apache License
                  Version 2.0, January 2004
                 http://www.apache.org/licenses/

   TERMS AND CONDITIONS FOR USE, REPRODUCTION, AND DISTRIBUTION

   1. Definitions.

     "License" shall mean the terms and conditions for use, reproduction,
     and distribution as defined by Sections 1 through 9 of this document.
```

第12章 製品出荷・ソフトウェアリリース時の実務 **195**

"Licensor" shall mean the copyright owner or entity authorized by
the copyright owner that is granting the License.

"Legal Entity" shall mean the union of the acting entity and all
other entities that control, are controlled by, or are under common
control with that entity. For the purposes of this definition,
"control" means (i) the power, direct or indirect, to cause the
direction or management of such entity, whether by contract or
otherwise, or (ii) ownership of fifty percent (50%) or more of the
outstanding shares, or (iii) beneficial ownership of such entity.

"You" (or "Your") shall mean an individual or Legal Entity
exercising permissions granted by this License.

"Source" form shall mean the preferred form for making modifications,
including but not limited to software source code, documentation
source, and configuration files.

"Object" form shall mean any form resulting from mechanical
transformation or translation of a Source form, including but
not limited to compiled object code, generated documentation,
and conversions to other media types.

"Work" shall mean the work of authorship, whether in Source or
Object form, made available under the License, as indicated by a
copyright notice that is included in or attached to the work
(an example is provided in the Appendix below).

"Derivative Works" shall mean any work, whether in Source or Object
form, that is based on (or derived from) the Work and for which the
editorial revisions, annotations, elaborations, or other modifications
represent, as a whole, an original work of authorship. For the purposes
of this License, Derivative Works shall not include works that remain
separable from, or merely link (or bind by name) to the interfaces of,
the Work and Derivative Works thereof.

"Contribution" shall mean any work of authorship, including
the original version of the Work and any modifications or additions
to that Work or Derivative Works thereof, that is intentionally
submitted to Licensor for inclusion in the Work by the copyright owner
or by an individual or Legal Entity authorized to submit on behalf of
the copyright owner. For the purposes of this definition, "submitted"

196　第Ⅱ部　実務編

means any form of electronic, verbal, or written communication sent
to the Licensor or its representatives, including but not limited to
communication on electronic mailing lists, source code control systems,
and issue tracking systems that are managed by, or on behalf of, the
Licensor for the purpose of discussing and improving the Work, but
excluding communication that is conspicuously marked or otherwise
designated in writing by the copyright owner as "Not a Contribution."

"Contributor" shall mean Licensor and any individual or Legal Entity
on behalf of whom a Contribution has been received by Licensor and
subsequently incorporated within the Work.

2. Grant of Copyright License. Subject to the terms and conditions of
this License, each Contributor hereby grants to You a perpetual,
worldwide, non-exclusive, no-charge, royalty-free, irrevocable
copyright license to reproduce, prepare Derivative Works of,
publicly display, publicly perform, sublicense, and distribute the
Work and such Derivative Works in Source or Object form.

3. Grant of Patent License. Subject to the terms and conditions of
this License, each Contributor hereby grants to You a perpetual,
worldwide, non-exclusive, no-charge, royalty-free, irrevocable
(except as stated in this section) patent license to make, have made,
use, offer to sell, sell, import, and otherwise transfer the Work,
where such license applies only to those patent claims licensable
by such Contributor that are necessarily infringed by their
Contribution(s) alone or by combination of their Contribution(s)
with the Work to which such Contribution(s) was submitted. If You
institute patent litigation against any entity (including a
cross-claim or counterclaim in a lawsuit) alleging that the Work
or a Contribution incorporated within the Work constitutes direct
or contributory patent infringement, then any patent licenses
granted to You under this License for that Work shall terminate
as of the date such litigation is filed.

4. Redistribution. You may reproduce and distribute copies of the
Work or Derivative Works thereof in any medium, with or without
modifications, and in Source or Object form, provided that You
meet the following conditions:

(a) You must give any other recipients of the Work or
Derivative Works a copy of this License; and

第12章 製品出荷・ソフトウェアリリース時の実務　197

(b) You must cause any modified files to carry prominent notices
stating that You changed the files; and

(c) You must retain, in the Source form of any Derivative Works
that You distribute, all copyright, patent, trademark, and
attribution notices from the Source form of the Work,
excluding those notices that do not pertain to any part of
the Derivative Works; and

(d) If the Work includes a "NOTICE" text file as part of its
distribution, then any Derivative Works that You distribute must
include a readable copy of the attribution notices contained
within such NOTICE file, excluding those notices that do not
pertain to any part of the Derivative Works, in at least one
of the following places: within a NOTICE text file distributed
as part of the Derivative Works; within the Source form or
documentation, if provided along with the Derivative Works; or,
within a display generated by the Derivative Works, if and
wherever such third-party notices normally appear. The contents
of the NOTICE file are for informational purposes only and
do not modify the License. You may add Your own attribution
notices within Derivative Works that You distribute, alongside
or as an addendum to the NOTICE text from the Work, provided
that such additional attribution notices cannot be construed
as modifying the License.

You may add Your own copyright statement to Your modifications and
may provide additional or different license terms and conditions
for use, reproduction, or distribution of Your modifications, or
for any such Derivative Works as a whole, provided Your use,
reproduction, and distribution of the Work otherwise complies with
the conditions stated in this License.

5. Submission of Contributions. Unless You explicitly state otherwise,
any Contribution intentionally submitted for inclusion in the Work
by You to the Licensor shall be under the terms and conditions of
this License, without any additional terms or conditions.
Notwithstanding the above, nothing herein shall supersede or modify
the terms of any separate license agreement you may have executed
with Licensor regarding such Contributions.

198   第Ⅱ部　実務編

6. Trademarks. This License does not grant permission to use the trade
names, trademarks, service marks, or product names of the Licensor,
except as required for reasonable and customary use in describing the
origin of the Work and reproducing the content of the NOTICE file.

7. Disclaimer of Warranty. Unless required by applicable law or
agreed to in writing, Licensor provides the Work (and each
Contributor provides its Contributions) on an "AS IS" BASIS,
WITHOUT WARRANTIES OR CONDITIONS OF ANY KIND, either express or
implied, including, without limitation, any warranties or conditions
of TITLE, NON-INFRINGEMENT, MERCHANTABILITY, or FITNESS FOR A
PARTICULAR PURPOSE. You are solely responsible for determining the
appropriateness of using or redistributing the Work and assume any
risks associated with Your exercise of permissions under this License.

8. Limitation of Liability. In no event and under no legal theory,
whether in tort (including negligence), contract, or otherwise,
unless required by applicable law (such as deliberate and grossly
negligent acts) or agreed to in writing, shall any Contributor be
liable to You for damages, including any direct, indirect, special,
incidental, or consequential damages of any character arising as a
result of this License or out of the use or inability to use the
Work (including but not limited to damages for loss of goodwill,
work stoppage, computer failure or malfunction, or any and all
other commercial damages or losses), even if such Contributor
has been advised of the possibility of such damages.

9. Accepting Warranty or Additional Liability. While redistributing
the Work or Derivative Works thereof, You may choose to offer,
and charge a fee for, acceptance of support, warranty, indemnity,
or other liability obligations and/or rights consistent with this
License. However, in accepting such obligations, You may act only
on Your own behalf and on Your sole responsibility, not on behalf
of any other Contributor, and only if You agree to indemnify,
defend, and hold each Contributor harmless for any liability
incurred by, or claims asserted against, such Contributor by reason
of your accepting any such warranty or additional liability.

END OF TERMS AND CONDITIONS

APPENDIX: How to apply the Apache License to your work.

To apply the Apache License to your work, attach the following
boilerplate notice, with the fields enclosed by brackets "[]"
replaced with your own identifying information. (Don't include
the brackets!) The text should be enclosed in the appropriate
comment syntax for the file format. We also recommend that a
file or class name and description of purpose be included on the
same "printed page" as the copyright notice for easier
identification within third-party archives.

Copyright [yyyy] [name of copyright owner]

Licensed under the Apache License, Version 2.0 (the "License");
you may not use this file except in compliance with the License.
You may obtain a copy of the License at

    http://www.apache.org/licenses/LICENSE-2.0

Unless required by applicable law or agreed to in writing, software
distributed under the License is distributed on an "AS IS" BASIS,
WITHOUT WARRANTIES OR CONDITIONS OF ANY KIND, either express or implied.
See the License for the specific language governing permissions and
limitations under the License.

==
[react]
==
この部分はLICENSEファイルから引用。
https://github.com/facebook/react/blob/master/LICENSE
このファイルには著作権表記も兼ねて入っている。

MIT License

Copyright (c) 2013-present, Facebook, Inc.

Permission is hereby granted, free of charge, to any person obtaining a copy
of this software and associated documentation files (the "Software"), to deal
in the Software without restriction, including without limitation the rights
to use, copy, modify, merge, publish, distribute, sublicense, and/or sell
copies of the Software, and to permit persons to whom the Software is
furnished to do so, subject to the following conditions:

The above copyright notice and this permission notice shall be included in all copies or substantial portions of the Software.

THE SOFTWARE IS PROVIDED "AS IS", WITHOUT WARRANTY OF ANY KIND, EXPRESS OR
IMPLIED, INCLUDING BUT NOT LIMITED TO THE WARRANTIES OF MERCHANTABILITY,
FITNESS FOR A PARTICULAR PURPOSE AND NONINFRINGEMENT. IN NO EVENT SHALL
THE AUTHORS OR COPYRIGHT HOLDERS BE LIABLE FOR ANY CLAIM, DAMAGES OR
OTHER LIABILITY, WHETHER IN AN ACTION OF CONTRACT, TORT OR OTHERWISE, ARISING
FROM, OUT OF OR IN CONNECTION WITH THE SOFTWARE OR THE USE OR OTHER
DEALINGS IN THE SOFTWARE.

```
================================================================
[Coffe2]
================================================================
```

\# この部分はNOTICEファイルから引用。
\# https://github.com/caffe2/caffe2/blob/master/NOTICE

Copyright (c) 2016-present, Facebook Inc. All rights reserved.

All contributions by Facebook:
Copyright (c) 2016 Facebook Inc.

All contributions by Google:
Copyright (c) 2015 Google Inc.
All rights reserved.

All contributions by Yangqing Jia:
Copyright (c) 2015 Yangqing Jia
All rights reserved.

All contributions from Caffe:
Copyright(c) 2013, 2014, 2015, the respective contributors
All rights reserved.

All other contributions:
Copyright(c) 2015, 2016 the respective contributors
All rights reserved.

Caffe2 uses a copyright model similar to Caffe: each contributor holds
copyright over their contributions to Caffe2. The project versioning records all
such contribution and copyright details. If a contributor wants to further mark
their specific copyright on a particular contribution, they should indicate
their copyright solely in the commit message of the change when it is committed.

```
==================================================================
Software under third_party
==================================================================
Software libraries under third_party are provided as github submodule
links, and their content is not part of the Caffe2 codebase. Their
licences can be found under the respective software repositories.


==================================================================
Earlier BSD License
==================================================================
Early development of Caffe2 in 2015 and early 2016 is licensed under the
BSD license. The license is attached below:

All contributions by Facebook:
Copyright (c) 2016 Facebook Inc.

All contributions by Google:
Copyright (c) 2015 Google Inc.
All rights reserved.

All contributions by Yangqing Jia:
Copyright (c) 2015 Yangqing Jia
All rights reserved.

All other contributions:
Copyright(c) 2015, 2016 the respective contributors
All rights reserved.

Redistribution and use in source and binary forms, with or without
modification, are permitted provided that the following conditions are met:

1. Redistributions of source code must retain the above copyright notice, this
   list of conditions and the following disclaimer.
2. Redistributions in binary form must reproduce the above copyright notice,
   this list of conditions and the following disclaimer in the documentation
   and/or other materials provided with the distribution.

THIS SOFTWARE IS PROVIDED BY THE COPYRIGHT HOLDERS AND CONTRIBUTORS "AS IS"
AND ANY EXPRESS OR IMPLIED WARRANTIES, INCLUDING, BUT NOT LIMITED TO,
THE IMPLIED WARRANTIES OF MERCHANTABILITY AND FITNESS FOR A PARTICULAR
PURPOSE ARE DISCLAIMED. IN NO EVENT SHALL THE COPYRIGHT OWNER OR
```

CONTRIBUTORS BE LIABLE FOR ANY DIRECT, INDIRECT, INCIDENTAL, SPECIAL,
EXEMPLARY, OR CONSEQUENTIAL DAMAGES (INCLUDING, BUT NOT LIMITED TO,
PROCUREMENT OF SUBSTITUTE GOODS OR SERVICES; LOSS OF USE, DATA, OR PROFITS;
OR BUSINESS INTERRUPTION) HOWEVER CAUSED AND ON ANY THEORY OF LIABILITY,
WHETHER IN CONTRACT, STRICT LIABILITY, OR TORT (INCLUDING NEGLIGENCE OR
OTHERWISE) ARISING IN ANY WAY OUT OF THE USE OF THIS SOFTWARE, EVEN IF
ADVISED OF THE POSSIBILITY OF SUCH DAMAGE.

```
======================================================================
===
Caffe's BSD License
======================================================================
===
```

Some parts of the caffe2 code is derived from the original Caffe code, which is
created by Yangqing Jia and is now a BSD-licensed open-source project. The Caffe
license is as follows:

COPYRIGHT

All contributions by the University of California:
Copyright (c) 2014, The Regents of the University of California (Regents)
All rights reserved.

All other contributions:
Copyright (c) 2014, the respective contributors
All rights reserved.

Caffe uses a shared copyright model: each contributor holds copyright over
their contributions to Caffe. The project versioning records all such
contribution and copyright details. If a contributor wants to further mark
their specific copyright on a particular contribution, they should indicate
their copyright solely in the commit message of the change when it is
committed.

LICENSE

Redistribution and use in source and binary forms, with or without
modification, are permitted provided that the following conditions are met:

1. Redistributions of source code must retain the above copyright notice, this
   list of conditions and the following disclaimer.
2. Redistributions in binary form must reproduce the above copyright notice,

```
this list of conditions and the following disclaimer in the documentation
and/or other materials provided with the distribution.

THIS SOFTWARE IS PROVIDED BY THE COPYRIGHT HOLDERS AND CONTRIBUTORS "AS IS"
AND ANY EXPRESS OR IMPLIED WARRANTIES, INCLUDING, BUT NOT LIMITED TO, THE
IMPLIED WARRANTIES OF MERCHANTABILITY AND FITNESS FOR A PARTICULAR PURPOSE
ARE DISCLAIMED. IN NO EVENT SHALL THE COPYRIGHT OWNER OR CONTRIBUTORS
BE LIABLE FOR ANY DIRECT, INDIRECT, INCIDENTAL, SPECIAL, EXEMPLARY, OR
CONSEQUENTIAL DAMAGES (INCLUDING, BUT NOT LIMITED TO, PROCUREMENT OF
SUBSTITUTE GOODS OR SERVICES; LOSS OF USE, DATA, OR PROFITS; OR BUSINESS
INTERRUPTION) HOWEVER CAUSED AND ON ANY THEORY OF LIABILITY, WHETHER IN
CONTRACT, STRICT LIABILITY, OR TORT (INCLUDING NEGLIGENCE OR OTHERWISE)
ARISING IN ANY WAY OUT OF THE USE OF THIS SOFTWARE, EVEN IF ADVISED OF THE
POSSIBILITY OF SUCH DAMAGE.

CONTRIBUTION AGREEMENT

By contributing to the BVLC/caffe repository through pull-request, comment,
or otherwise, the contributor releases their content to the
license and copyright terms herein.

---
# Coffe2はApacheバージョン2ライセンスで利用許諾されています。
# 本来ならば（https://github.com/caffe2/caffe2/blob/master/LICENSE）から
# ライセンス全体のコピーを取ってこちらに置くべきです。
# しかしこのファイルではApacheライセンス全文はすでに表記済みです。
# 改めてApacheライセンス全文のコピーをこちらに置く必要はないでしょう。
```

ライセンス・著作権表記などの準備

以下の事柄を決めて、必要な確認を実施してください。

1. ライセンス・著作権表記をどのように行うか

2. ソースコード開示をどのように行うか

3. ライセンス・著作権表記以外に表記すべきことがないか確認してください。たとえば、GPL/LGPLではソースコードの入手方法についての案内（Written offer）が必須です。

4. OSSライセンス以外にソフトウェア利用許諾書（契約書）などがある場合、そこに記載された内容が、OSSライセンスの要請に反しないことを確認してください。特にLGPLにおけるリバースエンジニアリングに関する点、GPL/LGPLなどに見られる「他の制約事項の禁止」に反することがないか確認してください。

　ライセンス・著作権表記やソースコード入手方法に関する「書面にての告知」（written offer）の表記は、**「正々堂々と、そこにそれらの表記があることが誰にも明確な場所」にするのが鉄則**です。仮にそのような表記があったかどうかが争点になる訴訟が起きたとしても、裁判官および陪審員すべてが、「そこに表記がある」と認めてくれるよう目指すべきです。あなたが法務の専門家から助言を得られる場合は、その専門家の観点から見ても十分な表記のしかたになっているかどうか助言を得るべきです。

　ライセンス・著作権表記の中身は、用意したライセンスファイルの中身そのものです。以下の方法を用いて、ライセンス・著作権を製品を受け取った人がわかるように表記します。

1. 取扱説明書に明記する。

2. ライセンスについての冊子を用意して製品に同梱する。

3. 製品の簡単な操作で表示可能にする。

4. 製品を使い始めるとき、あるいはソフトウェアをダウンロードなど入手するときに必ず明確に表示する。

　上記1.〜4.の方法はおそらく適切な表記方法と言えるでしょう。

5. 製品に関連するWebサイトに掲載する。

　5.の方法を使うときは、対象とする製品やソフトウェアのユーザーが間違いなく必ずそのWebサイトを見るかどうか慎重に検討してください。間違いなく見ると確信する場合に限って5.の方法も採用できるでしょう。

　GPL/LGPLで求められるソースコード入手方法についての書面にての案内は、

きちんと製品の中で告知することが求められています。これも「**たとえ万が一書面にての案内がきちんとなされていたかどうかが法廷で争われたときでも、裁判官や陪審員の誰からも『きちんと告知されていた』と言わしめる場所に表記する**」べきです。たとえば製品に添付する取扱説明書は、多くの場合どの製品購入者も必ず読むところでしょう。また、製品の簡単な操作で製品の画面上に表記できるようにする、製品の起動時や利用開始時に必ずはっきりと表示する、といった方法が考えられます。

　実際の文言は、たとえば次のようなものになるでしょう。

　　この製品にはライセンスの求めに従い、お客様がソースコードを受け取ることができるソフトウェアが含まれています。ソースコードの入手をご希望の方は、その旨と送付先、さらに送料実費として○○円の定額小為替と共に弊社＜郵送先住所＞までお申し出ください。

なお、言うまでもなくこの文言は実際にどのような方法でソースコードを開示するかによって変わります。また製品が売られる地域の言語で表記するべきでしょう。

ソースコード開示の準備

　ソースコード開示の方法は多種多様です。GPLバージョン2の条文（日本語参考訳）には以下のように書いてあります（太字は引用者）。

- **GPLバージョン2の日本語参考訳**
  http://www.opensource.jp/gpl/gpl.ja.html

　3. あなたは上記第1節および2節の条件に従い、『プログラム』（あるいは第2節における派生物）をオブジェクトコードないし実行形式で複製または頒布することができる。ただし、その場合あなたは以下のうちどれか一つを実施しなければならない：

- a) 著作物に、『プログラム』に対応した完全かつ機械で読み取り可能な
  ソースコードを添付する。ただし、ソースコードは上記第1節および2
  節の条件に従い**ソフトウェアの交換で習慣的に使われる媒体で頒布**しな
  ければならない。あるいは、
- b) 著作物に、いかなる第三者に対しても、『プログラム』に対応した完
  全かつ機械で読み取り可能なソースコードを、頒布に要する物理的コス
  トを上回らない程度の手数料と引き換えに提供する旨述べた少なくとも
  3年間は有効な書面になった申し出を添える。ただし、ソースコードは
  上記第1節および2節の条件に従い**ソフトウェアの交換で習慣的に使わ
  れる媒体で頒布**しなければならない。あるいは、
- c) 対応するソースコード頒布の申し出に際して、あなたが得た情報を一
  緒に引き渡す（この選択肢は、営利を目的としない頒布であって、かつ
  あなたが上記小節bで指定されているような申し出と共にオブジェクト
  コードあるいは実行形式のプログラムしか入手していない場合に限り許
  可される）。

つまり、あなたが普段ソフトウェア（ソースコード）の頒布を受ける時に日常
的に使うであろう方法、「**ソフトウェアの交換で習慣的に使われる媒体**」での提
供が必須です。

ここで注意したいのは、この「媒体」はあなた自身が確実に管理できるもので
あるべきです。仮にあなたがあるOSSを使っていて、それを製品に組み込んだ
とします。そのOSSはソースコード開示の義務が課せられているとしましょう。
あなたは、そのソースコードをGitHubのサイト（https://github.com/ossproject/
embedded）から入手したとします。この場合、

「この製品にはライセンスの規定により、お客様がソースコードの入手がで
きるものが含まれています。ソースコードは

https://github.com/ossproject/embedded

から入手できます。」

としてよいでしょうか。いえ、**この方法は絶対に採用してはいけません。**
このWebサイトの管理者があなたで、この製品に入っている当該OSSに対応

するソースコードがきちんと収められていて、あなた以外が改変することはありえない、といった具合になっているのならば適切かもしれません。そうでないのならば、以下の懸念を払拭することは不可能でしょう。

- あなたが**知らないうちに内容が書き換えられてしまう**かもしれない。
- あなたが**知らないうちにこのWebサイトがなくなってしまう**かもしれない。
- **本来だったら必要な情報、たとえばGPL/LGPLにおけるバイナリーコード生成のための個別情報が欠落**しているかもしれない。

ソースコードを開示するときは、次の2つは絶対に守るべき事柄です。

- **ソフトウェアの交換で習慣的に使われる媒体で行うこと**
- **あなたが管理できる媒体で行い、しっかりと管理を行うこと**

そして、製品出荷やソフトウェアのリリースの時点でソースコードの開示を開始できるようにします。

なお、OSSライセンスによってはソースコード開示以外の情報開示を求めるものもあります。代表的な例は、GPL/LGPL/AGPLのバージョン3におけるバイナリーコードの頒布に関するもので、改変したバイナリーコードの再インストール方法の開示を求めるケースがあります。詳細については第7章「GPL/LGPLバージョン3とAGPLバージョン3」を参照してください。

製品出荷後の対応

製品出荷後あるいはソフトウェアリリース後でもユーザー対応が残っています。大きく次の3つが代表的です。

- OSSの適切利用に関する第三者からの問い合わせ
- 脆弱性対応など市場品質確保の努力
- ソースコード開示を終えるタイミング

それぞれについて、以下検討を進めましょう。

OSSの適切利用に関する第三者からの問い合わせ

最初に、第2章で検討した頒布の例を思い出してください。

知らぬ間にOSSを製品に入れていた

問5 あなたはソフトウェアが含まれる製品を出荷し、順調に売り上げを伸ばしていました。あるときまったく見知らぬ人から連絡を受け、あなたの製品の中にOSSが入っているのではないかという問い合わせを受けました。改めてよく調べてみると、その製品の中にOSSが含まれていることがわかりました。あなたはOSSを頒布したことになるのでしょうか。なお、問い合わせをしてきた人は実はそのOSSの著作権者でした。

この問いの答えは、OSSを頒布したとみなされるというもので間違いないでしょう。これはもしあなたがOSSを製品に仮に本当に入れていなくてもこの問い合わせを受ける可能性はあります。

特に第三者からの指摘が「不適切なOSSの利用の指摘」である可能性が否定できない場合は高度な配慮が必要です。指摘してきた側が訴訟の準備をしている可能性がある場合はなおさらです。この場合はソフトウェア開発者が単独で対応するのはあまりにも危険です。まず、すぐに法務の専門家（法務部スタッフや弁護士）と連絡を取り、適切な助言を得るようにしてください。

あわせて、その製品やソフトウェア開発にあたった人、およびアフターケアを担当する技術者はこの事象を技術的に見て、その問い合わせの妥当性を速やかに評価してください。その際に役に立つのは構成管理記録です。もし万が一、不適切な面が見つかった場合は対応の準備をすみやかに始めてください。不適切な問題が不幸にも見つかった場合は、その対策に着手する前に法務の専門家に事実と事実関係を共有し助言を得るようにしてください。

もし指摘が何らかの誤解に基づいている場合は、その旨の説明をして納得し

ていただくことになります。この場合も、実際に説明するのに先立って法務の専門家に事実と事実関係を共有し助言を得るようにしてください。

ここでは特に公明正大に適切に「お天道様に顔向けできないようなことは断じてしていない」かどうかが試されます。過去に実際に起きた訴訟案件では、最初に指摘が来てからの対応（初動対応）が遅れて問題が先鋭化した事例があるようです。ソフトウェア開発者としては、対策を取るまでの余裕は1か月もないと考えるのが適切です。

ところで、この場面であなたの手元にきちんと管理されメンテナンスされた構成管理記録がなかったらどうなるでしょうか。これは容易に想像できるように、大変な事態に陥ります。タイムリミットは約1か月。場合によってはもっと短いかもしれません。

その間にそのソフトウェアの開発に携わった人を探します。探したけれどすでに退職して他社で勤務しているなどということもあり得ます。とにかく何とかしてソースコードを探す。でもそのソースコードが探しているものだという保証はありません。バイナリーコードを逆アセンブルするという手段もあります。しかし、それがおそらくほとんど役立たないことはソフトウェア開発者の方にはすぐわかるでしょう。結局、たとえばGPLで利用許諾されたOSSが使われている形跡が見つかったとしても、実際に適切な対応ができるかどうか。あきらめざるを得ない状況に陥る最悪のケースすら見えてきます。

構成管理記録の重要性は、強調しすぎても強調しすぎということはありません。

脆弱性対応など市場品質確保の努力

製品を出荷したあとで、製品に利用しているOSSについて脆弱性の問題などが露見する場合があります。

この場合もまず構成管理記録をひもとき、その問題が本当に該当するのか否かを確認してください。もし該当するのならば、対応の方策を検討して必要なことを実施してください。その際、品質管理の専門家の協力など、専門スタッフの支援が得られる場合は積極的に得るようにしましょう。

ソースコード開示を終えるタイミング

　製品もいずれは市場における役割をまっとうし、最後の時を迎えます。最終生産が行われ、出荷されたときに注意しなくてはいけないことがあります。

　もし、その製品にGPL/LGPLで利用許諾されたOSSが含まれていて、そのソースコードをバイナリーコードと共に頒布していない（たとえば製品に入れて頒布していない）場合は、バイナリーコードを頒布してから3年間はソースコード開示する義務があります。これに当てはまる場合は、製品の最終出荷が済んだとしても即座にソースコード開示を終了するようなことがないように気をつけてください。

演習問題

1 ある製品にGPLで利用許諾されたOSSが組み込まれていました。そのソースコード開示も行われており、製品を購入すると、あなたの会社に連絡すればソースコードの開示が受けられるようになっていました。今回その製品の後継機種が開発され、来月新機種の出荷が始まります。それに合わせて従来機種の製造が終了しました。そのため、来月その従来機種にまつわるソースコードの開示も終了します。この対応に問題ないか検討してください。

2 現在多くの一般消費者向け製品にGPL/LGPLで利用許諾されたOSSが使われています。たとえば、Android仕様のスマートフォンやタブレット、テレビなどは必ずLinuxが使われています。LinuxはGPLバージョン2で利用許諾されています。実際にそのようなOSSを組み込んだ製品を探して、以下の点について、確認および検討してください。

　❶ そのOSSのソースコード入手方法がどこに記されているか確認してください。

　❷ その製品に伴うそのOSSのソースコードがどのような形で入手できるかを調べてください。

第12章　製品出荷・ソフトウェアリリース時の実務　211

❸ もし不適切に思われることを見つけた場合で、あなたが相談できる法務あるいは知的財産権のスタッフがいるときは、それが本当に不適切なのか、どうすれば改善できるかを、協力して検討してください。

13 OSSと社内体制

本章では、OSSの利用推進を行う社内体制作りについて解説します。体制の種類としては「伽藍型」と「バザール型」の2つが考えられます。多くの企業ではバザール型が現実的でしょう。「社内OSSバザール」を構築するための諸注意についても解説し、どういう志を持って組織を変革するかについても触れています。

OSSの利用を推進するための組織作り

企業内でOSSを適切に扱うには、OSSの利用を推進する組織の存在が欠かせません。昨今では、機器製造販売企業などで、不適切なOSSの利用によるイメージダウンや訴訟などの損害の深刻化も懸念されます。以下では、企業内でのOSSを適切に利用するための組織作りについて考えてみます。

企業などの組織でOSSを使うための社内体制は、大きく5つのレベルに分かれます（図13.1）。OSSの利用は一切禁止されているレベル（レベル0）から始まって、少しずつOSS利用の萌芽が見られてくるレベル（レベル1）、さらにそれぞれの企業で使われる主なOSSには対応できるレベル（レベル2）、たいていのOSSの利用やある程度の突発事項（社外からOSSの不適切利用の問い合わせを受けるなど）の対応もできるようになるレベル（レベル3）といった具合に発展していきます。

さらに最終段階のレベル4では、ただ単にOSSを使うだけではなくバグ修正や単純な機能追加ならば対応可能、場合によっては自社の独自技術ですらOSSと

第13章 OSSと社内体制 **213**

して社外に出すところまで展開する場合もあります。

　この章では、まず最初にレベル0および1の状態にいる人に焦点を当てます。レベル0および1の状態では、誰からもOSSの適切な利用について助けてもらえていないソフトウェア開発者や、ODM製品調達などを通してOSSと深く関わり合うことになった人たちがたくさんいます。まずはこのような人たちに向けて何をすべきか考えていきましょう。

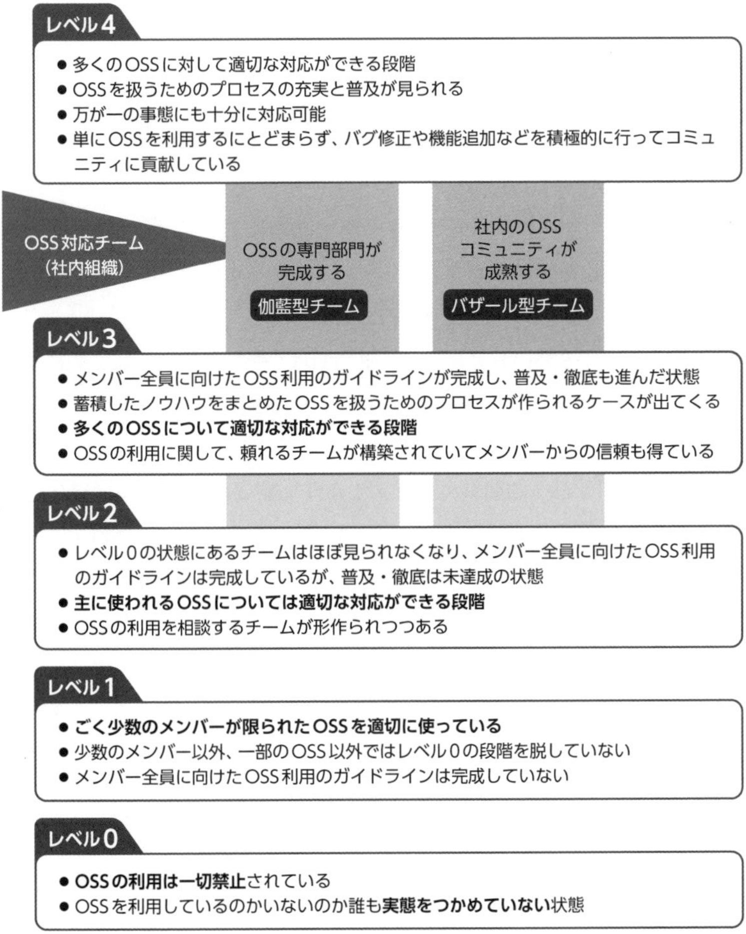

レベル4
- 多くのOSSに対して適切な対応ができる段階
- OSSを扱うためのプロセスの充実と普及が見られる
- 万が一の事態にも十分に対応可能
- 単にOSSを利用するにとどまらず、バグ修正や機能追加などを積極的に行ってコミュニティに貢献している

OSS対応チーム
（社内組織）

OSSの専門部門が
完成する
伽藍型チーム

社内のOSS
コミュニティが
成熟する
バザール型チーム

レベル3
- メンバー全員に向けたOSS利用のガイドラインが完成し、普及・徹底も進んだ状態
- 蓄積したノウハウをまとめたOSSを扱うためのプロセスが作られるケースが出てくる
- **多くのOSSについて適切な対応ができる段階**
- OSSの利用に関して、頼れるチームが構築されていてメンバーからの信頼も得ている

レベル2
- レベル0の状態にあるチームはほぼ見られなくなり、メンバー全員に向けたOSS利用のガイドラインは完成しているが、普及・徹底は未達成の状態
- **主に使われるOSSについては適切な対応ができる段階**
- OSSの利用を相談するチームが形作られつつある

レベル1
- **ごく少数のメンバーが限られたOSSを適切に使っている**
- 少数のメンバー以外、一部のOSS以外ではレベル0の段階を脱していない
- メンバー全員に向けたOSS利用のガイドラインは完成していない

レベル0
- **OSSの利用は一切禁止されている**
- OSSを利用しているのかいないのか誰も**実態をつかめていない**状態

図13.1 OSSに対応する組織の成熟度

誰からも助けてもらえない段階から脱して、次に目指すべき社内体制のあり方としては2つの方向性があります。ひとつは伽藍型の体制、もうひとつはバザール型の体制です。

OSSについて有名な論文があります。エリック・レイモンドによる「伽藍とバザール」です。この論文はOSSのコミュニティのありかたを、伽藍型とバザール型にたとえて浮き彫りにしたものです。

- 伽藍とバザール（The Cathedral and the Bazaar）、エリック・レイモンド著、山形浩生訳
  https://cruel.org/freeware/cathedral.html

この中でエリック・レイモンドは、伽藍型のソフトウェア開発スタイルを、次のようなものだと指摘しています。

ソフトウェア開発のリーダーがいて、その下に階層構造を持つソフトウェア開発組織があり整然とした組織ができあがっている。すべてのソフトウェア開発は綿密にデザインされた組織の中で粛々と行われる。

おそらく多くの非OSS型のソフトウェア開発ではこのような伽藍型組織によって開発が進んでいるでしょう。OSSコミュニティでも伽藍型のソフトウェア開発を採用していることがあります。

対してバザール型では、伽藍型で見られるような整った組織体系は見られません。あたかも中東の都市で見られるバザール（露店市場）のような場所でソフトウェアが開発されます。ソフトウェア開発のバザールでも多くの人々が出入りし一見乱雑とも思えるかたちでさまざまな人々が出店しています。さまざまな人たちが多様な商品（新しい実装やアイデア）を持ち込んできます。そのバザールには複数の民族が入り乱れています。実際にはインターネットのような仮想空間の中で"ソフトウェア開発バザール"が展開されていたとしても、その姿は中東のバザールそのものだとエリック・レイモンドは指摘しています。はた目にはカオスに見えるバザールでもそこには市場の掟のようなものはあるでしょう。レイモンドはたとえばLinuxコミュニティのスタイルはまさにバザール型だと主張しています。

「伽藍とバザール」は企業内にどのようなOSS対応体制を作るとよいのかを考

えるときに優れた示唆を与えてくれます。後ほど伽藍型の社内体制と、バザール型の社内体制を検討してみますが、その前に救うべき人たちがいます。社内でOSS推進のための組織を作るなどという段階以前の状況に置かれたエンジニアです。表に現れてこないだけで、その数は相当数に及ぶと思います。まわりに助けてくれる人のいない孤独なエンジニアをどのように救済するか。まず、孤独なエンジニア対策から考えてみます。

誰も助けてくれない、孤独なエンジニア

レベル0〜1の状況下に置かれているエンジニアは、具体的にどのような状況なのでしょうか。典型的な症状は次のようになるでしょう。

- OSSの適切利用を促進する組織なんてない。
- それどころか誰も助けてくれない。OSSなんて使ってはならないと言われてしまっている。
- 法務部門も知財部門もない。仮にあったとしてもOSSの利用に伴うリスクを並べ立てるだけでまったく前向きな対応をしてもらえない。
- そもそも企業規模が小さく、周囲にそんな専門家など見当たらない。もし、そのような必要があるのだとしたら、弁護士事務所や特許事務所に行かなくてはならない。相談の費用も高額になってしまう。

「孤独なエンジニア」の情景を思い描けたでしょうか。あいにく「孤独なエンジニア」を救うための即効性のある提案は難しそうです。ですが、あきらめるのは挑戦してからでも遅くありません。

真っ先に取り組むべきことは、OSSについての誤解を解くことです。第1章で取り上げたOSSにまつわる「第1の大きな誤解」を思い出してください。

第1の大きな誤解

OSSはただ単に使っただけでも企業秘密が守れなくなったり、第三者から訴訟を受けるなどさまざまな不都合な事態を招いてしまう。

すでに述べたように、いまやOSSを使わないソフトウェア開発は非現実的と言えます。「第1の大きな誤解」はさまざまな不都合をソフトウェア開発現場にもたらします。まず、ソフトウェア開発の非効率化をもたらし、最終的には製品の品質を悪化させ、製品競争力の低下を招きます。それどころか、OSSを徹底的に活用してブレークスルーを果たした破壊的イノベーターの脅威にさらされます。

「第1の大きな誤解」の罠から解放されるための処方箋は、「相手に先駆けてOSSを適切に使いこなす」ことです。必要なことは、忍耐強く周囲の人たちへ啓蒙し、OSSの良き理解者を増やすことです。

社会心理学では「限界質量」という考え方があります[1]。それを端的に示すことばがあります。「赤信号みんなで渡れば怖くない」です。横断歩道で歩行者が車はまったく来ないのに何十人も信号待ちをしているとします。かなり待たされています。やがて1人が渡り出して、2人になり、それが4人になり、8人が渡り始める頃にはみんなが渡り出した。この8人のポイントこそが「限界質量」です。

そのタイミングを迎えるまでは、やはりあなた自身がかなり努力をしなくてはなりません。あるとき、ふと気づくと隣に座っているあなたのチームメンバーが何かしてくれるようになる。次には隣のチームからも。だんだんといろいろな人が関わってくれるようになってくる。そうなればあなたの会社の限界質量点が見えてくるはずです。あなたが心がけるべきことは、新たに加わってくれた人に極力親切になることです。そのような人の悩みを一緒に解決してあげることです。新たな提案が出されたら、真摯に検討し、あなたにできることがあればできる限り一緒に進めていきましょう。

やがて、ソフトウェア開発に直接関係しない人も一緒に事を進めてくれるようになると、いよいよあなたの始めた動きは奔流になります。シニアマネジャー、法務や知的財産権の専門家、そのような人も一緒に歩みを進めてくれるようになると、一気にあなたの周囲の様子が変わってくるはずです。

一方で、「誰も助けてくれない」状況はもうひとつの大きな落とし穴にとらわれる危険もはらんでいることを忘れないようにしましょう。第1章で取り上げたOSS

---

[1] 詳細については、山岸俊男教授の著作『心でっかちな日本人――集団主義文化という幻想』（ちくま文庫）、『社会的ジレンマのしくみ――「自分1人ぐらいの心理」の招くもの』（サイエンス社）を参照してください。

にまつわる「第2の大きな誤解」を思い出してください。

第2の大きな誤解

オープンソースソフトウェアは無料で、しかも無条件で使える便利なソフトウェアだ。

この誤解がいかに危険かということも第1章で説明しました。要点は次のようになります。

- コミュニティとの信頼関係構築に失敗し、不評を買う（レピュテーションリスク）。企業としての品格も損なう。
- 著作権法上、思わしくない状態を発生させてしまい、最悪の場合、法的手段に訴えられてしまう。その結果、ソフトウェア開発に大きな支障を与えてしまう。

この「第2の大きな誤解」がもたらす災厄も何が何でも回避すべきです。まずは、ソフトウェア開発の当事者であるあなた自身がOSSは無料で、無条件で使えると思っていませんか。そのような認識はただちに改めるべきです。OSSはたしかに無料で頒布されます。しかしそれは無条件で使えるということではありません。条件はいかなる場合でもしっかりと理解するべきです。

利用にあたっての条件はライセンスに記載されています。周囲に法務の専門家がいる場合はライセンスを読み解く協力を仰ぐとよいでしょう。しかし、そのような方がいないのだとしたら、OSSライセンスをあなた自身が精読しなければなりません。あわせて、OSSの開発にあたっているコミュニティの人たちの言動などから、利用のための条件がいかなるものなのかの理解をしなくてはなりません。特に後者、つまりコミュニティとの直接の接触や対話はソフトウェア技術に長けたあなたが最適任です。

あなたの上司や、あなた自身も携わる製品開発などの事業にあたる人にOSSの魅力を語るときにお勧めできないアプローチがあります。それは、「OSSは無料です。だからコストダウンに役立ちます」というものです。コストダウンという言葉が事業当事者に与える影響は絶大なものがあるでしょう。しかし、これはま

さに悪魔のささやきです。OSSは利用にあたっての責任は利用する人が取るのが大原則です。責任を遂行するためのコストは実際にはかなりかさむ可能性もあります。責任の遂行には「ソフトウェア品質」や「脆弱性対応」といった顧客に直接関係する事態にも深く関連してきます。しかしながら仮に責任の遂行にあたるコストがかかるとしても、コストをはるかに上回る意義と魅力がOSSにはあるはずです。あなたにとってのOSSの魅力とは何かはしっかりと認識しチームメンバーと共有する必要があります。

　いずれにしても、会社の中で、研究所の中で、大学の中で、いろいろなチームの中で、ソフトウェア開発を発注してきた発注主との関係の中で、さまざまな関係の中でOSSの利用に適切な理解が得られずに苦しんでいるのならば、理解を得るための地道な努力を重ねるしかありません。たとえそのような状況にあったとしても、あなたの上司やソフトウェア開発の発注主に対してOSSを利用することを隠すことは絶対にしてはなりません。OSSを隠れてこっそり使うことが引き起こすリスクは甚大なものになります。

　あなたがたとえ所属している組織の中ではOSSに目覚めた孤独なソフトウェア開発者だったとしても、一歩組織の外に出ると別の世界が開けるかもしれません。特に世界規模な活動をするOSSコミュニティやそのような場に直結する地域コミュニティではその可能性は一層たかまります。そのような人々が出入りする場所には直接足を運ぶことは大切です。なかにはあなたと同じような体験を話してくれる人もいるかもしれません。そのときにどのような対応をしたのか。それはあなたにとってかけがえのない話になるかもしれません。「限界質量点」を超えようとしている人があなただけではないことがわかれば新たな協力関係が結べるかもしれません。

　もし、あなたが中小規模の企業や研究機関などに所属しているときは、社内で体制を作ること自体が難しいかもしれません。そのような場合は、自分が住んでいる地域で企業の壁を越えたOSS勉強会から始めるといいかもしれません。

　「OSSの適切利用促進を主導する組織なんてない。それどころか誰も助けてくれない」。そのようなあなたでも、いずれは社内体制作りの機運に恵まれるタイミングがやってくるでしょう。レベル1から脱却し、レベル2へ、そしてレベル3へとの歩みを進め始めるタイミングです。その際に、いきなり伽藍のような専門組

織の構築を目指すのは実現性に乏しくお勧めできません。OSSについて分散して対応する体制を作り上げることを目指すことをお勧めします。

中央集権型（伽藍型）体制で対応する

企業によってはOSSを扱う大きな組織を作り、組織力ですべての対応をするケースもあります。トップにはOSSについて熟知している人が座り、組織の要所には優秀で多彩な人材が配置されている。この場合は、OSSにまつわる多くのことを専門セクションに任せられます。コミュニティに対する貢献も専門家がきちんとこなせるでしょう。理想的な環境かもしれません。ただ、このような組織を作るのは大変です。少し考えるだけでも次のような条件が整わなければなりません。

- 組織を作るための社内コンセンサスを得なくてはならない。OSSの領域は、直接は製品価値に貢献するわけではないため、コンセンサスづくりで挫折する可能性がある。
- 予算確保が必要。これもコンセンサスづくりと同様に難航が予想される。
- 人材確保が必要。OSSに精通する人材を技術分野、知的財産権を含む法務の分野だけでなく、コミュニティ渉外担当まで確保しなければならない。
- 活用するOSSの領域が拡大すると、それに合わせて組織を拡充しなくてはならない。

これらどれをとっても、大きな伽藍のようなOSSを適切に利用促進するような組織を作るにはさまざまな幸運に恵まれる必要がありそうです。特に人材確保は大変な困難を伴うであろうことは想像に難くありません。結局、そのような組織から恩恵を受けられるソフトウェア開発者はほんの一握りの幸運な人にとどまりそうです。

もちろん、上記のような条件が満たせる場合は、企業内に伽藍のようなしっかりしたOSS適切利用を促進する組織を作ってもよいでしょう。このような恵まれた環境にいるのならば、次のようなワークスタイルの確立も可能です。

- OSSを使うときは、その伽藍型組織から認可を得れば認可の条件の中で使える。
- そのOSSの利用に何が必要なのかもすべて伽藍型組織からの指示に従えばよい。
- OSS利用の記録も伽藍型組織が対応してくれる。
- OSSに脆弱性の問題などが見つかった場合も自動的に告知が来て、指示も出される。
- コミュニティとの連携も伽藍型組織が対応してくれる。

　実際に使うOSSの数が限られるような業界ではこの方式が現実的な場合もあるでしょう。しかし、将来的にOSSの利用範囲が拡がっていくと、ある段階で限界を迎える可能性もあります。伽藍型組織についての検討はこの程度で終えます。

バザール型の体制で対応する

　多くのソフトウェア開発者が直面するパターンは「バザール型」ではないでしょうか。バザール型の特徴は、まずOSS全体を統括する専門部門が見当たらない、あるいは貧弱であることです。このため、伽藍型とはまったく違う風景が見えてきます。社内から有志が集まり、正規業務のかたわらOSS関連の対応を行う。さまざまな人が集まり、互いに協力しあいながら対応を進めていく。このスタイルには伽藍型とは異なる利点があります。

- 大規模な社内コンセンサスを得る必要はない。一部のシニアマネジメントの支援があればなんとか社内バザールはできる。
- 低予算で運営できる。
- 専門家の確保が十分にできなくても構成可能。

　バザール型の対応では、企業組織の中にOSSに対応するコミュニティを作ることから始まります。
　バザール型には多くの弱点があります。とはいえ、特にソフトウェア技術の歴

史が浅く、管理層にソフトウェア技術を理解するメンバーが揃うわけではない IoT系システムや組み込みシステム関連企業では、この方式を採用せざるを得ないことも多いでしょう。この方式で進めていくには、以下の課題を解決する必要があります。

- **課題1**：多彩な人々の協力関係をいかに作るか。
- **課題2**：開発者でもソフトウェア技術以外のスキルを一定レベルで身につけるつける必要がある。教育、研修の問題も発生する。
- **課題3**：法務・知的財産権などの専門スタッフをいかにして確保するか。特に企業規模が小さい場合この問題は深刻になる可能性がある。
- **課題4**：コミュニティとの連携を如何に実現するか。本業の片手間で、それができるか。
- **課題5**：OSSの不適切利用の疑いをかけられるなどの異常事態に適切に対応しきれるか。

このような課題を解決しなくてはなりません。この課題を乗り越えた先に何が見えてくるでしょうか。この方式には隠れた利点もたくさんあります。

- **隠れた利点1**：OSSの利用分野が拡大しても臨機応変に対応できるようになる。
- **隠れた利点2**：人材レベルの向上、特に底上げ型の向上が図れる。多様性を伴いながら人材レベルが向上すると、イノベーションに向けた新しいチャレンジも可能になる。
- **隠れた利点3**：協調するスキルを身につけた人材が育ち、企業内に展開する可能性が生まれる。これは企業内における働き方の改革にもつながる。

伽藍型をうらやましく思う気持ちはわかります。そのような体制が作り上げられるのならばそれに挑戦すべきでしょう。その挑戦をする機会に恵まれる人はかなり少ないように思います。

一方、多くの組み込みソフトウェア開発者が置かれたバザール型の対応も、決してネガティブなことばかりではありません。

社内バザールへの参加者

　OSSに取り組むバザール型社内コミュニティ（以降、「社内バザール」と呼びます）にはどのような人に参加してもらうのがよいでしょうか。まず、ソフトウェア開発者自身が含まれるのは言うまでもありません。OSSを使う前提の人はもちろんのこと、使わない前提の人にも関心を持ってもらう必要があります。

　法務・知的財産権の専門家も頼りになる存在になるでしょう。OSS以外のソフトウェアと同様、OSSでも法的な問題、特許などの知的財産権に関わる問題も生じます。

　さらに品質管理の専門家も必要です。OSSの品質や脆弱性問題に関係する最新情報を提供してもらえれば心強いでしょう。何より品質を維持するためのプロセス作りにも長けているはずです。そのプロセスにOSSの対応に関するプロセスを追加してもらうといった展開も期待できます。

　いまやソフトウェアが社内のみで開発されるのは限定的だということに着目すれば、社外からソフトウェアを含むあらゆるものを調達する担当者もバザールの一員として迎えるべきです。すでに述べた「サプライチェーン問題」（第11章）の最前線に立つのは社外調達担当者です。半導体などデバイスを調達する際にソフトウェアがSDKとして一緒に付属してきます。SDKもサプライチェーン問題を引き起こす恐れがあります。社外調達担当者が持つ責任は軽いものではありません。

　社内バザールを立ち上げて活性化するには、やはりリーダーシップが取れる人が必要です。リーダーは必ずしもソフトウェア開発者でなくてもかまいません。もちろん、ソフトウェアや法務関係の実務の知識も必要ですが、それは大きな問題ではありません。

　そして、草の根活動を支援してくれる理解のあるマネジャー、エグゼクティブ（上級管理層）の存在も期待したいです。バザール型でOSSの対応を進める場合は、たしかに通常の社内組織を立ち上げるのに比べれば簡単な手続きで済むかもしれません。予算的な配慮もさほど必要ないかもしれません。しかし、このチームは企業内でのOSSの活用のためのノウハウ蓄積し、ソフトウェア開発の効率化を進め、新たなイノベーションにつながるかもしれません。

社内バザールにおける
リーダーシップとフォロワーシップ

　社内バザールの成功を妨げる大きな要因としてリーダーの問題があります。と言っても、ここで指摘するのはリーダーとなる人の資質についてではありません。ともすると私たちは、リーダーシップをとろうとする人に丸投げして、何から何まで任せようとします。成功するかどうかは高みの見物としゃれ込む。周囲にこのような態度を取られては、よほどの力量を持ったリーダーでも奇跡的に出現しない限り成功はあり得ません。そもそもそのような企業風土の中からあえてリーダーシップを取ろうとする人など出てくるでしょうか。

　もちろん、リーダーシップは大切です。しかしここで見落としがちなこととして「フォロワーシップの大切さ」を指摘したいと思います。フォロワーシップとは、リーダーにすべて任せるのではなく、少しだけでもできることがあれば手を差し伸べるなどの働きのことを指します。忙しい通常業務の中でほんの少しでもできることを見つけて実行することがリーダーを助けることにつながります。

　社内バザールには多様な人々が参加すればするほど有意義なものになります。それぞれの人の専門性が活きるテーマでリーダーシップをとってもらうのが理想的です。では、社内バザールに関わる人にはどのような姿勢をとることが期待されるのでしょうか。以下では、ソフトウェア開発者や法務・知的財産権のスタッフなど役割ごとに焦点を当てて見ていきましょう。

社内バザールでソフトウェア開発者に
求められている行動

　社内バザールでソフトウェア開発者に求められている行動について見ていきましょう。大きく次の5つが考えられます。

1. 誰かがやってくれるのをひたすら待つ姿勢は取らない
2. 法務・知的財産権のスタッフの業務とオーバーラップする
3. OSS開発コミュニティを意識する

4. 他のソフトウェア開発者を助ける

5. 助けられた人は「自己責任」を意識する

以下、それぞれについて検討してみましょう。

1. 誰かがやってくれるのをひたすら待つ姿勢は取らない

特にソフトウェア開発者は、「誰かがやってくれるのをひたすら待つ」姿勢は今すぐに捨てましょう。あなたがOSSの適切な利用について孤独な努力を続けていた人ならば、孤独だった時代のことを忘れてはなりません。できることはできる範囲で自らやる姿勢こそがOSSへの取り組み方の基本です。「だれがしがやってくれないからできない」「どうしてやってくれないんだ」と「くれない」ことばかり嘆いていても事態は決して好転しません。

その一方で、あなたが誰か他の人のためにできることがあるのならば、できる範囲でかまわないので手を差し伸べるべきです。それをためらってはいけません。そうやっていくうちに、だんだんとあなたのまわりから「くれない族」が消えていく可能性が出てきます。

2. 法務・知的財産権のスタッフの業務とオーバーラップする

技術畑の人たちによく見られるのが、契約やライセンスについての知識や経験が乏しいことです。エンジニアがそのような方面の専門家ではないことは言うまでもありません。ありがちな話としては、OSSライセンスの対応を法務や知的財産権の専門スタッフに丸投げしようとすることがあります。すでに述べたとおり、多くの場合OSSライセンスはオーダーメイドされたものではありません。ただ単にライセンスを読むだけではライセンサーの意図がくみ取りきれないことがあります。

あるOSSを使おうとした。ライセンスが付いている。法務および知的財産権のスタッフにリスクの検討をしてもらった。その結果、膨大なリスクが指摘されてしまった。その報告を見て、そのOSSは使わないことにせざるを得なくなってし

まった。ソフトウェア開発プロジェクトでOSSが使えないことが開発現場に塗炭の苦しみをもたらした。

　このような経験はありませんか。ここで提案したいのは単純に法務・知的財産権のスタッフに丸投げをするのではなく、一緒に考える姿勢を持つことです。彼らが提起してくれたリスクに対して解決策を与えるのがソフトウェア開発者の役割です。法務・知的財産権のスタッフにとっても、OSSは新しいチャレンジになるでしょう。そのような人に対して「法務スタッフが何もやってくれない」などと嘆く「くれない族」にくれぐれもあなたはなってはいけません。

　次の事例を見てください。ここにはあなたが参考にすべきベストプラクティスが記されています。

事例　GPLで利用許諾を受けていて大丈夫？

　法務スタッフから「このOSSはGPLで利用許諾されています。このため、一緒に出荷される当社の開発したソフトウェアもソースコードをすべて開示しなければならなくなります。秘密が守れなくなります」と、リスクの指摘を受けたとします。あなたの対応はどうなるでしょう。ライセンスの内容がわかっている人ならば、次のように答えられるかもしれません。

　「社内で開発したソフトウェアのソースコード開示は確かにしたくありません。ですが、技術的に見て、これはフリーソフトウェアファウンデーションのFAQに見られる『パイプライン処理』で、当該OSSと社内で開発したプログラムが連携しています。つまり、2つの別のプログラムに該当します。ですから、社内で開発したプログラムはGPLとはまったく別のライセンスで利用許諾できますし、ソースコード開示などは求められないはずです」

　多くの場合、法務・知的財産権のスタッフはソフトウェア技術に対する知見は表面的なものに留まっている場合がほとんどです。それに対して、ソフトウェア開発者が協力して最適解を導き出すのです。

3. OSS開発コミュニティを意識する

あなたが日常業務に忙殺されているのはわかります。業務の中でOSSのバグを修正した。でも、その修正パッチをコミュニティに送るところまで手が回らない、それが現実でしょう。ですが、時間ができたときでかまいません。そのパッチを開発者コミュニティに送ってください。開発者コミュニティの存在を忘れないでください。可能ならば開発者コミュニティの人と信頼関係を築いてください。それはあなた自身の価値になります。チームとしても価値になるはずです。

4. 他のソフトウェア開発者を助ける

周囲を見回してあなたが少しでも助けることができそうな人がいたら、できる範囲でかまいません。助けてあげてください。

「あのOSSを使うのですね。そこのビルドができないのですか。今、立て込んでいて細かな説明はできないのですが、このブログサイトをちょっと見ていただけませんか。実は以前わたしが体験したことを書いてあります」

こんな反応がすぐにできるようになると良い空気が流れ始めます。

「あのOSSでバグがありました？ それって見落としがちな重要なケースですね。私、あのOSSだとコミュニティのキーパーソンと懇意にさせてもらっています。ちょっと紹介のメールを書きますよ」

こんな手助けのしかたもあるでしょう。「あっ、そのOSSは脆弱性の山だからダメだよ。少なくともバージョン何々以降にしたほうがよいよ」など、さまざまなパターンが考えられます。

5. 助けられた人は「自己責任」を意識する

助けられたひとは「自己責任」を意識しましょう。仮に「指摘してくれて対応したのだけど全然ダメだった。それは指摘してくれた人の責任だ」などという姿勢が助けられた人から出てくると思わしくありません。このような対応をされると、**他の人を助けることが助けた人のリスク**になってしまいます。多くのOSSライセ

ンスが「利用者の責任」を念押ししていることを思い出してください。これが源泉となりOSSの開発者（著作権者）が大胆な行動を取って積極果敢にイノベーションにチャレンジできることはすでに説明しました。同じようなことがここでも言えます。

もうひとつ、「助けてもらえてよかった」と思ったら、助けてくれた人に対して公然と謝意を伝えましょう。メーリングリストでもかまいません。社内のSNSサイトのようなものがあればそちらに記すのもよいでしょう。謝意にあわせて、どのような問題にいかに対処したかというサマリーも記しておくとやがて積み上げられてがチームの財産になります。これも強くお勧めします。

社内バザールで法務・知的財産権の専門家に求められている取り組み

次に、社内バザールで法務・知的財産権の専門家に求められている取り組みについて見ていきましょう。中小企業など社内に法務・知的財産権の担当者がいない場合は社外の弁護士、弁理士や司法書士などの法律の専門家に協力を求めることとなるでしょう。ここで述べる事柄は相談を受けた法律の専門家にも共通することです。大きく次の3つが考えられます。

1. OSSについての相談に答える
2. 自らに限界があることを心得る
3. 法務・知的財産権のスタッフの視点からの知の共有

法務・知的財産権の専門家は社内バザールの中で重要な役割を担います。前提事項になりますが、法律的な係争に巻き込まれないことを第一に目指すべきことであるのは言うまでもありません。

ソフトウェア開発者などが法律的に見てもまたは特許面から見ても適切な行動ができるように日頃から手を差し伸べてあげてください。日常の行動の積み重ねは、万が一の事態になった場合の迅速で適切な対応を取るための準備となり

ます。

1. OSSについての相談に答える

　法務や知的財産権の専門家がOSSの利用に伴ってライセンスのリスク評価を頼まれる機会が今後ますます増えるでしょう。リスク評価の依頼を受けた場合、手加減をする必要はまったくありません。懸念事項は徹底的に掘り下げて依頼者に伝えてください。おそらく依頼者はリスク回避策を提示してくるはずですから真摯に聞いてあげてください。そして、対策が現実的なのかどうか、親身に検討して伝えてあげてください。

　ただし、このような問い合わせを持ちかけてくるソフトウェア開発者などは法務スタッフや知財スタッフとのやりとりに慣れていない場合が多いと思われます。結果として「法務部にこんなにリスクを列挙された。ということは、法務部からこのOSSは使ってはいけないと言われたのだと思う」とか「知財担当者から第三者の特許侵害があるかもしれないと（具体的な侵害の事実が示されていないにもかかわらず）言われた。ということは、これはこのOSSは使ってはいけないと言われたのだと思う」と取られてしまう可能性もあります。もし「使ってはいけない」というのが本意ではない場合は、その旨の説明や、背景の説明、また、問い合わせをしてきた人に対するお願いなどを丁寧に説明してください。

　無論のこと、たとえばそのOSSの利用が何らかの法令違反になる公算が高い、明らかな他社特許侵害になる、または自社特許の権利行使に支障が発生する恐れがある場合は、そのOSSを利用しないよう言うべきです。

2. 自らに限界があることを心得る

　OSSライセンスは法務・知的財産権のスタッフが経験不足な分野であることを認識してください。OSSライセンスがオーダーメイドではない場合が多くあり、ただ単にそれを読むだけではライセンサーの意図、要請が読み切れない場合があるということです。その場合でも、ソフトウェア開発者であればライセンスの文言からは読み取りがたいこともすぐに察知できるでしょう。ソフトウェア開発者は

ライセンサーであるOSSコミュニティに近い場所にいます。ただ単にソフトウェア開発者からコミュニティの雰囲気を伝え聞くだけではなく、コミュニティイベントに参加するなどを通して、自分自身でコミュニティの文化がどのようなものか感じ取る行動をするのも推奨できます。

　ライセンスに書かれている内容を理解するためにソフトウェア技術について知ることも必要です。ソフトウェア開発者に尋ねれば教えてくれるでしょうが、自らソフトウェア開発を体験してみるのもいいでしょう。たとえば静的ライブラリと共有ライブラリの違いは何かを原理的に理解できているとソフトウェア開発者とのコミュニケーションがスムースになります。

 静的ライブラリと共有ライブラリの違いについては、本書125ページのコラム「静的ライブラリと共有ライブラリ」を参照してください。

3. 法務・知的財産権のスタッフの視点からの知の共有

　真面目なエンジニアは、法務・知的財産権のスタッフに対する相談が片付くと、「将来に備えて、このような件は一般的にはどのように対応すればよいのですか」と、聞いてくる可能性が高いです。これは法務・知的財産権のスタッフにとって厄介な事柄でしょう。法務や知的財産権にまつわる仕事はケースバイケースで最適解を求めるのが基本です。ですから、一般解を求められると困惑してしまうでしょう。ましてや著作権が絡むと単純に白黒付けることはできません。「一般解」で対応するのは危険とも言えます。

　とは言うものの、ソフトウェア開発者やその他OSSに関係する人たちと、本書で取り上げたようなレベルでBSDライセンス、MITライセンス、Apaceライセンスや GPL/LGPLの基本的なガイドラインを共有するのは悪くない考えです。もし、あなたがそのような貢献を実現できれば、多くの人から感謝されるでしょう。また、社内の誰かが本書にあるようなガイドラインを作ろうとしているのならばぜひともできる範囲での協力を惜しまないでください。

社内バザールで品質管理、製品脆弱性対応
専門スタッフに求められている行動

次に、社内バザールで品質管理、製品脆弱性対応専門スタッフに求められている行動について見ていきましょう。大きく次の2つです。

1. OSSにまつわる脆弱性に関する情報収集と告知
2. 品質管理や脆弱性対応のための環境整備

ソフトウェアの品質確保や脆弱性問題回避はOSSにとっても重要な課題です。品質管理や製品脆弱性対応の専門家からの支援はOSSを使おうとしている人たちからも強く求められます。品質や脆弱性に関わる問題はOSSを使う人にとっても克服すべき大きな課題です。顧客に対する影響を考えても極めて重要な事柄です。

1. OSSにまつわる脆弱性に関する情報収集と告知

OSSにまつわる品質問題、特に脆弱性に関わる問題は製品のユーザーに直接影響を与える重大事であることもあるでしょう。これは何もOSSに限った問題ではありません。OSSについて言えば、そのような情報がOSS開発者コミュニティをはじめ外部からもたらされる場合が極めて多いということです。そのような情報収集に常に努め、自社の製品に関係する事案を見つけた場合はすぐに社内に告知し、適切な対応を支援できるスタッフは、大変に貴重な存在です。

このような情報告知の場としても「社内バザール」は有効に働く可能性があります。たしかに「伽藍型」の体制のほうが、このような情報の周知や対策の徹底に利点があるでしょう。とは言え、なかなか伽藍型体制ができないのだとすれば、社内バザールに寄り添うのが現実的な対応でしょう。

2. 品質管理や脆弱性対応のための環境整備

品質管理や脆弱性対応のためにもソフトウェアの構成管理は極めて重要です。

そのようなことをすすめるためのソースコード管理システムの用意や、その利用の啓蒙活動などにすでに腐心されているのは容易に想像できます。あわせて、構成管理記録の中にOSS利用についての記録も漏れなく記載するようにしてください。それは、あとでOSSに対する脆弱性の問題などが露見した場合の対応にも大いに役立つはずです。

社内バザールで社外調達担当者（資材・調達部門担当者）に求められている行動

次は、社外調達担当者（資材・調達部門担当者）に求められている行動についてです。次の2つが重要です。

1. 社外から調達したソフトウェアのOSS利用状況を確認する
2. 社外のパートナーに対してOSSの適切利用を働きかける

第11章で指摘した「サプライチェーン問題」の矢面に立つのが社外調達担当者です。サプライチェーン問題を回避するためにも、ぜひ社内バザールに参加してください。

1. 社外から調達したソフトウェアのOSS利用状況を確認する

いまや製品開発の企画と販売は自社でするが、実際の製品開発や生産は他社に委託するODMという形態はもはや珍しいものではありません。また、OEMで製品の供給を受けたり、組み込みソフトウェアの一部の開発を社外に委託することも日常化しています。注意が必要なのは、たとえば半導体デバイスを調達したときにそのデバイスに付属しているファームウェアやSDKにOSSが入っている可能性があるという点です。

このようなケースでは、そのライセンスに記されたことを実施しなくてはいけないのはその製品の販売者です。つまり、社外からソフトウェアを受領する担当者もOSSのことについて十分な知識を持たなくてはなりません。ぜひこのような人

も社内バザールのメンバーに迎えましょう。

2. 社外のパートナーに対してOSSの適切利用を働きかける

社外調達担当者は社外パートナーに業務を委託する際にもOSSについての配慮が必要です。開発委託契約書などに必要な事柄を盛り込むのは当然として、社外パートナーが適切にOSSの対応をしてくれるように仕向けたりしなくてはなりません。

このような製品サプライチェーンの中でも互いにOSSの適切利用を確認し、必要なことを実施することは重要です。最悪の場合、そのサプライチェーンの末端にある企業、つまり製品をお客様に届ける企業が最初にダメージを受ける危険性が生じます。

社内コミュニティリーダーの役割

次に、バザール型の社内体制を推進するために、社内コミュニティリーダーに求められているものについて見ていきましょう。大きく次の3つが考えられます。

1. 社内コミュニティリーダーのチャレンジ
2. 教育、研修
3. 社内コミュニティ、サブリーダー

きっと誰かが社内バザールでリーダーシップをとらなくてはなりませんが、リーダーシップは必ずしも一人でとる必要はありません。リーダーそのものがコミュニティを形成することも十分に考えられます。リーダーとして心に留めるべきことを考えてみましょう。

ヒント ジョノ・ベーコンの『アート・オブ・コミュニティ──「貢献したい気持ち」を繋げて成果を導くには』(オライリー・ジャパン、2011年) は、コミュニティでリーダーシップをとろうとする人に大いに参考になります。この本にはリーダーとしての心がけはもとより、侃々諤々の議論が炎上してしまったときの対応など、著者がLinuxの代表的なディストリビューションパッケージのひとつであるUbuntuの開発コミュニティリーダーだったときの経験がふんだんに盛り込まれています。

1. 社内コミュニティリーダーのチャレンジ

もし、あなたがOSSコミュニティとの連携や、実際にコミュニティの輪の中で積極的に活動をしている人なら、社内コミュニティでもリーダーシップをとる期待が持たれています。コミュニティのリーダーシップをとるということは決して簡単ではありません。それをゼロから立ち上げるのは苦労が伴います。ましてやコミュニティ構成員としての心構えのようなものができていないと、ゼロからどころかマイナス地点から立ち上げることになりかねません。

一方、そのような機会があなたの身の上に舞い降りて来たのだとすれば、それは果敢にチャレンジする価値があります。その苦労は買って出るべきです。その体験はあなたの将来に必ず役立つはずです。役に立つ可能性があるシーンは数限りなくあります。

あなたがすることは、OSSコミュニティで体験したことを社内に持ち帰ることです。コミュニティのありさまをわかりやすく伝えてください。なかなか共感者が現れないかもしれません。ましてや一緒に行動してくれる人などなかなか出てこないかもしれません。だとしても、めげない。やめない。やめざるを得ないような事態を回避する。そして続けるのです。

OSSコミュニティの活動が未経験のあなたが、社内コミュニティをオーガナイズする立場に立たされてしまったらどうしましょう。そのときは何かきっかけを見つけてコミュニティを体験することから始めるといいでしょう。他社でそのような立場を任されている人と知り合いになり、お互いにノウハウを共有するのもいいでしょう。

最初のうちは、リーダーは孤独なチャレンジを強いられるでしょう。しかし、地道な啓蒙活動はいつかは実を結びます。OSSに関わる建設的な提案などが出始めて、それぞれに対してできることを実行していく。そのようなことを続けていると、いつかそれが日常となり、会社の中で当たり前の風景になるでしょう。「バザール型」が軌道に乗ったのです。

そこに行き着くまでリーダーはめげてはいけません。失敗したこともあるでしょう。そこから学ぶこともあるかもしれませんが、それよりは当初の志を貫徹することに力を注ぐべきです。

2. 教育、研修

バザール型の対応の成否を握るもうひとつの重要なポイントがあります。強力な中央組織（伽藍）があって、さまざまな専門分野については中央に頼り切ればよい形式と違い、バザール型はそれぞれ関わる人々が一定レベルで自活できる能力を持たなくてはなりません。そのために、コミュニティリーダーは関係者の知見の向上に努める必要があります。教育、研修を率先して実践するようにしてください。

3. 社内コミュニティ、サブリーダー

社内バザールが発展してくると、たとえば社内の部門単位といった具合にコミュニティのサブリーダーが芽生えてくることがあります。サブリーダーはソフトウェア開発現場により近いところで現実的な対応をこなしてくれるでしょう。

社内バザールを支える理解のあるマネジャー、エグゼクティブの役割

次に、社内バザールを支えるマネジャー、エグゼクティブに求められている役割について見ていきましょう。以下のようなものが考えられます。

1. 草の根活動を理解し支援する
2. 許可型のルール作り
3. 最低限のコア組織作り
4. OSSリーダーとなる人材の育成と確保
5. イノベーションの推進
6. 企業風土改革の推進

もしかすると、出社して机の上を見るとこの本が置かれていて、「この部分を読んでください」と付箋が貼ってあったのをきっかけに、本書を読んでいる人もいるかもしれません。おそらくあなたは、企業のエグゼクティブ、またはシニアマネジャーなのでしょう。OSSの課題について適切な対応をしようとしている人々からあなたは期待されているのではないでしょうか。本書を置いたあなたのまわりにいる誰かは、極めて多忙なあなたのことも考えて付箋を付けた本をさりげなく置いていったのでしょう。なお、以下で出てくる「バザール型」、「伽藍型」というキーワードの意味は本章の冒頭で説明してあります。

1. 草の根活動を理解し支援する

OSSすなわちオープンソースソフトウェアを適切に組織内で使うための手法として、社内で関係者が職場の垣根を越えたコミュニティを形成して進める方策があります。バーチャルなチームワークでの対応です。これはあたかも中東の都市で見られる露天市場（バザール）のような様相を呈します。

「バザール型の対応」が基本とすることは草の根の活動です。この草の根活動が活発になることでいろいろな効果が考えられます。支援する価値が十分すぎるほどにあります。何よりもあなたはOSSに対する戦略観を持たなくてはなりません。それについては次の第Ⅲ部を参考にしてください。

2. 許可型のルール作り

シニアマネジメント以上のレベルで、OSSの積極活用や適切活動に対する行

動を支援するコンセンサスを得る。OSSに関する社内ルールを整える。これらは
あなたの仕事です。

　社内ルールでよく見られるのは「何々をしてはいけない」という禁止（Must
Not）型の発想から生まれたものです。もちろん、OSSの利用に関しても禁止型
の発想が求められるものはあるでしょう。たとえば「コミュニティに対してお天道
様に顔向けできないようなことはしてはならない」。これはOSSにまつわる禁止型
のルールとして必ずおさえておきたいものです。また、そのOSSを使い、それを
頒布すると自社の特許戦略の観点からどうしても望ましくない、そのOSSには自
社には守れない利用許諾条件が課せられてしまっている。そのような場合は禁
止型のルールもやむを得ないでしょう。

　しかし、もしあなたがあなたの会社のメンバーに対して「コミュニティに対し
てお天道様に顔向けできないようなOSSの使い方をしない」と信頼するならば、
OSSの利用を促進する発想からのルール作りができるはずです。企業の中で広く
見られる禁止型のルールではなく、「何々をしてもよい（一定の条件を満たせば）」
といった許可（May）型のルール作りが期待されるのです。たとえば「OSSのバ
グ修正のパッチは社外のコミュニティに送ってもよい。（これこれこういう簡単な
届け出をすればOK）」このようなルールは是非とも欲しいところです。

3. 最低限のコア組織作り

　バザール型の社内体制には弱点もあります。

　たとえば、社内共通のOSSについてのガイドラインを作り、それを社内でオー
ソライズするといったことはバザール型の苦手領域です。他にGPL/LGPLに基
づくソースコード開示Webサイトのように社内で共通で使えるリソースの準備も
バザール型では取り組みにくいことです。ほとんど起きないけれども致命的な事
態になりかねない事柄への対応、たとえばOSSの不適切な利用に関する指摘を
受けた場合の対応もバザール型では荷が重いでしょう。総じて一定の予算の確
保が必要な事柄はバザール型体制の苦手とする領域です。

　それらのバザール型の弱点を補完するには、やはり全社を横断的にカバーす
る最低限のチームは作るべきでしょう。それを「伽藍型」に発展させるのかにつ

いてはそれぞれの企業の事情、産業ごとの状況、人材確保の状況、許される資金の範囲などを総合して考えるべきです。また、すでに述べたとおりバザール型対応にはそれ自身のメリットもあります。

このような中核となる組織作りは理解のあるマネジャーやエグゼクティブの方には特に尽力していただきたいところです。

4. OSSリーダーとなる人材の育成と確保

あなたがマネジャーであったりエグゼクティブであったりするのならば、もうひとつ押さえておきたい点があります。それは人材の視点です。ソフトウェアに限らず技術一般に広く見られることですが、人は優秀な人との接触で大きく伸びます。また隠れた才能を高度な能力を持つ人が引き出してくれる可能性もあります。

ソフトウェア分野では、OSSコミュニティの価値にも注目してください。OSSコミュニティは、世界で最高クラスの知識、経験、実績を持つ人と触れ合える場であり、まさに人材育成の孵卵器とも言える場所です。そのような場に自らが抱える人材の卵を送ることができるかどうかはあなたにかかっています。もちろん本当の人材に育つか否かはそれぞれの卵によるところが大きいことは言うまでもありません。とはいえども、そのようなきっかけを作り出すことはあなたの役目です。

最近のソフトウェア業界では、勤務先を選ぶ際にそこが自分をさらに高められる場になるのかどうかも真剣に見極めます。OSS活動に熱心という評判が定着すれば、人材確保にも好影響を与えます。「隗より始めよ」という格言に倣ってあなた自身が始める価値は大いにあります。

もしあなたがOSSリーダーとして育つことを期待している人材がいるのだとすれば、積極的に社外のオープンな場へ行かせるべきです。単に誰かの話を聞いてくるだけではなく、質問をしたりするよう動機づけを与えてください。プレゼンテーションに挑戦させたりするのもいいでしょう。オープンな場に行ってもただ黙って聞いてくるだけで帰ってきたら叱るくらいの態度をあなたは取ってもよいのではないでしょうか。このような積極的な取り組みが人材育成を加速するのです。

238　第Ⅱ部　実務編

　次に、どのようなコミュニティイベントやフォーラムがあるのかを紹介し、具体的なイベント、団体について記します。

■コミュニティイベント

　コミュニティイベントに参加するのは、業界のコアパーソンと直接会うのが目的です。そのような場を通じてコミュニティの実感を得ることができます。その中での自らのポジショニングを考える、そして実行する。その過程で強力な人脈を得る。これらはその人を大きく育てるきっかけになるでしょう。たとえばLinuxファウンデーションが主催するイベントでは、以下のようなものがあります。

1.　Open Source Summit

　毎年、北米、欧州、日本で1回ずつ開催されるコミュニティイベントです。以前は「LinuxCon」という名前のイベントでした。毎回それぞれのイベントにはLinux関係の主要なコミュニティメンバーをはじめとしてさまざまな人々が集まります。中で行われるプレゼンテーション（キーノートスピーチ、プレゼンテーションセッション、BOFセッションなど）も充実しており参加する価値がきわめて高いものです。なお、BOFセッションとは英語のことわざ「Bird of a Feather flocks together」が語源で、いわば「同病相憐れむセッション」とでも言いましょうか。共通の興味があればぜひとも参加したいものです。

2.　Embedded Linux Conference

　組み込み系に絞った国際OSSカンファレンスです。毎年、前半にアメリカで、後半に欧州で開催されます。Open Source Summitと併催されることもあります。また、その時々にあわせたテーマを持つイベントと併催されることもあります。このイベントもOpen Source Summit同様に、Linuxを含む組み込みOSSに関連するコミュニティのコアメンバーや「組み込みシステム」という共通テーマを持つ人々が世界中から集います。こちらもプレゼンテーション（キーノートスピーチ、プレゼンテーションセッション、BOFセッションなど）も充実しています。また、無料で技術デモンストレーションする機会も用意されています。

第13章 OSSと社内体制 239

3. **Japan Technical Jamboree**

Embedded Linux ConferenceやOpen Source Summit、または国際コミュ
ニティそのものにデビューするのにともすると気後れがちになる日本のソ
フトウェア開発者のために、3か月おき程度で開催されているイベントで
す。この場を踏み台にして世界に飛び出した組み込み系OSS開発者もた
くさんいます。気軽に参加できるイベントです。

4. **Open Compliance Summit**

原則としてLinuxファウンデーションのメンバー企業の従業員が参加でき
るイベントです。招待制です。毎年後半通例横浜で開催されます。世界
中の企業や弁護士など法務・知的財産権の専門家、この方面に関心があ
るOSSコミュニティメンバーが集まり、その時々の最新トピックスについ
て情報交換や意見交換をしています。

なお、ここで挙げたのはLinuxファウンデーションが主催しているものだけで
すが、他にもさまざまなイベントが開催されています。

■フォーラム

フォーラムの活動に参加すると、同じ課題を持つ人と巡りあえる期待が高まり
ます。フォーラムそのものがコミュニティの母体になっていることも珍しくありま
せん。

さらにあなた自身がそのようなフォーラムなどの発起人になることもあり得ま
す。2003年6月に誕生したCE（Consumer Electronics）Linux Forumは当時のソ
ニー株式会社Co-CTOの所眞理雄さんと松下電器産業（現・パナソニック）の
ソフトウェア技術担当代表取締役常務の櫛木好明さんが発起人の労をとりまし
た。これが現在の組み込みLinuxの動向に大きな影響を与えたことは間違いあり
ません。

- **Automotive Grade Linux Workgroup**
  自動車関係のソフトウェアイノベーションを、LinuxをはじめとするOSS
  を基軸に展開することに挑戦しているフォーラムです。

- **Civil Infrastructure Platform Workgroup**
  きわめて長い期間のソフトウェアサポートが求められる産業基盤向けの OSSの問題点の解決に取り組んでいるフォーラムです。
- **OpenChain Workgroup**
  ソフトウェア調達に伴う他社も含めたOSSに対する適切な利用のネットワークを構築しようとしているフォーラムです。

　これらのメンバーになるためにはその上位団体への参加が条件となることもあります。たとえばここに挙げた団体はLinuxファウンデーション傘下のものです。これらに参加するためにあなた自身でもシニアマネジャーやエグゼクティブの立場から上位団体に参加して率先垂範してみてはいかがでしょうか。

5. イノベーションの推進

　さらに、昨今のソフトウェアを起点とするイノベーションを演じているソフトウェア開発者に見られる資質として、多くの人との協調関係を構築するのに長けた人が多いように見えます。

　Linuxコミュニティの中でもそのような資質を持つ人がいます。たとえばLWN.netというLinux関係のネットワーク新聞の主宰者であるジョナサン・コルベットは、さまざまな開発者たちをとりもち、協調関係を築くことに卓越しています。

　イノベーションを起こし、そこから世の中からの賞賛と事業利益を得ることは現代企業がいつでも夢見ていることです。このようなOSSの孵卵器で育ったソフトウェア開発者は、世界の場での切磋琢磨を通じて自らを進化させ、他者との協調能力を身につけ、現代版ソフトウェアイノベーターを目指す切符を手にするかもしれません。それがあなたのチームに、企業に、研究機関に、大学に、あらゆる組織にどのような効果をもたらすか。想像してみてください。

6. 企業風土改革の推進

　「組織市民行動」という言葉が組織論の分野にあります。簡単に言えば次のようになります。

たとえばある社員が、隣の部課で問題があるのに気づきます。その問題は、その部課では解決できない。一方、その社員には解決のスキルがある。しかし、その解決はその社員のミッションではない。そのような状況にもかかわらず、その社員が見返りに関係なく解決に貢献するというものです。このような行動を起こす社員が多い企業は活性度が高い、とも言われています。

佐藤和教授（慶應義塾大学商学部）の指導下で当時学生だった安藤大佑さんはLinuxコミュニティに参加する人々の組織市民行動を起こす傾向を主要なコミュニティメンバーに対してアンケート調査しました。彼の修士論文「オープンソースコミュニティにおける組織市民行動要因の分析：Linuxカーネルコミュニティでの実証」（2014年）には、明らかにそのような傾向の強さが裏づけられたことが書かれています。

マネジメントの立場から「組織市民行動」に甘えるのはよいことではありません。もし誰かが組織市民行動を行い、それが何らかの成果をもたらしたことを認めたら、その行動を適切に評価するべきです。概してそのような行動は目立ちません。積極的にそのような行動があったことを見いだす感度が求められます。

組織内に「組織市民行動」が取れる人材が増えると、企業風土も変わってくるでしょう。そのような人材は優れた企業であればあるほど多いという調査もあります。OSSコミュニティに参加し、さまざまな人々が行う「組織市民行動」を目の当たりにして、その行動パターンを社内に持ち帰る。そして社内でも行動する。やがて他の社員にもそのような行動が波及していく。それはあなたの会社の中の多様性の発揮につながりそれはひいては事業の進化にもつながるでしょう。

あのマネージャーにOSSについて話しても何も理解してもらえないと陰口を叩かれるようでは、将来に禍根を残す可能性すらあると心得るべきです。

社内バザール作り　第1フェーズ

ここからは社内バザールをどのように構築していくかを見ていきます。社内バザール作りは大きく2フェーズに分かれ、第1フェーズでは以下の取り組みを実施します。ぜひチャレンジしてみてください。

1. OSSを使ううえでの基本ルールを作る
2. ライセンスについての理解の共有をはかる
3. 社内バザールメンバー外への啓蒙活動

1. OSSを使ううえでの基本ルールを作る

まず、社内バザール参加者で共有する戒律を作りましょう。自分たちはこういう思いでOSSと取り組む、ということを周囲に宣言するのです。本書の第I部「基本編」の前半を参考にしてください。

- OSSを使うのならば、隠れてこそこそ使わない。お天道様に顔向けできないようなことは断じて慎む！
- OSSはただ単に無償で使えるソフトウェアだという単純な理解は慎む。必ず使うときの条件を確認して、その条件に従う。
- 適切にOSSを使うことはソフトウェア開発の効率化や品質向上に資する可能性があることを自覚する。

たとえばこのようなことを、社内バザールに参加するメンバーで共有できると、社内バザールの健全な発展につながるでしょう。

2. ライセンスについての理解の共有をはかる

本書では第I部「基本編」で、いくつかのライセンスについて、エンジニアとしてそれらを適切に理解するキーポイントを示しました。本書で挙げているのは多くの人に共通するであろう最大公約数的なものです。おそらくそれぞれの企業での事業形態やポリシーに合わせてさらに突っ込んだ検討が必要な箇所もあることでしょう。それらについては、エンジニアと法務・知的財産権の専門家が集まり、徹底的に検討する場を設けることを強く推奨します。本書ではそのような機会にぜひ取り上げていただきたい検討課題を「演習問題」としています。そのようなチームで「演習問題」に取り組んでいただくのも一案です。

たとえば、その結果、特定のOSSは使うのを避けるといった結論が出る可能性

もあります。2016年に開催されたLinuxCon Japan（LinuxをはじめとするOSSについての国際カンファレンス）ではある大手クラウド系企業の方が、その検討の結果として、「Affero GPLで利用許諾されたOSSの利用は一切禁止とした」と、発表していました。このようなことも含めて結論づけるのはこのようなソフトウェア技術の専門家と法務・知的財産権に関する専門家が相互に協力することで可能となります。

このような場は、ともすると法律や知的財産権に関する知識や経験が不足しがちなエンジニアにとっても、ソフトウェア技術の会得やOSSコミュニティの実感を感じ取る機会に乏しい法務・知的財産権のスタッフがそのような体験をする場としても有益です。この活動で培われた相互の信頼関係はそれぞれの参加者にとっても、また会社組織にとっても大きな財産になるでしょう。

3. 社内バザールメンバー外への啓蒙活動

すでに社内バザールを立ち上げている組織を見ると、社内バザールメンバーがメンバー外に対する啓蒙活動にも熱心な事例も見受けられます。「月刊OSS通信」といったミニコミ誌を発刊していたり、メンバーによるOSSの話題のブログを積極的に公開しています。このような活動も取り組む価値があることでしょう。

また、メンバー内外問わず寄せられた相談、質問には間髪を入れず何らかの答えをするといった地道な作業も必要です。このような行動はバザールメンバー外からも社内バザールに対する評価を向上させます。

こうして、新たにバザールメンバーになりたい人が出てきたら積極的に温かく迎え入れましょう。そのような人が新たな提案を持ち込むかもしれません。そのような提案もメンバー全員で積極的に傾聴し、取り入れられるものは取り入れ、取り入れられなくてもバザールの発展につながる別の対応に結び付くのならそのような対応を進めましょう。

社内バザール作り　第2フェーズ

社内バザールが活況を呈してきたら第2フェーズに入ります。次に取り組むべきものは次の2つです。

1. OSSに関する教育
2. 後輩への配慮（プロセス化）

1. OSSに関する教育

バザール型に対する大前提として、社内バザールに関わる人々、さらにその周囲の人々がOSSについて適切な理解と行動をすることが挙げられます。これは決して避けて通れないチャレンジです。

社内バザールがそれなりの水準に達してきたら、それぞれのバザールで教育プログラムを用意して開催することを目指すべきでしょう。とは言うものの、最初からそのような教育プログラムを用意するのも困難を極めるのは容易に想像できます。

たとえば、Linuxファウンデーション傘下にあるOpen Chain Projectでは教育教材を用意しています。それをベースにしてそれぞれのOSSバザールなりの教育プログラム作成と実施をチャレンジしてみましょう。またもちろん本書も、そのような場面で活用していただくことを強く意識しています。そもそも本書の原型は筆者が社内コミュニティのために制作した研修のコンテンツです。

2. 後輩への配慮（プロセス化）

あなたがたが進めてきたことから、一定のパターンが見えてくることもあるでしょう。そのときはそのパターンをプロセスとしてまとめて定着させてみるのも良い考えです。たとえば「ソフトウェア開発のあるマイルストーンにさしかかったとき、あるOSSをレビューした。それがあとでこのような役に立った。なかったと思うと身震いしてしまう」という振り返りです。ここからわかった「やり方、進め方」

はソフトウェア開発プロセスとしてまとめておきます。それは、多くの人を助けることになります。

　開発プロセスは一定のルール作りを伴うでしょう。往々にしてそのようなルールは「誰かが作って押しつけられたもの」といった印象や「それを守ったとしてもどのような恩恵があるのかわからない」といったものであった場合は、ソフトウェア開発チーム内に定着しません。意外に思われるかもしれませんが、OSS開発者コミュニティの中でも開発プロセスに関するルールがしばしば見られます。たとえばLinuxコミュニティの場合は、それが「Kernel Newbies」というサイトにまとめられています。

■ Kernel Newbies
https://kernelnewbies.org/

　Linux開発者コミュニティのメンバーは、このルールもコミュニティが皆で作り上げたものとして強く尊重しています。社内でOSSに関するルール作り、プロセス作りをするのならば、このKernel Newbiesのように、当事者が自らの体験に基づき、それを互いに尊重しあい、伝承していくという考え方で進めれば、現場に根ざしたすばらしいものができあがる可能性が高くなります。

　これは何よりもあなたの後輩への大きな贈り物になるでしょう。またそのような後輩と一緒に、さらに良いものへとプロセスの改善を進めていく。これはあなたのソフトウェア開発チームの伝統となり、かけがえのない財産になります。

　ときおり、OSSの適切な利用の促進に関して、まずプロセス作りから手がけようとするケースを見受けます。見方によると、これは鶏と卵のような議論に見えるかもしれません。筆者自身はプロセス作りから手がけるのはあまり推奨しません。OSSについて何も手がけない段階でいきなり適切なプロセスを作り上げることができるかどうか、はなはだ疑わしく感じるからです。まず、「OSSを使うのにあたって、お天道様に顔向けできないようなことはしない」という共通認識を持ち、OSSの利用許諾条件に対する理解を持ったのならば、実際に利用してみる。その積み重ねから自然発生的にプロセスが生まれてくるといった流れのほうがOSSにはふさわしいでしょう。次のような心構えでプロセスを運用していくとよいでしょう。

1. OSSの利用を隠さない。利用するのならば公明正大に使う心構えを持つ。
2. OSSの利用を決定するときに、ライセンス遵守の可能性評価、脆弱性対応や品質管理上の問題点の検討をする。
3. OSSの利用記録も、きちんと構成管理記録の中に残す。
4. ライセンス遵守のキーポイントを把握し、特にそのOSSを頒布する際にしなくてはいけないことを遵守する。
5. 製品出荷後、ソフトウェアリリース後にOSS利用について第三者からの問い合わせがもたらされた場合の対応を確認する。

このあたりをおさえられれば、OSSを適切に利用するための最低限の水準は確保できます。

プロセス作りのための取り組み

これからプロセス作りを始めるのであれば、手始めに以下のようなことに取り組んでみてはいかがでしょうか。

1. GPL/LGPLなどに基づくソースコード開示のしかたについてのプロセス

そのためのWebサイトの用意などは多くの人が共通して悩むところです。そのようなサイトを社内バザールのコアとなるメンバーが用意してそれを使うためのプロセスを用意すると多くの人の役に立つでしょう。それをきっかけにGPL/LGPLについての啓蒙活動にもつながるはずです。

2. 構成管理についてのプロセス

もしすでに脆弱性対応や品質管理対応の要請から何らかのプロセスができあがっているのであれば、それにOSSの適切利用に求められる事柄を組み入れていくのも好ましいアプローチでしょう。構成管理については、脆弱性対応、品質管理の視点からも「ブラックボックスは作らない」という基本線において、OSSの適切利用の視点と共通性があります。たとえば構成管理記録にどのような情報をいつのタイミングで記録するか、その検証確認作業をいつ行うかについてOSS

の観点からプロセス化することはお勧めできます。あわせて、OSS ソースコードスキャンツールの利用をこのプロセスに組み込むことも考えられるでしょう。

3. 社外にソフトウェア開発を委託する際のプロセス

　もし、社外にソフトウェア開発は ODM 開発委託をする際に使う契約書のひな形をつくるような機会があれば、その中に OSS についての留意事項も入れておくことを推奨します。たとえば「OSS を使うのならば、その内容の詳細（具体的に何が必要かは社内バザールメンバーで協議してみてください）を伝えること。もし、使わないのならば、その旨を確約すること」といった内容がそのようなひな形の中に入ると社外にソフトウェア開発を委託する際に OSS に関わることを伝える良いきっかけになります。このようなひな形を運用する際に、OSS の立場からどのように関係するかのプロセスも考えられるでしょう。

4. OSS 利用の適否を確認するプロセス

　社内バザールに対して OSS の利用の適否を確認するプロセスを作るのもよい方策です。過去に利用実績がないかの知見、その OSS についての最新のコミュニティ専門家集団からの知見、品質管理・脆弱性問題対応の視点からの知見、さらにライセンス面および特許面からの配慮についての法務・知的財産権のスタッフからの知見、そのためのプロセスも確立するとありがたいものになるはずです。

　ただし、ここでは注意すべきことがあります。ありがちなこととして、OSS の利用実績のデータベースを用意して、このプロセスの簡易化をはかることがあります。これには思わぬ落とし穴があります。OSS は往々にして変化が激しいことがあります。あるバージョンから突然ライセンス条件が変わるようなこともしばしばあります。社内でこのようなデータベースを用意して過去の判断に強く依存する癖を作ってしまうと、このような OSS の変化に対応できずにトラブルを招く可能性があります。この点には十分な注意が必要です。

社内バザール参加者すべてに共通する課題

　社内でバザール型の対応を進めるには、関係する人すべてが三銃士の心を持つと、大きく展望が拓けてきます[2]。大事なことは、**社内バザールに参加する人々の間に信頼関係が構築できるか**、ということです。自己責任を持つ意識が浸透するか。企業の中に見られる組織は「何々について責任を持つ」ミッションを持つのが一般的です。逆に言えば誰かに責任を持つことを頼れるのです。しかし、OSSの底流に流れる考え方は違います。自己責任です。これはこれまでの企業カルチャーの中ではなかなか見られなかったものです。

　そして、何より大事なのが次の三銃士の合言葉です。

One for All, All for One（一人は皆のために、皆は一人のために）

　この志に基づいた実践できるかが問われるのです。この実践は組織内の雰囲気を大きく変える可能性すら十分にあります。このようなシーンが見られるようになったら、社内バザールが成功しつつある証拠です。孤独なエンジニアだった人も、もはや孤独感にさいなまれることはないでしょう。

ある日の社内バザール模様

　社内バザールが成熟してきた状況を想像してみましょう。あるとき、社内バザールのメーリングリストに次のようなスレッドが立ちました。このようなやりとりが瞬く間に拡がります。

---

[2]　アレクサンドル・デュマ・ペールの『三銃士』の邦訳（全訳版）は、岩波文庫や角川文庫などから刊行されています。

第13章 OSSと社内体制　249

> ソフトウェア開発者A：これこれこういうOSSを使いたいのですが、何々という CPUアーキテクチャ上に移植しなくてはなりません。誰かやったことありませんか？
>
> ソフトウェア開発者B：えと、そのCPUの対応は、コミュニティのサイトにあったよ。まだ、最終リリース版ではないけど。Github.comのここのところを見て！
>
> （と瞬時に答えが返ってくる）
>
> ソフトウェア開発者C：あっ、あれって実は僕なんだ。先々週から週末自宅でやっていること。今、ちょっと忙しいけど、少しだったら相談に乗りますよ。
>
> ソフトウェア開発者A：Bさん、Cさん、とても助かります。ありがとうございます。Cさん、今日の夕方いいですか。
>
> ソフトウェア開発者C：はい、いいですよ。場所、わかります？
>
> 法務の人D：えと、そのOSSですけど、ライセンスがちょっと複雑です。すでに社内で製品に組み込んだ例もあります。製品化に進むようでしたら遠慮無く連絡くださいね。
>
> ソフトウェア開発者A：Dさん、ありがとうございます。実は製品化の可能性も出ているので早い内にお話を聞かせてください。
>
> （数日後）
>
> ソフトウェア開発者C：Aさん！この前聞いたあの話だけど。ついでに教えてくれた開発しようとしていることだけど、それ、すぐに使いたがりそうな部門を知っているんだけど興味ある？
>
> ソフトウェア開発者A：もちろんですよ。早く商品化できれば、まだ誰もやっていないことだからおもしろいことになると思っています。
>
> ソフトウェア開発者C：じゃあ、すぐに紹介しますね！

別の日にはこんなスレッドが立ち上がりました。

ソフトウェア開発者E：えと、Linux使っていたらちょっとしたバグがカーネルにあるのを踏んじゃいました。直したのでWikiにかいておきました！

ソフトウェア開発者F：で、Eさん、次どうするの？

ソフトウェア開発者E：次って、何かやるの？

ソフトウェア開発者F：それってコミュニティに送るべきじゃないの？

ソフトウェア開発者E：えっ？ そんなことして良いの？

ソフトウェア開発者F：だってほら、ガイドライン見てごらんよ。ここのアドレスであるから。簡単な手続きでできるよ！

ソフトウェア開発者E：あっ、本当だ！ でも英語がなぁ……

ソフトウェア開発者F：大丈夫だって。試しにここに英語でこんなバグ見つけました、って書いてごらんよ。アメリカの支社からすぐにコメントがつくよ。

ソフトウェア開発者E：本当かな……でも、とりあえず社内Wikiに英語でも書いておいた。だからと……（以下英語で）Linuxカーネルだけどこんなバグ見つけました。詳しくはこちらにね！

アメリカの開発者G：あっ、よく見つけたね！ コミュニティに送るよね。ちょっとこんな所をこう直してくれる。そうすればきっとコミュニティが受け取ってくれるよ！

ソフトウェア開発者E：直しました！ こう書くとすごくコードが読みやすくなりますね！ これをLinux Kernel Mailing Listに送ればいいのですね。

アメリカの開発者G：そのとおり。で、ここ（Kernel newbies）に詳しいことが書いてあるから一通り読んでね。

ソフトウェア開発者E：わかりました！……コミュニティに送ってみました！

Linuxコミュニティの人H：よくこんなバグ見つけたな！ でももう少し評価が必要だなあ。

Linuxコミュニティの人G：うん、でね、やってみた。少し直したけどこれでいいよね？

Linuxコミュニティの人H：そうだね。よし。これを次のステーブルリリースに入れよう！ Eさんありがとうね！

ここまでくればたいしたものです。

するとこんなことが万一あってもすぐに対応できます。

> **通りすがりの人I**：すいません。SNSを見ていたらうちの何々という製品で
> OSSライセンス違反だとか言っている人がいます。どうすればいいです
> か？ SNSはここを見てください。
>
> **法務の人D**：SNS、あっ、これですね。すぐに開発担当部門と連絡を取りま
> す。ありがとうございます！

そのあと、担当開発部門で確認、即座に事実確認をして対応しました。これは
OSSライセンス遵守で万が一の事態になっても迅速に対応するきっかけになるで
しょう。OSSで脆弱性問題が発覚した場合も同様です。

このようなやりとりが次々に発生するような状況もいつの日か実現するでしょう。
社内バザールの目標はここにあります。これは決して夢物語ではありません。

演習問題

1 あなた自身の周囲のことを想像してください。そして以下のことについて考
察してくだい。

❶ これからあなたがあなたの所属する組織の中でOSSの適切な利用を促
進しようとするのならば、どのような行動を取りますか。

❷ あなたはどのような組織像を作り上げたいと思いますか。

❸ そのときにあなた自身はどのような行動をしますか。

❹ あなたが協力を求めたい人のことをイメージしてください。それらはど
のような人ですか。実際に協力してくれるでしょうか。どうすれば協力
してもらえるでしょうか。

第III部
戦略編

OSSイノベーション戦略

オープンソースソフトウェア（OSS）は、既存ソフトウェアに対する単なる代替物ではありません。経済社会的なインパクトすら与えるムーブメントと言ってもいいでしょう。まず、バザール型の開発手法、企業という枠にとらわれないコミュニティとしての活動を重視、OSSの参加者の持つ騎士道的精神、いずれも既存の開発手法を超えたものです。第III部では、OSSの未来に向けた動きについて解説します。OSSの自社開発や、その先にあるイノベーション推進に向けて何をすべきか見ていきます。

14 新しい技術層の登場——縁の下の力持ち技術層

第Ⅱ部までは「OSSを使う」という面から、OSSの特徴やライセンスについて解説してきました。本章以降では、もっと先を見すえたOSSを活用したイノベーションについて見ていきます。本章では、技術を新しい観点から見直し、新しい技術層「縁の下の力持ち技術層」をめぐる問題について解説します。

「縁の下の力持ち技術層」がもたらす経済的恩恵

　本章からはOSSの観点から企業戦略について見ていきます。OSSとOSSコミュニティの登場はソフトウェアの開発手法にも新しい流れを生み出しましたが、技術に対する新しい捉え方も出てきました。その詳細はすぐあとで説明することにしますが、重要なのはOSSがもたらした新しい技術・開発手法は経済的合理性があるという点です。

　具体的に見ていきましょう。過去のものづくりは他社から優れた部品（技術）を購入し、競合相手を圧倒する（差異化する）ための技術（利用者から見れば「機能」）を付加することで行われていました。製造物におけるハードウェアとソフトウェアの比率を比べたときに、ソフトウェアの比率が非常に少ない時代はこのパターン以外は考えられませんでした。では、現代のものづくりはどうでしょうか。

　現代のものづくりでは「差異化する技術」と「他社から購入する技術」の間に新しい技術層が出現しています（**図14.1**）。この新しい技術層の対応を誤ると、時代の波に乗り遅れ、イノベーションの恩恵にあずかるチャンスがどんどん遠の

いてしまいます。ものづくりにおけるソフトウェアの比重が高まるにつれて、この新しい技術層は厚みを増し、OS、ミドルウェア、デバイスドライバなどを取り込んでいます。

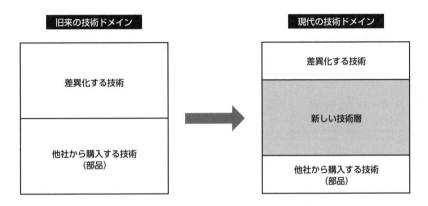

図14.1 現代のものづくりでは「新しい技術層」が出現

この新しい見方を筆者は2009年のLinux関係の国際カンファレンス（Japan Linux Symposium 2009）で指摘しました。そして筆者の直後のセッションで、Linuxコミュニティを代表する開発者の一人であるジェームス・ボトムレイが同様の指摘をしました。その中で、彼はそれらの技術層の呼び方について提言しました。筆者の用語との対応は次のようになります。

- 他社から購入する技術 ── 一般的な技術（Commodity Platform）
- 差異化する技術 ── 独自のイノベーション（Unique Innovation）
- 新しい技術層 ── イノベーションの縁の下の力持ち
  （Delivery Support for the Innovation）

さらにボトムレイは、それぞれの技術層の開発費用について言及しました。まず、「一般的な技術」の部分については、その開発費はたとえば部品ならば部品代の中に織り込まれています。このため、同じ部品を使う企業が全体で負担する形になります。**共有コスト**（Shared Cost）です。

「独自のイノベーション」の部分では価値が生まれます。この価値は顧客が

買ってくれます。結果として、顧客がこの部分の開発費用を負担するということになります。

「一般的な技術」に関して取るべき行動は誰にでもわかります。適正な価格で優れた技術を買ってくることです。

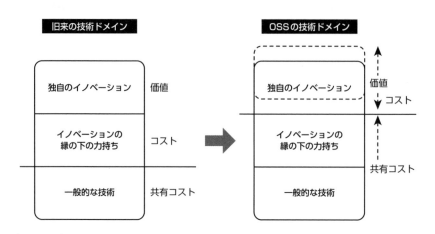

図14.2 ジェームス・ボトムレイが示した今後のOSSイノベーションの価値・費用モデル
出所：次のPDFを元に作成・一部改変。How to Contribute to the Linux Kernel, and Why it Makes Economic Sense (James Bottomley, Novell; LinuxCon/Japan 2009)
https://events.linuxfoundation.org/images/stories/slides/jls09/jls09_bottomley.pdf

「独自のイノベーション」の部分での適応手段も明らかです。何が何でも自分の力で勝ち抜くのです。資金投入や人材確保だけでなく、さまざまな事柄を自ら解決し競争優位に立ち、栄冠を掴むのです。そのために戦略的なパートナーシップを結ぶこともあるでしょう。

問題は「イノベーションの縁の下の力持ち」の部分です。「独自のイノベーション」の技術層のように独自にコストを負担して開発するのでしょうか。それとも「一般的な技術」の技術層のように単純にどこかから買ってくればよいのでしょうか。慎重に検討してみましょう。「イノベーションの縁の下の力持ち」の技術領域にはジレンマが潜んでいます。ここでまず1つ目のジレンマを紹介します。

「イノベーションの縁の下の力持ち」のジレンマ1
重要な技術だが顧客から価値を認めてもらえない

「イノベーションの縁の下の力持ち」の部分の技術は、ソフトウェアを中心に構成され、製品開発時には欠かすことのできないものです。OSSのひとつであるLinuxもそうです。仮にあるデジタルテレビの表面にLinuxのマスコットである「タックス」（右のペンギンの愛称です）が貼ってあったとします。そして「Linuxはいってる」などと書かれていたとします。

はたしてあなたはこのテレビを買うでしょうか。まず間違いなく、ほとんどの人はこのようなステッカーが貼ってあっても、それが理由でこのテレビを買うことはないでしょう。つまり、この部分は顧客にとっての価値を直接には生んでいないのです。市場における競争に勝ち抜くための技術層である「独自のイノベーション」の部分とは明らかに異なります。つまり、お客様はこの部分の開発費用を負担してくれることはありません。しかし、この製品を開発する側にとってはこの部分も極めて大切な技術領域です。ここにジレンマの片鱗が見えてきます。

「イノベーションの縁の下の力持ち」の部分も部品のように単純に買ってくればよいのだとすれば、その部分の費用モデルは共有コストになります。ところがここで考えなくてはいけないことがあります。そもそも「イノベーションの縁の下の力持ち」の部分に属する技術について、「一般的な技術」の適応手段を選択してしまうのはナンセンスです。これは世の中を見回して探せども探せども優れた技術が見つからず希望する技術要素が購入できないという状況に見舞われるでしょう。仮に見つけたとしても、次の瞬間、時代遅れの代物になってしまう、そのような事態も想定できます。そのため、この選択をした場合には比較的容易に間違いに気づき、回避することができるはずです。

Linuxや多くのミドルウェアを想像すればすぐにわかることですが、多くの場合**「縁の下の力持ち技術領域」は強烈に絶え間なく技術進歩が続いている**のです。しかも連続的な進化をしているのがこの技術領域の特徴です。「一般的な技術」の部分が「部品が製品化されるタイミング」で進化がその都度踊り場を迎える離散的なものであるのと大きく異なります。さらに、オープンコミュニティにおける

開発はきちんとその開発の輪の中にいて共創関係を結ばなければ、いつの間にかあなたにとっては使い物にならない方向に発展してしまう可能性もあります。

> **「イノベーションの縁の下の力持ち」のジレンマ1**
>
> 重要な技術だが顧客から価値を認めてもらえない。しかも、強烈な勢いでの技術発展が続いていて、一般的な部品のように単に買ってくるだけではすまない。

「イノベーションの縁の下の力持ち」の部分では、これが深刻なジレンマを生み出します。

▎「イノベーションの縁の下の力持ち」のジレンマに挑む

解決方法のひとつは、「イノベーションの縁の下の力持ち」部分の技術を独自開発し、製品開発企業自らが費用負担することです。この費用が微々たるものならばそれも成り立つでしょう。たとえばOSを独自開発したとします。どのように事態が進行していくか、それはソフトウェア開発現場に近い人ならすぐに想像できるでしょう。

1. 最初は皆、どんなことでも自分でできるわくわく感に支配されている
2. この高揚は最初の製品が完成したタイミングでピークを迎える
3. 次の瞬間から、想像もしていなかったバグの対応に追われはじめる
4. さらに、次の機種に取り込む新しい通信技術や記録メディア、そのほかもろもろの対応を全部自分でやらなくてはいけないことに気づく
5. そして、自分でやろうとしていたことがすべて後回しになってしまうのに気づいたときは、すでにデスマーチのファンファーレが鳴ったあとだった

上記の3.（バグ対応）と4.（取りこぼし機能の追加）では膨大な費用がかかります。人員も追加投入しなくてはなりません。しかも一定水準以上の経験を持ち、技術も持つ人材を用意しなくてはなりません。さらに5.の状態になってしまうと、開発者のモチベーションを維持するのも困難になるでしょう。短期間なら

第14章　新しい技術層の登場——縁の下の力持ち技術層　259

どうにかもっても、やがてすべてが破綻してしまう危険性を秘めています。

　ではどうするか。ここにOSSの考え方を持ち込めばよいのです。

1. まず、OSSならば開発費用は開発に参加する人の間で負担することになります。共有コスト化の実現です。ただし、ここでフリーライダーが出現すると、この考え方が崩れ去ります。フリーライダーの問題点がここで露見します。
2. 開発に携わる人の輪が拡がれば拡がるほど、優れた知見や人材に巡りあう可能性が高まります。場合によってはまったく異なる事業領域の人からの支援が得られる可能性すらあります。
3. 開発に携わる人の活性度が上がれば上がるほど、開発スピードも上がります。万が一バグが見つかったときも猛烈なスピードで解決されてしまう可能性が生まれます。新しく生まれた動作環境への対応などもさまざまな人々の協力で順調に進むかもしれません。
4. そして、開発成果は、無償で使えます。

OSSは「イノベーションの縁の下の力持ち」の技術領域で産まれるジレンマを解く決定打です。

　このモデルの弱点は、フリーライダーが増加すると破綻することです。では、フリーライダー企業と、開発の輪に積極的に貢献する企業に差がつくことはないのでしょうか。もちろん、あります。

1. まず、「イノベーションの縁の下の力持ち」の使い方を熟知した人材がチーム内にいることは、「独自のイノベーション」の質の向上、開発速度の向上などに大いに貢献する可能性があります。
2. 続いて、「イノベーションの縁の下の力持ち」の進化に対して、参加している人がその人の思いをつぎ込める可能性があります。それはフリーライダーでは実現しません。「イノベーションの縁の下の力持ち」の恒常性の確保は開発に参加した人に対してのみ与えられます。

　もうひとつの弱点は、他社の大多数が、あなたが選択したものとは違うOSSを

選択して、それが支配的になってしまうことです。それを避けるためにはあなた自身が利他的な行動を取る必要があります。あなただけのベネフィットのみを追求すると、他社は共同歩調を取りにくくなります。気がついてみたら自分だけがあるOSSを使っており、他社は全部別のOSSを使うことになってしまった、というのも悲劇的な事態です。これはあなたが採用したOSSそのもののコミュニティが衰退するきっかけにもなりかねません。

2003年頃、ソニーと松下電器産業（現・パナソニック）は今後の家電機器向けOSにLinuxを使うのが、この2社だけにとどまってしまうことを強く恐れました。その結果、両社は他社にも働きかけ、Linuxを家電系でも使えるようにするフォーラムとして、CE Linux Forumを立ち上げました。このような努力もこの弱点の対策として有効です。

- 松下電器とソニーがデジタル家電向けLinuxの共同開発で合意、2002年12月18日 [ソニーのプレスリリース]
  https://www.sony.co.jp/SonyInfo/News/Press_Archive/200212/02-1218b/
- コンシューマエレクトロニクス (CE) 機器企業8社が、"CE Linuxフォーラム"を設立　LinuxのCE機器向け機能の強化と普及促進を目指す、2003年7月1日 [ソニーのプレスリリース]
  https://www.sony.co.jp/SonyInfo/News/Press_Archive/200307/03-0701/

フリーライダーがもたらす災厄

「イノベーションの縁の下の力持ち」領域でのOSSおよびコミュニティの果たす役割は大きなものになります。ここではコミュニティの活性化を阻害する事柄について見ていきます。

OSSの利用はしてもバグ修正や機能改善があっても報告も何もしない。コミュニティに貢献することなくただ単に使うだけにこだわる。そして、コミュニティの開発成果物の良いところをみんな持って行ってしまう。このような行動パターンを取る人のことを「フリーライダー」と言います。**フリーライダーはコミュニティとその成果物であるOSSにおけるガン細胞**です。静かに増殖し、あちらこちらに転移し、やがてコミュニティを死に追いやります。

たしかに開発費用低減の視点から見れば、何も貢献せずに良いところをみんなフリーライドして取り込んでしまうのは合理的でしょう。開発費用的な合理性の追求は民間企業の目的にも合致します。その結果このような行為は伝染します。次々にこのような行為をして開発費用的合理性を追い求める人が増殖する可能性があります。このような利用者が一人増え、また一人増え、次々に増加していくと結局そのOSSは退化し、絶滅に向かう悪循環に陥ってしまいます。

誰かがやってくれるであろうことにただ乗りする利用者、フリーライダーは、OSSを死に追いやるガン細胞のようなものだということは強く胸に刻みつけるべきです。

▌囚人のジレンマ

囚人のジレンマをご存知でしょうか。次のようなものです。

共同犯罪容疑者2人が別々の部屋で聴取を受けています。それぞれが次のように取調官から言われています。

【A】「おまえが自分はやっていないと自白して事件の状況をつまびらかにして相棒を裏切ったら相棒が主犯ということになるな。で、おまえはまあ**懲役1年**というところだよ」

【B】「だけど同時に相棒もおまえを裏切って自分はやっていないと自白し事件の状況をつまびらかにしたら、両方とも主犯とされてしまうだろうな。単独犯ではないとしてもまあ**おまえも相棒も10年**はおつとめしてもらうことになるだろう」

【C】「もしおまえが黙秘を貫いて相棒を裏切らなかったとして相棒が自分はやっていないと自白しておまえを裏切ったとしたら、主犯はおまえ、しかも単独主犯ということになるだろうな。**15年**はおつとめしてもらうことになるだろうよ！」

【D】「だけどおまえも相棒も黙秘を続けて相互に裏切らないとすれば、どちらが主犯か確定はできなくなる。そうなると**両方とも懲役2年程度**か」

このようなやりとりが実際に適法かどうか、実際の刑法のもとで発生するのかどうかは一切気にしないでください。これはゲーム理論の話です。

相手を裏切ってとっとと自白してしまう戦略は悪くないです。それで懲役1年で済んでしまう可能性があるわけですから。ですが相手も裏切ると大変なことになってしまいます。懲役10年となってしまうのです。一方、相手を守って黙り続ける協調行動をしたときはどうなるでしょうか。この場合は相手に裏切られるととんでもないことになってしまいます。懲役15年もくらってしまうわけです。ですが相手も協調してくれると懲役2年ですみます。悩ましい状況です。

この囚人のジレンマをOSS開発者たち（コミュニティ）とそのOSSを使う人（あなた）との関係に置き換えてみましょう。

【A】　「もしあなたがコミュニティを裏切って、何の貢献もせずに成果物を手にしたとする。すると、あなたが負担する開発費は100万円程度におさまる」

これは、コミュニティが作ってくれたものにほんの少しだけ自分で手直ししたらできあがった、というパターンです。コミュニティに対しては何もしません。あなたは、フリーライダーと呼ばれることは間違いないでしょう。

【B】　「しかし同時にコミュニティもあなたを裏切ってあなたに協力してくれなかったら、あなたはゼロから全部開発することになって、あなたが負担する開発費は1000万円になる」

結局自社開発をするのと同じことです。OSSの効果はまったくありません。まあコミュニティに対して投資をしていなかっただけ、やけどの程度は少なかったかもしれません。

【C】　「もしあなたがコミュニティを裏切らずに貢献するとしよう。しかし残念ながらコミュニティはあなたを裏切って貢献してくれない。そうなるとあなたが負担する開発費は1500万円に膨らんでしまう」

これは、悲劇的なケースです。あなたはコミュニティに対していろいろ頑張っ

て貢献をした。その投資額はどんどん膨らんでいって500万円にもなってしまった。でも結局自分で全部開発することになってしまって、それに1000万円かかってしまう。

【D】 「ここで、今度はあなたがコミュニティに貢献すると同時にコミュニティもあなたに協調してくれたとする。すると、このあなたが**負担する開発費は200万円にまで抑えられる**」

　この場合は、コミュニティの支援を得ることができたので自社で独自に開発するよりも低額の投資で済んでいます。しかし、コミュニティに対する協力をするための費用はかかってしまいました。このため【A】のケースのように、開発費の負担は100万円というわけにはいきませんでした。

　囚人のジレンマの状況が発生する局面が1回だけでは終わるのならば、そのときに取るべき戦略は「裏切り」です。何をおいても【A】を選択する戦略が正解でしょう。しかし、OSS開発者コミュニティの場合は違います。このような囚人のジレンマに相当するシーンが何度も何度も繰り返し出現します。するとコミュニティのなかで、だんだんとフリーライドした人をうらやむ気持ちが育ってきて、フリーライダーを模倣する人が増えてくる可能性があります。

　ゲーム理論ではこれを「繰り返し囚人のジレンマ」と言います[1]。この場合、**裏切りの戦略はフリーライダーの増加を来し、全体としての利益も低くなる**ことが指摘されています。コミュニティの現象で言い換えるならば、**コミュニティの低調化、そして滅亡への展開**と言ってもよいでしょう。もちろんこの状況は最初【A】の選択をしていい思いをしたフリーライダーにとっても非合理的な結果となります。すなわち、**ここであなたが選べる望ましい選択肢は「協調」**なのです。

　すると、すでに【B】の状態は心配しなくてもよくなります。あなたはコミュニティに対して貢献し協調するという選択をすでにしたわけですから。

　それでも【C】の状態、この場合は、あなたが協調的なアプローチをしたのにもかかわらずコミュニティから裏切られてしまうことが心配ではないですか。OSS

---

[1]　詳細については、山岸俊男教授の著作『社会的ジレンマ——「環境破壊」から「いじめ」まで』(PHP新書)、『社会的ジレンマのしくみ——「自分1人ぐらいの心理」の招くもの』(サイエンス社) を参照してください。

に即して現実的に見ると、あなたがコミュニティに対してよほどの無理難題を持ちかけようとしているのではなければ、またはコミュニティが閉鎖的なものでなければ、コミュニティから裏切られる可能性は少ないでしょう。たしかに【C】に陥るリスクを完全に回避するのは難しいでしょう。しかし、【D】の状態を目指すのならば、【C】のリスクは避けて通れません。

共有地の悲劇

　フリーライダーがもたらす災厄について、囚人のジレンマのほかに「共有地の悲劇」というものもあります。

　イギリスの田園地帯を想像してください。羊の放牧地があります。その放牧地は村の共有財産です。昔から村人はそれぞれが持つ羊を放牧しています。ですが村人それぞれのことを慮って、節度を持って放牧地を使っていました。ですから羊が牧草を食べたとしてもやがて牧草はまた生えそろい、次の村人の羊の腹を満たすことになる。それが延々と続いていました。

　そこに、ある強欲な村人が生まれてしまいました。その村人は周囲のことを気にせず自分の持っている羊を放牧し、共有地の牧草をすべて食い尽くさせてしまいました。その結果、その強欲な村人の羊たちはその年にはまるまると太り、最高品質の羊毛をたくさんもたらしました。強欲な村人は大もうけしました。

　その翌年、野放図に食い尽くされてしまった放牧地は見るも無惨な状況に陥りました。ある村人は、それでも強欲な村人に倣って羊を放牧してしまいます。その結果、共有地は無惨な荒れ野になりはててしまいました。はじめに裏切り行為を働いた村人も含め、すべての村人が困窮するに至ってしまいました。このようなストーリーです。日本でもこのイギリスの共有地に極めてよく似た環境が脈々と息づいています。里地里山[用語]です。里地里山の底流にはこれと同じストーリーが隠されています。

　使われたからといって減ってしまうものではないソフトウェアの世界で果たし

用語　里地里山（さとちさとやま）
単に「里山」とも。里地里山とは、奥山と都市の間に位置し、集落とそのまわりの林や農地、ため池、草原などで構成されている地域のことです。

て本当に共有地のジレンマが起きるのかどうかは疑問の余地があります。ただし、この悲劇が起きにくいことでフリーライダーによる災厄が潜在化してしまい、思わぬタイミングで地下に溜まり積もったマグマのように爆発を起こしてしまうといったことになるかもしれません。少なくともフリーライダーに対し、非協力的な姿勢を理由にコミュニティが「しっぺ返し」をしてくるのは十分にあり得るでしょう。

　囚人のジレンマ、共有地の悲劇のいずれも、社会学、社会心理学、ゲーム理論といった分野の用語です。OSS開発者コミュニティはまさに人々によって構成される社会そのものです。ときにはソフトウェア技術以外の領域の知見に触れてみてはいかがでしょうか。これらがソフトウェア開発者に教えることは、フリーライダーに自ら率先してなることに対する戒めです。少なくともあなたは他に先駆けてフリーライダーになる選択をしてはいけません。

コミュニティに対する貢献とは何か？

　商用ライセンスの場合は開発者に対する貢献は対価を支払うことで満たされます。貢献がきわめて単純な行為で実現できるわけです。

　OSSの場合は対価を払うといったことでは貢献ができません。貢献し、協調するためには対価を払う以外のことを考えなくてはならないのです。場合によってはコミュニティに対する資金寄付ができることもあります。ですが、おそらく多くのコミュニティが願っていることは寄付金以外のことです。技術者によるOSSの改良、進化の促進、それを一緒に進めてもらうことが多くのコミュニティの一番の願いです。言い換えれば、開発の輪に加わることがコミュニティに対する最大の貢献なのです。

　他にもいろいろな貢献のスタイルがあります。

1. コミュニティに対してバグレポートを送る
2. そのOSSの使い方や技術の詳細を解説するブログ、ドキュメント、本などを書く

3. ドキュメントの翻訳の労を買って出る
4. そのOSSを使っていることを公明正大に知らせて謝意を伝える。多くの人に使ってもらえることはコミュニティのモチベーションを向上させる
5. コミュニティメンバーが集まる場を企画し実現する

これら以外にもあなたが持っている能力でコミュニティに活かせるものがきっとあります。問題は「貢献」を実行するかどうかです。

見知らぬ人たちとの信頼関係構築に見る日本人の弱点

ところでコミュニティとの関係を持つことは、特にコミュニティの規模が大きい場合は見知らぬ人との信頼関係の構築が問われることとなります。社会心理学者である山岸俊男名誉教授（北海道大学）は、日本人の特性として、見知らぬ人との信頼関係構築が苦手であることを指摘しています[2]。結果として特に見知らぬ人が多く存在する空間ではフリーライダーになってしまう傾向があることを指摘しています。これは心配なことです。このような不得意さを自認しつつOSSに取り組む必要があります。自らの行動が「フリーライダーの振るまい」になっていないか。見知らぬ人々の空間で互いにコミュニケーションをする勇気が欠けていないか。そのようなことを常に自問自答してください。

OSSをただ単に使うだけで済ませてしまうという姿勢は、あなた自身をフリーライダーへと導く悪魔の道へ歩みを進めることになります。

コミュニティとあなたとの関係

「イノベーションの縁の下の力持ち」の部分に取り組むにはOSS開発者コミュニティとの良好な関係構築が不可避です。あなたとコミュニティとの関係はいかにあるべきなのでしょうか。

2003年にさかのぼります。松下電器産業（現・パナソニック）とソニーが連携

---

[2] 詳細については、山岸俊男『日本の「安心」はなぜ、消えたのか──社会心理学から見た現代日本の問題点』（集英社インターナショナル）を参照してください。

して家電機器にもLinuxを中心としたOSSを使って未来のソフトウェアづくりに貢献しようとするフォーラム、CE Linux Forumを設立しました。次の図は、そのときにオープンソースコミュニティの世界を想像して作られた資料から起こしたものです（図14.3）。このスライドはプレゼンテーションなどで、何度も繰り返し使われています。

Ecosystem／生態系

図14.3　OSSの生態系

1. 最初に川の上流を見てください。水槽の中をのぞき込んでいる少年がいます。想像していただきたいのは鮭を放流するシーンです。「こんな小さなソフトウェアだけど、僕の思いがこめられているんだ！ これでこんなことができればいいなと思っているんだ！」。そんな祈りを込めてOSSコミュニティの大きな海に向けて稚魚を放流するのです。そこからあなたの作ったプログラムの大航海が始まります。
2. 川の流れに乗って稚魚はコミュニティの大海原を目指します。流れの途中で出会いの機会に恵まれました。「あっ。そのソフトウェアいいね。私も一緒に旅をしましょう！」と言って一緒に開発を進めてくれるパートナーに巡りあいました。
3. さらに「君たちのそれだけど、コミュニティのアーカイブに入れておいてあげたからね」とか「君たちとは別のパターンでテストしてみたよ。そし

たら動いた！でもね、こうするともっとよいと思ったから少し直したよ」と
いった人も現れます

4. でも、良い話だけではありません。より大きな魚に食べられてしまいまし
た。でもその魚もコミュニティの住人です。食べられてしまったとしても
あなたのアイデアはその大きな魚の中で血となり肉となって生き続けま
す。

5. そして、コミュニティの大海原に受け入れてもらえました。すると、
「あっ、いい魚がいたぞ。使ってみよう！」と言って釣り上げてその人のソ
フトウェアに使おうとする人が出てきました。

6. 実際に製品などに使おうとすると、今度は品質管理などのより厳しい目で
見られます。すると「あれれ、こんなバグがあるぞ！ こう直せばよいか
な」とか「ちょっと待てよ、それよりこんなやり方のほうがよくないか？
ちょっとプログラミングしてみよう」といった人も出てきます。そうしたら
どうすればよいか。また、鮭の稚魚の放流をするのです。これが毎日毎
日延々と続いている。そういう生態系を持っているのがOSS開発者たち
によるコミュニティです。

　生態系ができあがっているのだとすれば、そこにエネルギーの源がどこかに有
るはずです。たとえば地球環境の生態系のエネルギーの源は太陽です。OSS開
発者たちによるコミュニティの生態系、そのエネルギーの源はどこにあるのでしょ
うか。それは、次のようなものから発生するのです。

- コミュニティで一緒にやるってすごい！と思う参加している人たちの心
- 参加している人たちが、たとえ少しであっても直接何らかの貢献をする
行動

　そして気づいた頃にはあなた自身もコミュニティの一員として迎えられた実感
を持つタイミングがやってくるでしょう。いつの間にか「私たち○○○OSSコミュ
ニティは」と、自らのことをあらわす表現に変化が生じるかもしれません。それ
はとても大切なタイミングです。

　ところが、次の図のような状況になるとどうなってしまうでしょうか（**図14.4**）。

第14章 新しい技術層の登場——縁の下の力持ち技術層　269

図14.4　破壊されたOSSの生態系

1. オープンソースの大海原にただ単に釣り糸を垂れるだけ。誰かが何かやってくれる、ただ誰かがやってくれる成果を待つだけの人がいます。
2. 川の上流を見ると水槽の中の稚魚を見ている少年がいます。でも彼はこう言いました。「今、僕は忙しいんだ。コミュニティだって、そんな面倒な所にこの稚魚を放すなんてやっていられないよ。」もちろんソフトウェア技術者の日常は大変に多忙でしょう。一方でコミュニティとのやりとりはなんだかんだと面倒な議論が起きたり手間がかかります。「しかも使われている言葉は英語でしょ。僕、英語に自信ないし」。実際は英語の質より何よりもアイデアの質が問われるほうが多いのですが。
3. それから、そのようなエンジニアのまわりに柵が巡らしてあります。この柵は誰が作ったのでしょうか。もしかしたらソフトウェア開発者の上司かもしれません。「何？ オープンソースソフトウェアだって？ そんなところと私のチームのエンジニアを交流させたりすると、私のチームのことが全部筒抜けになってしまうじゃないか。しかももしかするとヘッドハンティングされてしまうきっかけになるかもしれない」「そもそもOSSなんて無料で使えるんだから使うだけで十分じゃないか。コストも思い切り下がるのだから」（そう思いたくなるマネジャーの気持ちもわからなくはないですが）

その結果何が起こるか。

まず、大地は枯れ果てます。オープンソースコミュニティに向かう川も涸れ干上がってしまうでしょう。生態系はエネルギー源を失います。するとコミュニティの豊穣の大海もやがて死臭漂うものになり、ヘドロが溜まり、死に絶えてしまうのです。

これこそがフリーライダー、すなわちコミュニティのガン細胞が支配する世界です。フリーライダーというガン細胞の増殖を一刻も早く停止させなくてはなりません。

この絶望のシナリオを回避するためにあなたができることは何でしょうか。明らかなのは、コミュニティに参加することです。そして少しでもかまいません、何らかの貢献をすることです。あなたができることはそれだけです。しかし、それがあなた一人から、あなたの友達、同僚にも拡がり、さらに拡がりを見せればとてつもない力になります。

あなたはこれから先もOSSを単に使うだけですか。それとも、何か始めますか。たしかに特に国際的に活動を繰り広げている舞台へ飛び込むには勇気がいるでしょう。語学の不安もあるでしょう。もしかすると、あなた自身の実力が本当にコミュニティに貢献できるレベルなのかどうか自信がないかもしれません。それらのハードルは乗り越えることは可能です。

- 語学が気になりますか？ 中学校、高校と英語の勉強はしましたね。話すべき内容があって、それが少しでもコミュニティの誰かに興味を持ってもらえるのだとすれば、語学の質の問題は気にする必要はないでしょう。コミュニティという場所は、ほとんどの場合、前置詞の間違いでニュアンスが変わってしまい、外交問題に発展するような場ではありません。互いに良いところを見いだして未来を目指して共創している場です。おそらくあなたの英語を言い直してもっと良い表現に言い直してくれる。そんな貢献をしてくれる人が出てきます。何よりもあなたはコンピュータソフトウェア言語で表現できるじゃないですか。

- あなた自身の実力に不安がありますか？ そういった不安も、そもそもどうでもよいことです。おそらく、あなたよりすごい人がコミュニティにいるでしょう。そのような人だって最初からそのようなすごい人だったわけではないはずです。いろいろな人との出会い、経験の結果そうなっただけです。

そのような人は仮にあなたの実力が十分ではなくても、受け入れてくれる可能性がかなりあります。ただし、あなたたが何から何までそのような人に頼り切るような姿勢だと、いずれは見放されるでしょう。一方、あなたの実力なりに何らかの貢献を続けるのならば、いずれはさらに高い次元でコミュニティに受け入れてもらえる期待が高まります。何よりも、その頃になるとあなた自身の実力もそうとうなレベルに達しているでしょう。

Linux コミュニティの中核で活躍を続けている平松雅巳さん（Linaro）は「コミュニティの人はこぶしをふりかざしてあなたに襲いかかってきたりはしませんよ」と語ります。バグ修正や少しだけの機能追加が手元にあるということは、その世界に飛び込む切符を手にしているようなものです。コミュニティの列車にはいつでも乗車可能です。

嫌われた日本人

私は Linux コミュニティのキーパーソンの一人、アンドリュー・モートンさんから厳しい話を聞いたことがあります。2005 年頃のことです。彼は私に向かって「私は日本人が出してくるパッチが嫌いだ」と言い放ったのです。ただし、誤解しないでください。彼の表情は柔和でした。

「日本人は Linux のコミュニティに対してとても完成度の高いパッチを送ってくる傾向がある。しかもそのサイズがとても大きい」

Linux コミュニティといった檜舞台に送るパッチに問題があってはいけない。完成度も高くなくてはいけない。品質管理部門のチェックを受けたものを出すべきだろう。このように考えるであろう多くの日本人のソフトウェア開発者の気持ちを私はよく理解します。アンドリューも「そういう日本人のエンジニアをリスペクトするのだけれど…」と話を続けてくれました。

「そうすると、コミュニティの側は困ってしまうんです。おそらく、それと同じような開発をしている人がいます。そのような人にとって、完成度が高いパッチを見たときの落胆は計り知れないのです。もし、それでもそのパッチがそのまま完全に使えるのならばまだよいでしょう。ですが大体の場合、その落胆してし

まった人にとっては本当に欲しいところに手が届かない。その一方で、余計なことがたくさん付いている。冗長なものなのです。」

つまり、「帯に短し襷に長し」という代物だということです。

「その結果何が起きるか。そのような日本人が一生懸命作ってくれたパッチをコミュニティが受け入れることはまずありません。まず、コミュニティはそのパッチを受け入れたい気になっているのならば、完膚なきまでに破壊することから始めます。そして再構築するのです。そのときに同じようなものを開発してきた人のアイデアやコードも取り込みます。でも、そのようなケースは希です。たいていはそのような完成度の高い巨大なパッチは棄てられます。」

このようなことが起きているのにあなたは気づいていますでしょうか。さらにアンドリューは語ってくれました。

「せっかくのパッチが棄てられてしまうのも、また完膚なきまでに破壊されてしまうのもどちらもパッチを送る側にとってもつらいことでしょう。コミュニティだってそんなことは望んでいないのです」

品質管理の罠があるとでも言えばいいのでしょうか。満を持してソフトウェアを出す。完成度ばっちり。これが実はコミュニティからは嫌われてしまう場合もあるのです。もちろん、コンパイルもできないような劣悪なコードも疎まれます。「ちょうど良い加減」のレベル感が求められます。

さらに、このようなことも語ってくれました。

「Don't hoard your patch.」

hoardとは「溜め込む」といった意味です。あなたが何かOSSに対する改善やバグ修正をしたらそれをあなた自身の手元に溜め込まないでほしい、と。それをコミュニティ共有財産にする価値を認識してほしいと、アンドリューは強調しました。

▌不適切な人称代名詞

筆者の同僚はLinuxコミュニティとの交流を始めたときに私とは別の貴重な体験をしました。Linuxコミュニティを代表する人たちと会話をしているときに、ア

メリカ人である同僚がなんと極めて単純な人称代名詞の使い方の誤りを指摘されたのです。

「あなたは今、私たちのことを『You』と言いましたね。これは重大な間違いです。あなたも、すでに私たちコミュニティの一員です。だから私たちのことを『You』と呼ぶのはおかしいです。HeとかSheとかTheyも間違いです。使うべき人称代名詞はWeであるはずです」

そうして、すでにその時点で私たち組み込み系からやってきた人々もLinuxコミュニティの進化系を構成する種のひとつになりました。それはいつ淘汰されるかもしれないという緊張感があると同時に、さまざまな種との協調関係で未来を目指す進化の輪に入ったということでもあります。近年、進化論もさまざまな発展を見せているようです。その中で、環境の変化に適応できる種（Adoptive Species）とともに、協調する種（Collaborative Species）の重要性も強調されるようになってきているようです[3]。世界では、同じことが並行して進行しているのです。

コミュニティはあなたが「You」とか「They」とかいった人称代名詞で呼ぶ相手ではありません。あなたにとっても、すでにコミュニティは「We」と言い合う人たちなのです。

OSSは自ら助ける者を助ける

すでに何度か述べてきたとおり、OSSを受け身の姿勢で使うのは望ましくありません。その姿勢は近い将来あなたにとってそのOSSが使い物にならなくなってしまうリスクすら招きます。ただ単に使うだけではなく、常日頃からそのOSSに対する技術力を自らも磨くことを怠るべきではありません。最悪の場合、あなたが使ったOSSの開発者コミュニティが雲散霧消してしまうかもしれません。そのような場合でもあなたがそのOSSについて十分な技術力を持つのならば何ら

---

[3] リチャード・ドーキンスの『利己的な遺伝子』（紀伊國屋書店）を参照。
参考：「利己的遺伝子」、Wikipedia：https://ja.wikipedia.org/wiki/%E5%88%A9%E5%B7%B1%E7%9A%84%E9%81%BA%E4%BC%9D%E5%AD%90

かの対応の余地は残ります。

そのような技術力をあなた自身が持つにはどうすればよいのでしょうか。OSS開発者コミュニティには世界中から最高レベルの開発者が参集してきます。あなた自身もそのような人たちの間に入り、切磋琢磨する。それはあなた自身が技術力を上げるための王道となるでしょう。ただ単にOSSを使うだけの人と、それにとどまらずOSS開発者コミュニティに参加もする人では大きな差が生じます。

「イノベーションの縁の下の力持ち」領域に精通するという意義

本章の冒頭で紹介した「イノベーションの縁の下の力持ち」技術領域の提唱者、ジェームス・ボトムレイはこの領域に精通するエンジニアが組織内にいることの価値を強調しました。

まず、この領域はその上に構築される「独自のイノベーション」の開発のいわば土台になります。土台の使い方をよく知っている技術者と共に「独自のイノベーション」を構築するのと、そういう技術者なしで構築するのを比べるとどのようなことになるかは簡単に想像できるでしょう。開発効率の面、成果物のパフォーマンスなどさまざまな点で大きな差が出てきます。

ましてや「イノベーションの縁の下の力持ち」の部分は、「一般的な技術」とは違い猛烈な勢いで改良が進んでゆきます。その改良が進む中でもしかするとあなたが使っていた「イノベーションの縁の下の力持ち」の中の技術が一晩明けたら自分の予想とはまったく違ったものに変貌してしまうかもしれません。できるだけ早いタイミングで近い将来のその領域の技術動向を知ることは重要です。

このような見地からも「イノベーションの縁の下の力持ち」の領域に属する技術を支えるOSSコミュニティには参加し、その技術開発に関与し、技術動向に影響を与えられる存在になることは大きな意味があります。決して傍観者ではそれは達成できません。では傍観者の立場を脱するにはどうすればよいのでしょうか。

傍観者を脱し、積極的にコミュニティに還元する

　まず最初に、**バグ修正や、軽微な機能追加は開発者コミュニティに還元すべき**です。多くの場合、これがコミュニティとのつきあいの第一歩になります。多くの場合これが傍観者の立場から脱する第一歩になるはずです。

　もちろん、OSSを修正して使うことを妨げるものはまずないでしょう。ですからOSSに対してバグを修正したり機能追加をして使うのは、ライセンス上は（特段に求めがない限り、また一般的にそのようなものはありません）まったく問題ありません。ですが、本当にそれでよいのでしょうか。

　たとえばあなたが何らかのOSSにバグ修正をして使っていたとします。そのあとでそのOSSに対して重大な脆弱性の問題が露見し、コミュニティがその対策版を出した。その対策版をあなたが改めて使おうとしたら、その対策版ではあなたが過去の見つけたバグが修正されていないどころか、さらにひどいことになってしまっていた。その結果、改めてあなたはバグ修正で頭を使わなくてはならなくなったし、検証などもやり直すはめになった。これは現実に起こりがちな話です。

　また、たとえばあなたがあるOSSに機能追加して活用していたとします。そのあとでそのOSSを開発するコミュニティがあなたの機能追加にとってはなはだ思わしくない修正を加えてしまった。その結果、あなたの機能追加はもう一度最初から作り直さなくてはならなくなってしまった。実際に活動が盛んなコミュニティであればあるほどこのような事態は隠れた日常茶飯事です。

　バグ修正や軽微な機能追加をした場合、それをコミュニティに還元しないことはむしろあなた自身の将来のリスクにつながると心得るべきです。

　このような事態を避けるにはどうすればよいか。これはもう言うまでもなく、バグ修正や小さな機能追加は積極的にコミュニティに還元すべきだということです。

　このようなやりとりをコミュニティとの間で繰り返せば、次のような効果が期待できます。

1. コミュニティが、あなたがどのようにそのOSSを使っているのか認知してくれる。その結果、あなたの思いも汲んだ形での発展をコミュニティも

意識してくれる期待が高まる。
2. コミュニティの活動のモチベーションにつながり、コミュニティそのものの活発化につながる。それはひいてはあなた自身の利益にもなる。

もちろん、いつでもそのような理想型になるわけではありません。コミュニティは人と人とのつながりで成り立っています。人間関係や他のコミュニティ構成員の意向などにより必ずしも思わしい方向に展開するばかりだとは言えません。その一方で、このような行動を起こさなければ望ましい状態が産まれる可能性はほぼついえます。何もせずに奇跡が起こることを祈るのは賢明ではありません。

フォークの功罪

バグ修正や改良をOSSコミュニティに還元せず、自分自身の手許に留めておくと、だんだん本家本元のOSSとは違ったものになっていきます。同じようなことが他でも行われる結果、A社内にはA社版を、特定のプロセッサの対応をしている人達が特定のプロセッサ専用版を、IoTデバイス向けなど特定の用途専用版を作っている人たちが特定用途専用版を、さらに、B大学学内では研究専用版を独自に発展させてしまう事態に至りかねません。あたかもフォークの先が複数に分かれていると同じような状態です（**図14.6**）。これを「フォーク現象」と呼びます。

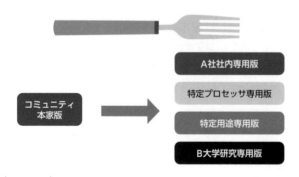

図14.6 フォーク現象

フォーク現象が発生すると、たとえば、

1. コミュニティ本家版に脆弱性の問題が発覚し、対応版が本家版ではできてもフォーク先には適用できるかどうかわからない。適用させるためにあらたな開発行為をしなくてはいけなくなる。
2. さまざまなバグ対応、機能追加をそれぞれフォーク先ごとに対応しなくてはならなくなる。
3. フォーク先ごとに他のソフトウェアとの互換性に差異が出てきてしまう。たとえばこれがOSならば、フォーク先ごとに実行可能なアプリケーションソフトウェアが異なってしまうこともあり得ます。アプリケーションソフトウェアもフォーク先ごとの対応が必要になってしまいます。

などの災厄に見舞われます。これはすべてコミュニティの力の分散につながり、コミュニティ活動に対する大きな阻害要因となるのです。OSSを利用する側としても憂慮すべき事態です。

　過去にLinuxの前身と言えるUNIXというOSでは実装するメーカーごとに特有の機能が追加され結果として極めて大規模なフォーク現象に見舞われました。結果としてUNIX上に展開するアプリケーションソフトウェアの発展が阻害され、やがて多くが市場から消え失せてしまう状況につながりました。多くのOSSコミュニティはこのUNIXの事例を鮮明に覚えており、フォーク現象を避ける努力を払っています。

実際にバグ修正をコミュニティに送るには

　コミュニティにバグ修正パッチを送るのは手間がかかります。まず、第1にパッチをあなたの製品に限らず広く一般に使えるような形にしなくてはなりません。そうしなければコミュニティがパッチを受け取ってくれる可能性は極めて低くなります。ただ、これは考えようによってはあなた自身の利益にもなります。製品開発の際に行ったバグ修正を振り返る。そして将来のあなたに対する贈り物にする。それはまさにバグ修正をレビューし、汎用化することです。

もし、そのような時間がない、または汎用化する自信がない場合は、汎用化する前の段階のものをバグレポートに加えてコミュニティに報告するのも一案です。場合によっては誰かがその汎用化の作業をしてくれるかもしれません。ですが、あまり他人を頼りにしすぎるのはお勧めできません。

　コミュニティにはコミュニティの中で培われてきた作法があります。そのような作法は必ず守るべきです。たとえばLinuxコミュニティはKernel newbies (https://kernelnewbies.org/) というサイト（カーネル新人サイトとでも言いましょうか）を立ち上げていて、その中で新たにパッチを送る人などに向けて作法をまとめています。その他のOSSコミュニティでもドキュメントの中などにパッチを送る際のお願いごとがまとめられているのをよく目にします。

　先ほど「嫌われた日本人」のところで紹介したアンドリュー・モートンは、作法についてこのようなことを言っています。

> 「あなたがパッチなどをコミュニティに送るときに心得てほしいことがあります。あなたのパッチはあなたの手を離れてコミュニティの手に渡った瞬間にあなたのパッチはあなただけのものから、コミュニティで共有するものになります。コミュニティの作法にはコミュニティの歴史の中で、コミュニティで共有するためのノウハウを積み重ねたものがあります。だからその作法は必ず尊重して守ってください」

　コーディングルールなどはそのような経験の積み重ねでできあがっているのです。これもLinuxコミュニティに限らず多くのOSS開発者コミュニティに共通して言えることでしょう。

　コミュニティによってはバグ修正などを持ち込む人や企業に対して契約締結を求める場合もあります。その多くはコミュニティやそのOSSの利用者が持ち込まれたソフトウェアの利用に支障がないことを著作権や特許権の観点から確認するものです。この契約は一般にCLA（Contributor License Agreement）と呼ばれています。CLAの締結が求められる場合は、必ずその対応も忘れないようにしてください。

　これらのことがらよりも何よりも、見ず知らずの人がひしめいているコミュニティ

にいきなりパッチを送る抵抗感のほうがよほど大きな問題かもしれません。多く
のコミュニティは見知らぬ人にも寛容な姿勢を見せるケースが多いです。です
ので、これは無用の心配と言えるでしょう。ですが、躊躇する気持ちも理解でき
ます。

- 常日頃から注目しているコミュニティのメーリングリストを読む。
- ネットワーク上のニュースを読んで見る（たとえばLinux関連だと、LWN.
  netが有名です）。
- コミュニティの人々が集まるカンファレンスに参加して、助言を求める。
- 友人や同僚にそのコミュニティに精通している人がいたら助言を求めてみ
  る。

　このようなことはやってみる価値があります。実際にコミュニティに対してパッ
チなどを送る方法はコミュニティによって千差万別です。このような機会を捉え
てコミュニティごとに異なるやり方、作法を身につけてください。

「独自のイノベーション」開発への貢献

　コミュニティに対する貢献を進めるにつれてあなたはそのOSSについてより深
い知見を得られるようになるでしょう。その知見はあなたの周囲にいる「独自の
イノベーション」の開発にあたっている人にも積極的に貢献しましょう。どのよ
うなOSSが役に立つのか、どう使えば良いのか、「独自のイノベーション」領域
の開発を進めるにはどのようなことに配慮するといいのか。そのような話を差し
上げてください。あなたの存在が「独自のイノベーション」領域の技術開発に大
きく役立つ可能性が強くあります。

　場合によっては「独自のイノベーション」の開発チームからコミュニティの
人々がライセンスにどのような思いを託しているのかの相談を受けることもある
かもしれません。本書の第Ⅰ部「基本編」を思い出してください。これはOSSを
適切に使うためにとても重要な知見になります。

演習問題

1 オープンソースソフトウェア開発者コミュニティへの貢献にはどのようなことが考えられるか列挙してください。そして、以下の事柄について考察してください。

① あなたは自身、どのようなOSS開発者コミュニティに対する貢献ができるでしょうか。

② あなたは❶で挙げたコミュニティに対してどのような貢献ができるでしょうか。

③ そのような貢献は本当にできますか。それを阻害する要因がある場合はそれを列挙し、阻害要因を取り除くための方策を考察してください。

2 Kernel newbies（https://kernelnewbies.org/）を読んで、以下のことについて調べてください。

① Linuxコミュニティにパッチを送るのにどのような価値があるとコミュニティは認識しているか調べてください。

② 実際にパッチを送るにはどうすればよいのか調べてください。

③ コーディングスタイルなどについての注意点は何か調べてください。

15 独自技術のOSS開発

これまではOSSを利用するだけだったとしても、OSSコミュニティの活気と
実績を身近で見ているあなたなら、自らの独自技術をOSSとして開示するこ
との可能性はよく理解できるはずです。本章では、独自技術をOSS化すると
きの注意点について解説します。

　自ら開発した技術が「イノベーションの縁の下の力持ち」領域に属するものに
なることも、かなりの頻度であり得ます。そのときどのように対応すればよいので
しょうか。そのことについて考える前に、「イノベーションの縁の下の力持ち」領
域におけるもうひとつのジレンマを見ておきましょう。

「イノベーションの縁の下の力持ち」のジレンマ2
差異化すると差異化される [項羽と劉邦]

　「イノベーションの縁の下の力持ち」領域で「独自のイノベーション」の適応
手段をとってしまうと悲劇的な結果を招きます。このようなストーリーを想像し
てください。

1. 何が何でも自分一人で勝ち抜くぞ、と物事を進めていきます。そして、そ
   の技術領域で差異化を目指します。
2. ある日、周囲に「そこはみんなでやろう」というチーム（企業やアカデミ
   ア、研究機関などの連合）ができてあなたが取り囲まれてしまったことに

気づきます。

3. あたりを見回して見ると、社内の隣の部門、他の部門みんな周囲のグループに参加している。差異化を目指したあなたは周囲のグループから差異化をされてしまったのです（**図15.1**）。

| **図15.1** | 差異化するつもりが差異化されてしまう可能性がある |

これは、まさに項羽と劉邦の戦いで有名な「四面楚歌」状況の完成です[4]。「イノベーションの縁の下の力持ち」の部分では「劉邦の戦略」が比較的容易に取れるのです。自分一人で何とかしようとした項羽は決定的な敗北を迎えます。ということは、不用意な差異化の目論見は、正反対の結果、すなわちあなたのまわりに構成された人たち、コミュニティから差異化されてしまう危険性をはらんでいるのです。

「イノベーションの縁の下の力持ち」のジレンマ2
差異化しようとすると差異化されてしまう。

---

[4] 項羽と劉邦について書かれたものはたくさんありますが、読みやすいものとして、司馬遼太郎『項羽と劉邦』(新潮文庫) を挙げておきます。

この"差異化ジレンマ"は大変に危険です。というのは、このジレンマはなかなか気づきにくく、説明しにくいという特性を持つからです。企業の中での技術開発はそもそも差異化を実現して市場での優位性を確保しようとするものです。開発行為をするときも多くの人はそれが差異化を目指したものであることに暗黙の了解をしている可能性があります。特にソフトウェア技術やこの動向に明るくない以下のような人たちに差異化のジレンマを説明するのはなかなか面倒です。

- 非ソフトウェア系のエンジニア
- OSSとは縁が薄かったソフトウェア技術者
- 技術動向を肌で感じにくい経営管理スタッフや法務・知的財産権などの専門家
- 過去に差異化に成功した体験に凝り固まった経営者、管理職、ストラテジスト

このような人々に「差異化しようとすると差異化されてしまう」というジレンマをどう説明すれば理解してもらえるのか。これは大変な難問です。特に過去に差異化を用いた成功体験を持っている経営者や管理職、「石頭のマネジャー」はあなたにとって厳しいハードルになるでしょう。

一方で、このようなリスクを肌で感じることができるOSSも視野に入れているソフトウェア開発者は、項羽の状況に陥る恐怖は容易に感じることができるはずです。

差異化ジレンマに挑む1 正攻法を考える

「イノベーションの縁の下の力持ち」領域での最適解は、劉邦のポジションを確保することです（図15.2）。多くの人たちの協力を得て、その中でリスペクトされ、最先端を走ることでイノベーションの前髪と最初に触れるポジションを取ることです。そのために劉邦は何をしたのか、故事として伝えられていることが今に活かせます。

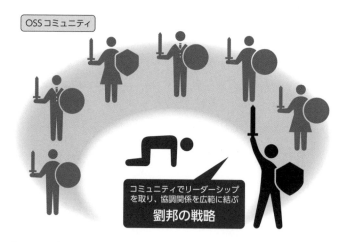

図15.2 劉邦の戦略が「イノベーションの縁の下の力持ち」領域では有効

　OSSを用いたイノベーションで重要なのは、「独自のイノベーション」と「イノベーションの縁の下の力持ち」の境界線をしっかりと引くことです。これはOSSにまつわる戦略の根幹と言っても差し支えないでしょう。

　「イノベーションの縁の下の力持ち」領域をしっかりと定義したのならば、劉邦を目指すのです。企業や地域の壁を越えた共鳴者を開拓することも重要でしょう。共感してくれた人たちからいかにして行動を引き出すか。これもあなたにとって極めて重大な課題となります。あなたが開発組織を率いる立場であるのならば、そのような場に社員が気楽に参加できるような社内体制やルールを整備するとよいでしょう。

差異化ジレンマに挑む2 「石頭のマネジャー」対策

　この挑戦は大変に困難なものですが、ひとつの有効な方法は、「項羽の状態に陥った事例」を物語にして流布させることです。あなたのまわりに「項羽の失敗」を演じた事例はないでしょうか。次に紹介しますが、たとえば私自身は2つ事例を体験しています。なお、これらは完全に事実をそのまま記しているわけではありません。わかりやすくするために脚色を加えています。

事例：AppleTalk

　1980年代後半から1990年代前半にかけて、まだWindows 95を搭載したパーソナルコンピュータが世の中に登場する前の時代、筆者はUNIXを搭載したワークステーションを開発・販売するチームにいました。90年代に入ると、アップル社のMacintoshを使ったデスクトップパブリシングが広く行われるようになり、それにあわせて筆者たちが開発していたワークステーションにAppleTalkを実装し、そのような環境のサーバー用途での利用を提案しました。この提案はヒットし、そのようなユーザーも増えてきました。

　当時私は、このワークステーションのマーケティングや商品企画に従事していました。あるとき、営業担当とシステムインテグレータに訪問して話を伺う機会がありました。

　「先日、他社さんがいらっしゃって、あなたのところのAppleTalk対応をほめていらっしゃいましたよ」

　はじめはそのような話しから始まったのですが次第に雲行きが怪しくなります。

　「しかし、その他社さんですが、『私たちもAppleTalkの対応ができるようになりました。しかも私たちは関係各社と連携して同じ対応を同時に各社のワークステーションでもできるようにしました。ですからシステムインテグレータの方が構築したシステムは特定のメーカーの機種に限らず広く使えることになります。どちらがよいでしょう』と聞かれたのですが、いかが思われますか」

　こんなふうにストレートに聞かれました。これは、AppleTalkの対応ということで他社に対して差異化をしたつもりだった筆者たちのチームが、気がついてみると他社の連合に包囲されたということです。その後の展開はご想像にお任せします。

　これは「項羽の悲劇」、すなわち差異化しようとして差異化されてしまうパラドクスに突入してしまった実例です。

事例：Linuxを採用する前のOS

1990年代後半から2000年頃にかけてある企業（ここではA社とします）製品の中に組み込むソフトウェアについてOSなどの基盤なしで進めることに限界を感じていました。当初、A社は自ら開発したリアルタイムOSを使い始めました。

最初は、「何から何まで全部自分で自由に作れる」ことの高揚感に支配されていたようです。ところが、自社開発をしたOSを搭載した比較的汎用性の高い製品を出荷した瞬間にパラドクスの罠が待ちかまえているのがわかりました。

- バグの修正を急いでやってほしい。そのバグはネットワークプロトコルに関わる汎用性の高い技術領域のものであるにもかかわらず誰も助けてくれない。すべて自分たちで解決しなくてはならない。
- 新しいデバイスの対応をしてほしい。OSがA社自社独自開発のものであったのが裏目に出ます。そのようなデバイスの提供者はA社限定の対応に消極的です。結局それも自分でするしかない。
- 新しい画像圧縮プロトコルが提案されました。それも汎用性が高いものです。その提案者も参考実装を出してきました。その対応も、すべてゼロから自分でしなくてはならなくなってしまいました。

ふと、気がついてみると、本当はやりたかったことが何もできていない。このようなさまざまなことをすべて自分でこなさないとならない。「何でもかんでも自分で作れる」高揚感は「何から何まで全部自分で処理しないといけない」重圧感に置き換わってしまいました。

その頃、社外では、そのような技術にOSSを使おうとしている一部の勢力がありました。もしそれが本流になってしまうと、自分たちは取り残されてしまう。何から何まで全部やるという地獄の環境から抜け出せなくなる。ではどうするか。A社もOSSの採用に大きく舵を切ることになったのです。

こちらは「項羽の悲劇」に突入するのを回避して、「劉邦の戦略」への一歩を歩み出した事例です。本当に劉邦のポジションに至ったかどうかはわかりません。

可能な範囲で、このようないろいろな人の体験談を共有してみるのもいいこと

でしょう。「失敗学」を提唱された畑村洋太郎氏（東京大学名誉教授）は、失敗体験の共有を図るために有効なのは「物語にして語り継ぐことだ」と主張されています。ここでは先生の助言に従ってみましょう。このような物語を石頭のマネジャーに根気よく語りかけてみましょう。「それは私のチームのことじゃないか」と気づいてもらえるときがやがてくる、そう信じましょう。このような物語をいくつもいくつも用意するできるとこの展開を有利にすることができます。

これは石頭のマネジャーの成功体験に対する挑戦とも言えます。当然難航するでしょう。ですがマネジャーの賛同なしで「使うだけのOSSからの脱却」するのは不可能です。マネジャーの目を盗んでこっそり進めるのはあなたにとってリスクが高すぎます。

しかし、マネジャーに理解していただけない結果、もし「差異化しようとしたら差異化される」パラドクスの罠にまんまとひっかかるようなことがあると、それはマネジャーもろともあなたも失敗の淵に転落してしまいます。もし、このパラドクスの罠を感じることがあれば、あなたは勇気をもってマネジャーと対話するべきです。

劉邦の戦略を展開する

ソフトウェア技術戦略の中で「劉邦の戦略」がすべての局面で有効であるとは言えません。劉邦の戦略が好適な局面がある一方で好適ではない局面もあります。

まず、間違っても「独自のイノベーション」の領域で劉邦の戦略を取ってはなりません。その領域は徹底して項羽の戦略を採用し徹底的に勝ち抜くべきです。開発に対する資金投資や、人材投資も徹底的に実行するべきです。また、「一般的な技術」の領域であるのならば改めて開発投資をする意義そのものを問うべきです。ここでは劉邦の戦略などを引き出す必要すらないでしょう。やはり劉邦の戦略がフィットするのは「イノベーションの縁の下の力持ち」の技術領域です。まずそれが必要条件です。

では、「イノベーションの縁の下の力持ち」の領域すべてで、劉邦の戦略が通

じるのでしょうか。残念ながら必ずしもそうとは言えません。劉邦の戦略を適用するにはまず、

- 多くの人が興味を持ってくれる可能性があること
- 多くの人にとって避けられない技術であること

のいずれかである必要があります。多くの人が本来ならば興味を持つはずなのに、避けられないものになるはずなのに気づいていない、そのような局面も含めてよいでしょう。その場合は、そのような気づきを人に促す作戦が必要です。

　誰かが、本来は「イノベーションの縁の下の力持ち」の領域であるにもかかわらず、「独自のイノベーション」の戦略で押し通そうとしているときは、そのような「項羽の戦略」を取る者に対して痛烈な一撃を加える可能性すら出てきます。俄然、劉邦のポジションを狙うべき局面だと言えます。

　一方、多くの人からは関心を持ってもらえそうもない技術はそもそも劉邦の戦略が有効になりません。仮にそれが「イノベーションの縁の下の力持ち」領域に明らかに属するのだとしても、そもそも取り囲み勢力を構築することができません。もっとも、そのような技術領域であればその開発をあなた一人で解決しようとしても、劉邦をリーダーとする連合軍に取り囲まれる危険も少ないということになります。

　もうひとつ、すでに誰かが劉邦の戦略を成功裏に進めている技術領域に新たに劉邦の戦略を取って対抗するのも難しいでしょう。その場合は、すでにある劉邦軍に参加し、その中でのリーダーシップの一翼を担うように展開するのが得策です。あるいは、すでに誰かが劉邦の戦略で成功しているフィールドと異なる場を探すことです。たとえばクラウドサーバーの領域ですでに劉邦の戦略を完成している人がいる、しかしクライアント（エッジコンピューティング）の領域がまだブルーオーシャン^{【用語】}状態になっているのならば、そこに焦点を当てて劉邦

用語　**ブルーオーシャン**
経営戦略論の用語で、競争のない市場を表す言葉（波のない青い海）。熾烈な価格競争などを繰り広げる市場を「レッドオーシャン」と呼ぶ。市場を創出して、他社が参入する前に市場を占有するのもブルーオーシャン戦略の一手法である。

の戦略の適用を目指すこともあり得るでしょう。

OSSで自らの技術を開示する価値

GitHub.comに見られる企業の姿

オープンソースソフトウェア開発をさまざまな人々を仲介しながら進めるためのツールとして「Git」（「ギット」と読みます）というものがあります。これはリーナス・トーバルズがLinux開発をスムースに進めるために開発したもので、氏の開発したものでLinuxと並び称されているものです。GitHub社では、Gitをさまざまな人がOSS開発のための使えるようにしたサービスを「GitHub」という名前で提供しています。多くの企業がGitHubの公式のアカウントを持ち、それぞれの企業の技術によるOSSを独自に開示しています。

現代のソフトウェア技術は複雑化、大規模化が進んでいます。反面、開発スピードも猛烈な速度になりました。一例を挙げるとするならば、最近のLinuxカーネルは2000万行を超えており、70日程度のインターバルでメジャーリリースを繰り返しています。もし、企業がその持てる技術を「イノベーションの縁の下の力持ち」に属すると判断できるのならば、これらに企業に見られるような行動は、ごく合理的だと言えます。

たとえば、GitHubには以下のようなものがあります：

- マイクロソフト　　https://github.com/Microsoft
- フェイスブック　　https://github.com/Facebook
- サムスン　　　　　https://github.com/Samsung
- ソニー　　　　　　https://github.com/Sony

こちらを見るとさまざまなプロジェクトがこの中で展開されているのがわかります。これらをよく見ると**劉邦の戦略をベースにしたさまざまな戦術がある**ことがわかります。「イノベーションの縁の下の力持ち」についての理解が深まると、自社内で創ったソフトウェア技術をOSSとしてリリースする意義を深く理解する

ようになります。

戦術1 自らOSSコミュニティ作りに打って出る

世界の叡智とともに自社を発展させるという戦術です。劉邦の戦略を具体化する戦術として最もオーソドックスなものでしょう。ソフトウェア技術を基盤に据えて開発者や利用者のコミュニティを構築します。

戦術2 コミュニティの活動を盛り上げる

使おうとしているOSSのコミュニティの活動が活発でないときに、この戦術を取ります。あなたがそのOSSについて何か開発しており、あなたの技術による実装があったとします。それは、まずはそのコミュニティに提供するべきです。自らも積極的にコミュニティに参加して一緒にコミュニティを育ててしまおうではないか。そのような効果が期待できます。

ところが、OSSの開発コミュニティが直接あなたが提供した実装を取り込む可能性は低い。しかし、その実装は既存のOSSの価値を一層引き上げるものである。その場合は、あなたのリポジトリからOSSの開示を行うという手段があります。このような貢献もコミュニティの活動を盛り上げる効果があります。

自らが期待するOSSに関係する自ら開発したものをOSSとして開示する。これはただ単にOSSを使うだけに留まるのとは別次元の発想を持っているとも言えます。

そのOSSがこれから先、未来に向けて進化するか、それとも退化し、種の滅亡に至るのかは結果が出るまでわかりません。それに対してあなたが今、できる手段はこのような行動をすることです。この行動は少なくとも種の多様性の発揮、変化への適応の可能性につながる可能性があり、進化への道へ方向づけるものになるはずです。

戦術3 標準化を進める

技術標準化のシナリオにOSSを含めることも考えられます。技術標準の確立に

は使われている人の多寡が大きく影響を与えます。利用者層を増やし、技術標準案の実装を安定化させる。そのために参照実装例をOSSとして開示する。これは企業独自技術をOSS化する大きな理由のひとつです。

戦術4 自らの「独自のイノベーション」をより引き立たせる

たとえば自らの持つ「独自のイノベーション」をより有利に展開するために、あえてその技術の一部について劉邦の戦略を展開する。そのような戦術を見ることもできます。

たとえばある半導体デバイスで「独自のイノベーション」のポジションを得ようとしているときに、そのデバイスドライバを「イノベーションの縁の下の力持ち」と位置づけ、劉邦の戦略を展開するのです。GitHubの中にはそのような目論見を見て取れるケースもあります。するとそこではそのデバイスドライバについて、次のような好循環が期待できます。

- 多彩な環境に移植する。
- 機能追加やバグ修正をその大本のデバイスドライバ提供者以外の人が実行する。

現在のIoTデバイス開発などでは、まずソフトウェア技術から評価をして次にハードウェアの開発を行うケースもあるでしょう。そのような開発スタイルを取るユーザー層に対しては、特にオープン化戦術は効果的です。このようなデバイスドライバを見つけてソフトウェアの評価をした人は、実際にハードウェアを開発する段階になるとハードウェアエンジニアにこのデバイスを使うように強く働きかけるでしょう。あたかも凄腕の営業マンのように。

独自技術をOSS化するにあたって

あなたが純粋にあなた個人で開発したソフトウェアをOSSとして開示するのならば、ここに記すことは気にする必要はないでしょう。しかしもし開示しようとし

ている技術が企業、大学、研究機関などの組織に所属して、その業務で開発したものであるのならば、まずは慎重になるべきです。

特に企業や研究機関などの組織に属して開発した著作物の著作権はそれぞれの組織に業務著作物として帰属することになる可能性があります。著作権者となるあなたの所属する組織の承認なしでことを進めるのは不適切と言わざるを得ません。この点について、大学の場合は研究成果をどう考えるのか大学ごとに、研究活動の背景（たとえば企業と提携しての研究開発でありその成果の活用方法に一定の規定が課せられているなど）によって個別に考える必要があるでしょう。

また、これが、あなたが気づいていない、あなたの所属する組織が秘して進めようとしていたことであった場合はなおさらです。もうひとつ、これによって特許権の利用許諾につながるような場合はその旨の承認も得なくてはなりません。

ライセンスを選ぶ

あなた自身の開発した著作物ならば、あなた自身に利用許諾条件を決める権利があります。業務著作物の場合はあなたの所属する法人にその決定権利があります。さて、どのようなライセンスを選びましょうか。

ライセンスにはあなたの思いを込めることができます。たとえば Apache ライセンスを選択したのならば、Apache コミュニティと同じような意図を使う人に伝えられるかもしれません。あなた（またはあなたの所属している法人）は「この OSS について私（私の所属している法人）の保有している特許を自由かつ無条件にこの OSS とその発展系を使う限りにおいては認めます。ただしある条件に陥るとそれを取り消すこともあります。」という意思表示をしたと、OSS の利用者に訴えることができるでしょう。GPL/LGPL を選んだのならば、互恵性を重視しているということを伝えることになるでしょう。

ただし、もしあなたが開示しようとしている技術が既存の他の OSS と関係が深い場合は、その OSS と矛盾を来さないような配慮は当然必要でしょう。実際に使っていただこうとする人々、産業界に受け入れやすいものかどうかも考慮するのが望ましいでしょう。

読みやすいコード

OSSにした瞬間からあなたのコードはあなたの手から離れてそのOSSを支える人々、コミュニティで共有するものになります。だからみんなが読めて書き替えられてということにちゃんと配慮すべきです。独りよがりのコーディング作法などは心して避けるべきです。

コメントもできるかぎりなるべく多くの人が理解できる言語で書くのが望ましいでしょう。英語で書きましょう。ここでは英文法のミスなどは過度に気にする必要はありません。そのうち誰かが直してくれるかもしれません。

開示の手段

開示の手段もあなた自身が決められます。開示しようとしているOSSと強く関係する別のOSSがあり、そのリポジトリが使えるのならばそこから開示することがまず考えられます。そうすることによりあなたが届けたい人々にあなたのOSSに気づいてもらえるチャンスが一気に増えます。

一方で、あなた自身で独自にリポジトリを用意することも考えられます。その場合はそのOSSをあなたが届けたい人々にどのように知ってもらえるようにするかの工夫をする必要があります。

輸出管理

インターネットであなたの技術をOSSで開示すると輸出行為とみなされる可能性があります。暗号に関連する技術などには輸出にふさわしくないものも含まれるでしょう。あなたの周りに輸出についての相談にのってくれる人がいるのならば事前に適切な助言を受けるのが望ましいでしょう。

マーケティング

せっかく開示したあなたのOSSも使ってもらいたい人に届かなくては劉邦の戦略効果が望めません。そのようなアピールが必要です。

まず、最初に心がけるべきことは、そのOSSについてあなたに問い合わせなどがあったらすぐに答えることです。そもそも誰も何も反応してくれないようなものが誰かの関心を惹くとは思えません。このようなやりとりがコミュニティ形成の萌芽につながることはよくあることです。

カンファレンスなどで積極的に発表しましょう。併せてデモンストレーションなどもしてみましょう。関連するOSSのコミュニティのメーリングリストやSNSに投稿するのも是非やってみたいことです。

そして、これらの活動が「コミュニティ形成」そしてOSSの「進化」につながります。

✏️ 演習問題

1 https://github.comで展開されているさまざまな企業のサイトを見てください。そこで開示されているOSSには各社のどのような戦術を見て取れるか検討してください。

2 あなたの周囲にあるソフトウェア技術をいくつか取り上げてそれが「独自のイノベーション」領域にあるのか、「イノベーションの縁の下の力持ち」領域のものかあるいは「一般的な技術」領域に属するのか検討してください。それはなぜ、そのように結論づけられるのかも検討してください。

3 **2**で検討した中で、「イノベーションの縁の下の力持ち」の領域と結論づけたものがあった場合、そこに「項羽の戦略」を適用したときに、具体的にどのようなダメージをあなたが被るか想定してください。また、それを避けるためにどのようなことをすべきかあわせて検討してください。

16 イノベーションとOSS

本章では、最後のまとめとして、OSSを用いたイノベーションについて見ていきます。これまでの章よりも広い視点から見ていきます。進化と弁証法、リベラルアーツの大切さ、OSSとは少し離れた話題に思えても、実は密接に関わり合っています。コミュニティを創ること、そこから道は始まります。

進化——OSSコミュニティの視点

2009年、当時はLinux関係の世界最大のイベントは毎年カナダで開催されていた、Ottawa Linux Symposiumでした。その年はちょうどチャールズ・ダーウィン生誕200周年でもありました。その中のキーノートスピーチも、Linuxコミュニティを代表する開発者であるジェームス・ボトムレイが登壇しました。そしてそこでは「進化（evolution）」について取り上げました。

「Linuxコミュニティの中ではいろいろな人が自分たちは『進化し続けている』と言っているけど、それがどういう意味だかわかりますか」

こんな問題提起をして、「私はイギリス人だ。だからイギリス人のダーウィンの言うことは私が一番適切に説明できるはずだ」などと軽くジョークを交えながら話は続きました。

そもそも進化とは血なまぐさいものだ、とボトムレイは切り出しました。さまざまな種が生まれる、そのほとんどは環境変化に対応しきれずに死に絶えていく。

そこに見えるのは屍の山なのです、と。その中から環境の変化にたまたま適応できた種だけが子を産み、子孫を残していく、それが進化の本質だとしたのです。

では、Linuxコミュニティを見てみましょう。私たちは環境の変化に適応できる柔軟性を持っているでしょうか。さらに環境が変わっても誰かが生き残れる多様性を確保しているでしょうか。こんな風にその会場に詰めかけた聴衆に問いかけました。そして次のように主張しました。「多様性が必要なのは、その中にある環境変化に適応できる種を確保するために必須のことです。私たちは常にそのような多様性に対する寛容性を持っているか自問自答するべきです」

ボトムレイはその講演の最後に、「最近、組み込みシステムでLinuxを使おうとしている人々がコミュニティの中で目立ってきました。そのような人たちも寛容性をもって迎えられるか、それが我々コミュニティに問われているのです。そして、組み込み関係からやってきた人もぜひ皆さんも一緒にこの進化系の中に身を置いていることを自覚してください。一緒にやっていきましょう」と締めくくりました。

「進化」の波に乗る

「進化は血なまぐさい世界だというのはわかった。だけどやはり私は淘汰される側になりたくない。どうすればよいのだろうか」。当然あなたはそう思うでしょう。自らがこれから育てようとしている技術がコミュニティの進化の荒波にもまれて、退化し絶滅してしまう。そのようなシーンは誰でも避けたく思うのは当然です。

これに対して、エリック・レイモンドがOSSコミュニティについて検討した論文「伽藍とバザール」の中に示唆に富む記述があります。この論文はすでに歴史的名著と評価する人も多く、一読に値するものです。日本語訳もあります。

- 伽藍とバザール (The Cathedral and the Bazaar)、エリック・レイモンド著、山形浩生訳
  https://cruel.org/freeware/cathedral.html

この論文で紹介している「はやめのリリース、しょっちゅうリリース (Release

Early, Release Often）の原則」は進化の波に乗る有効な姿勢でしょう。

　新しいアイデアを思いつきました。おもしろいソフトウェアが書けました。ま
だ完成度は大して高くありません。そのような状態のときにあなたは何をします
か。まだ特定の環境下でしか使えません。あちらこちらに問題箇所があり、とて
もひとさまに見せられる状態ではありません。そのタイミングこそが**「はやめのリ
リース」**のタイミングです。そのソフトウェアについて開発者としてあなたが責
任を持たなくてはいけないのではないか、ですか。それが心配ならばオープン
ソースソフトウェアライセンスで利用許諾すればよいのです。するとあなたは責
任という重石から解放されます。

　すると、誰かが声をかけてくるでしょう。

「良いソフトウェアだな。使わせてもらうぞ」
「使ってみたけど、これこれこういうところにバグがあるな」
「このところをちょっと直してみてもらえないか」
「ちょっとだけど手を加えてみたけどどうだろう」

　このような反応があればすかさず改良版を出してしまいましょう。それが
「しょっちゅうリリース」のタイミングです。もちろん、再度リリースした場合も
あなたはそのソフトウェアについてのあらゆる責任から解放されています。気軽
にどんどん進めましょう。

　とはいうものの、その改良の結果誰かがすでに取得している特許と関係があり
そうだったり、商標権、著作権の観点から思わしくなさそうなものがあった場合
は、そのような懸念を回避する努力はするべきです。できる範囲でかまいません
から。

　さらに、インターネットをよく見たら、別の人があなたのアイデアやコードを
取り込んでくれてさらに大きなソフトウェアを開発してくれていました。そこから
のフィードバックもどんどん寄せられるようになりました。あなたがリリースしな
くても別の人が「しょっちゅうリリース」を繰り返してくれるようになりました。そ
れをあなたが用意した開発者向けのサイトで繰り広げてくれています。このよう
な状態になればしめたものです。おそらくあなたのソフトウェアは進化の道を歩

み始めたのです。

多くの人の目に触れるようになると、バグが発見される可能性も高まります。機能追加や性能改善が要する点も見つかりやすくなります。また、多くの人が積極的に改善に貢献するようになるとそれらのバグの修正や機能追加、性能改善もどんどん展開されるようになるでしょう。これこそがOSSの醍醐味です。

ところで、ここでいったん「はやめのリリース」のタイミングに戻ります。上記の例はその結果どんどんそれ自身が進化に向かって突き進むことを想定しました。その一方で、次のような反応があるかもしれません。

「あなたのソフトウェアだけど、前に僕が開発したこのソフトウェアと同じ機能じゃないかな。僕もオープンソースソフトウェアにしておいてあるんだけど」

そして実際に見てみると、たしかにそのとおりでした。このような場合にあなたが取れる戦術は、大きく次の2つです。

- やはり、あなた自身のソフトウェアを進化の波に乗せる方向を目指す。
- すでに、開発されている人と合流し、その人と共創する。

ここでは「車輪の再開発」という言葉を思い出しましょう。これは、あなた自身が別の人の轍を踏んで同じようなものをあらたに開発してしまう非効率を戒める言葉です。おそらく多くの場合「人と共創する」後者の選択肢を取るのが合理的なはずです。

ディベートではない、弁証法です！

「はやめのリリース、しょっちゅうリリース」。その結果すでに何かやっている人とぶつかる。炎上してしまう。そんな状態になったら大変だ。絶対避けたいと思いますか。ここで想起されるのが、またLinuxコミュニティの話です。Linuxコミュニティでは、多くの人が

I like controversial situation!

と言うのです。「侃々諤々やるの大好きだぜ」そんな感じです。だからガンガンやろうぜ、と言うのです。このため、カンファレンスなどが大変なことになってしまうこともあります。それこそ掴み合いになりそうな激しい議論が起きるのです。

その夜に同じメンバーがパブに集まってまた始める。互いにゲラゲラ笑いながら延長戦です。

「おまえの言っているあれだけど、あそこはいいと思うぜ。俺も頂くぜ」
「そうだろう、いいだろう、どんどん使ってくれよ」
「ああ、だけどな、あの点はやっぱり許せねえ」
「そうか、俺もおまえたちのやろうとしている技術手段は許せねえ」

そんな延長戦が続きます。するとそれを聞いていた別の人が加わります。

「おまえらの話ってさあ。おもしろいんだけどちょっといいかな」
「ああ、こっち来いよ。」
「おまえたちがさあ、互いにダメだっていっているあの点だけど、あたいはこう思うよ。こんな実装だったらおまえら両方ともいいんじゃね？　するとさあ、こんなヤツだって議論に入っていないけど幸せになりそうだぜ」
「おおっ、いいこと言うねえ。おまえもそう思うだろう」
「ああ、同感だ。おい、初めて会った感じだけど、これから一緒にやろうぜ」
「もちろんさ！」
「ところで、その案でも、ここをこうするともっといいかもしれないね」
「そうだな……。ちょっと待てよ、今パーソナルコンピュータを起動するから。早速試してみよう」

何度もこんなシーンを見てきた私は思いきって割り込んで聞いたことがあります。

「それって弁証法？」

その答えは、次のようなものでした。

「えっ、そうだよ。当たり前じゃない。弁証法的なやりとりって高校とかで教えてもらうでしょ」

この答えを聞いた瞬間、リベラルアーツの大切さを思い知ったのです（**図16.1**）。はたして日本の理工系の大学出身者でこのようなことを言える人はどのくらいいるでしょうか。たまたま、この質問をした相手がこう答えられただけなのかもしれないですが。

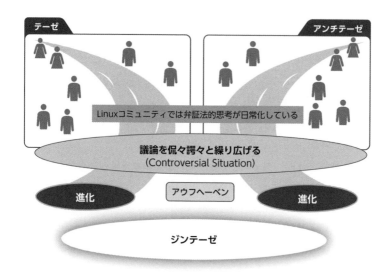

| 図16.1 | どんな議論も弁証法が基礎にある

弁証法とはディベートではありません。ディベートはとにかく無理やりでも論理構成して相手を打ち負かすことです。もしかすると私の理解が間違えているかもしれませんが、多くの日本人はそう捉えているかと思います。そして「アメリカの高校や大学ではディベートの訓練をしている」と理解している日本人も多いでしょう。その真偽を検証するのはこの本の目的ではありません。ですが、どうもアメリカや欧州のエンジニアは「弁証法のマナー」が身についているようです。

弁証法では、甲論（テーゼ）、乙論（アンチテーゼ）があったとき、お互いにお互いをリスペクトしあい、お互いの長所短所を見つめあい、議論を重ねます。

この過程を止揚（アウフヘーベン）と言います。その結果より適切であるはずの解を見いだす努力をすることです。それは折衷案を作り上げるのではありません。新しい案を互いに見つけるのです。できあがった新しい案のことを「ジンテーゼ」と呼びます。「テーゼ」と「アンチテーゼ」が双方で「アウフヘーベン」を行い、結果として「ジンテーゼ」を創造しようとするものです。

　私は哲学者ではありません。弁証法のことをこれ以上きちんと精緻に説明するのは困難です。しかし、コミュニティの中での議論の底流に、コミュニティ参加者相互の信頼関係と、目標とする価値の共有をもとにこのような「弁証法的な関係」ができあがっていると考えると、コミュニティの中で繰り広げられる熱い議論がいかに創造的なものであるのかがわかります。

■イノベーション──OSSの視点

　このような活動の結果ふと気がついてみると、もうあなたがコミュニティと共に開発に取り組んできたソフトウェアがない時代には戻れなくなってしまった自分を発見するかもしれません。それはイノベーションを実体験する第一歩を踏み出したのかもしれません。まだ、それはあなた一人の体験かもしれません。それがあなただけではなく、他の人にどんどん波及し、しまいには社会全体がその状態になったのだとしたらそれはイノベーションである可能性が高くなります。

　さまざまな書物にイノベーションとは何か、どうすれば起こせるのかなどなど書かれています。イノベーションという言葉を生んだシュンペーターの著作が紹介されることも頻繁に目にします。しかし、その解説は別の本に譲りましょう。

　Firefoxという名前のOSSがあります。Webブラウザです。このソフトウェアの開発に深く強く貢献した日本人がいます。瀧田佐登子さんです。尊敬を込めて「Firefoxの母」と呼ばれている方です。瀧田さんは慶應義塾大学でこれまでの活動を振り返りOSSの価値と彼女のチャレンジを講演したことがあります。そのときに学生の一人が質問しました。

　「瀧田さん、Mozilla財団はなぜこんなにイノベーションを繰り返してこられたのですか？」

瀧田さんの答えは鮮烈でした。しばし考えた後、彼女の口をついて出たのは次の言葉でした。

「年寄りにならなければわからない」

彼女は、そもそもイノベーションという言葉は年寄りが若かりし頃を回顧して「ああ、あのときイノベーションを起こしたな」とつぶやくための言葉だと言い切ったのです。何をすればイノベーションが起きるのか。そのような王道はない。イノベーションなどというのは結果論であり、過去に起きた現象を後づけで説明するための言葉だとしたのです。そのあとで、少し追加された言葉がありました。

「でもね、何かやったら何かできた、そういう体験はたくさんしたわ。もしかするとそれがこれから後、私もイノベーションだったと実感するかもしれないわね。だからイノベーションって必要条件はあるわね。それは、何かやることよ」

そう言って学生たちに「やってみること」「チャレンジすること」の重要性を指摘しました。

> "Innovation is a societal -- not a technological -- phenomenon, that arises from the intersection of invention and insight".
>
> Sam Palmisano, CEO, IBM

これは当時IBMのCEOだったサム・パルミサーノがイノベーションについて語った言葉です。「イノベーションは社会現象であって技術現象ではない、それは発明と社会に対する洞察がクロスオーバーする場から生まれる」といった意味でしょうか。瀧田さんが指摘する、「やってみること」。それを「はやめのリリース、しょっちゅうリリース」のスタイルで展開し進化の道を歩み始める。そして、ある日、気がつくと自分自身では過去には戻れなくなってしまったことを見つける。それがあなた自身だけではなくあなたの周囲にも及ぶ、社会現象にまでなってしまう。OSSに関わるソフトウェア開発者はこれをイノベーションのひとつの形態と考えてもいいはずです。

イノベーションには不可逆性があります。いったんイノベーションが起きてしまうと元の世界には戻れなくなってしまう。そのような特徴があります。たとえばソニーがウォークマンを出したときそれは社会現象となりました。屋外で楽しむミュージックシーンを体験してしまった人はその前の時代には戻れなくなってし

まいました。このようなものがイノベーションだとここでは捉えておきましょう。

　Linux、Apache、そのほかさまざまなOSSにもこのようなイノベーションの捉え方に適合するものが数多くあります。高度に発展し、複雑なものになり規模も大きくなったソフトウェア。その進化やイノベーションには領域や地域、業界などのさまざまな壁を乗り越えた、優れた人々、多様性にあふれる人々によって支えられています。オープンコミュニティによるソフトウェア開発という手段は、進化の源泉であり、それがイノベーションを推し進めていると捉えることができるでしょう。

　せっかく縁があってOSSとかかわるようになったあなたです。イノベーションを体験してみませんか。そのための第一歩が「はやめのリリース」であり、それを前向きに進めるのが「しょっちゅうリリース」です。あなたがやること、それがイノベーションのスタートラインになるかもしれません。

コミュニティと共創するイノベーション

　OSSの開発手法と親和性が高いのは「イノベーションの縁の下の力持ち」の技術分野が中心です。しかし、特定の組織、チームの中にとらわれないオープンな共創関係で進化が繰り返されイノベーションが起きるということは「イノベーションの縁の下の力持ち」の部分に限った話なのでしょうか。おそらくそれは「独自のイノベーション」の領域でも起こっています。「独自のイノベーション」の部分では協調関係にある関係者間で、その協調関係の結果で生まれた価値をいかに当事者間で分配するかなど、乗り越えるべき課題が多数あります。「イノベーションの縁の下の力持ち」の部分とはだいぶ様相が異なります。

　しかし、今日私たちが直面している課題は、一企業が取り組めば何とかなるというレベルの生やさしいものではありません。自ずと、「独自のイノベーション」の部分でも協調関係を結ぶのが合理的となるケースが増加するでしょう。

　「イノベーションの縁の下の力持ち」、つまりOSSコミュニティ体験を通じてソフトウェア開発者は次の力を涵養していきます。

- グローバルで活発に活動を繰り広げる人々と共創する力
- 見知らぬ人たちがたくさんいる場で活躍する力
- 相手をリスペクトし、自らも大切にし、お互いを高めあう交流をする能力

　これらの力を身につけたソフトウェア開発者の持つ可能性ははかり知れません。もしかするとそのようなソフトウェア開発者自身が築き上げた国際的な人脈がものを言うかもしれません。その人脈はそのソフトウェア開発者の属する産業や学問領域などをはるかに超えた多様性に満ちたものかもしれません。

　OSS開発者コミュニティとは、グローバルな場での切磋琢磨を通じて次世代のイノベーションを担う人材を育てる場となっているのです。

コミュニティを創る

　コミュニティを築き上げるのは容易ではありません。ベースとなるソフトウェアをOSSとして開示したとしても、それはコミュニティ形成の必要条件を1つ満たしたのに過ぎません。コミュニティを作り上げる心得は、本書第13章の「誰も助けてくれない、孤独なエンジニア」の節でも述べています。「赤信号をみんながどんどん渡り出す」ようになるまでは、孤独な挑戦が続きます。しかし、「限界質量点」を超えたところから様相が一気に変わる可能性もあります。多くの人々と共に創り上げるイノベーションに向けた大航海に船出したとも言えるでしょう。

　この先にあるのは「進化」です。変わりゆく環境の中ですら変化に適応できる多様性を持ち、変化に適応できる種が世代を繋いでゆく。そうでないものは容赦なく退化し、絶滅していく。そこには絶滅した屍の山がうまれる。進化とは、そのような厳しいものです。

　自らコミュニティを作り、あるいは既存のコミュニティに参加し、イノベーションに挑戦するということは、OSSの進化の流れに身を投じるのと同じだと心得るべきです。これは自然界と同様、必ず進化するかどうかは結果を見るまでわかりません。ですが、成功した暁にはすばらしい世界があなたの目に映っていることでしょう。

■ 索引 ■

数字

2項型BSDライセンス 85, 86
3項型BSDライセンス 83, 84
4項型BSDライセンス 81, 83

A

AGPL 101, 144
AGPLバージョン3 137-147
Apacheライセンス 47, 88-99, 174-178
AppleTalk 285
ASPループホール 145
Automotive Grade Linux Workgroup 239

B

Black Duck Open Hub 157
BOM 154
BSDライセンス 81-88
Buildroot 193
BusyBox 56, 150

C

CE Linux Forum 239, 260, 267
CIP 36
Civil Infrastructure Platform Workgroup ... 240
CLA 278
CVE 163

E

Embedded Linux Conference 238

F

FOSSology 167, 168
FSF ➡ フリーソフトウェアファウンデーション

G

GCC 70
Git 289
GitHub.com 289
GNU General Public License ➡ GPL

GPL

GPL 46, 69, 101-122
　日本語訳 102
　バージョン3 137-147
GPL違反 148-151

I

IBM 176, 302
IoTデバイス .... iii, 61, 291

J

Japan Technical Jamboree 239
JavaScript 58
JSON 11

K

Kernel Newbies 245

L

LGPL 69, 101-136
　日本語訳 102
LGPLライセンス違反 148-151
Linux 174
　〜を採用する前のOS 286
Linux Kernel Community Enforcement
　Statement 49
LTS版 158, 159
LTS版カーネル 36
LWN.net 240

M

MITライセンス 78-81
Mozilla Publicライセンス 193

O

ODM 24
OEM 24
Open Chain Project 244
OpenChain Workgroup 240
Open Compliance Summit 239

Open Source Summit	238
OSI	8, 11, 12
OSS	iii, 2, 4
渾然一体となったソフトウェア	107-112
第1の大きな誤解	13, 215
第2の大きな誤解	15, 217
定義	8-12, 45
利用する責任を負うコスト	18
〜のつまみ食い	166, 167
〜の視点	301
〜の生態系	267-270
〜の利用責任	21
〜を採用する	33
OSSコミュニティ	237, 295
OSSマトリョーシカ	160, 161, 187
OSSライセンサーの思い	48
OSSライセンス	42, 63
〜を読むヒント	65
OSSライセンスファイル	193-203
OSSリーダー	237

S

SPDX	186, 187
SPDX License List	188

T

TiVo社	137
TOPPERSライセンス	73-77

Y

Yocto Project	193

あ行

新しい技術層	254, 255
『アート・オブ・コミュニティ』	233
石頭のマネジャー	284, 287
一般的な技術	255, 256
イノベーション	301, 302
イノベーションの縁の下の力持ち	255, 256, 274, 281-284, 287-289, 291, 303
〜のジレンマ	257-260, 281, 282
インライン関数	134, 135
裏切り	263

営業・マーケティング部門の担当者	23, 24
エグゼクティブの役割	234-241
オープンソースイニシアティブ ➡ OSI	
オープンソースコミュニティ	3
オープンソースソフトウェア	2
オープンソースの定義	8
オブジェクトコード	119

か行

改変の自由	5
伽藍型	214, 219, 235
〜の体制	230
伽藍型組織	220
伽藍とバザール	214, 296
寛容型ライセンス	64, 66-68, 71-73
企業経営者	25, 26
既製品	31, 32, 33, 37
協調	263
共有コスト	255
共有地の悲劇	264
共有ライブラリ	125, 134
許可型のルール作り	236
嫌われた日本人	271
禁止型の発想	236
櫛木好明	239
組み込みシステム	61
繰り返し囚人のジレンマ	263
限界質量	216
権利行使が制限されるケース	175
コア組織作り	236
構成管理	154, 162
構成管理記録	164-166, 185, 191, 192
項羽の悲劇	285, 286
互恵型ライセンス	64, 68-72
孤独なエンジニア	215
コミュニティイベント	238
コミュニティ	
〜と共創するイノベーション	303
〜に対する貢献	265
〜を創る	304
コルベット，ジョナサン	240
コントリビューション	89
コントリビューター	89, 94

さ行

再インストール情報開示 137
差異化する技術 254, 255
佐藤和 241
サプライチェーン問題 183-190
差別的特許の禁止 142, 143
三銃士 248
資材・調達部門担当者 231, 232
　➡ ODM、OEM
シビル・インフラストラクチャ・プラットフォーム
.... 159
四面楚歌 282
社外調達担当者 222, 231, 232
社内コミュニティリーダー 232-234
社内体制 212
社内バザール 222
社内バザール作り
　第1フェーズ 241-243
　第2フェーズ 244-247
囚人のジレンマ 261-263
上級管理職 25, 26
商用ライセンス 43-46
署名 7
書面にての告知 204
進化 295
信頼関係の構築 266
ストールマン，リチャード 65, 101, 124
成果物 177
脆弱性 209
静的ライブラリ 125
製品出荷後の対応 207-210
製品脆弱性対応専門スタッフ 230-231
ソースコード 104
ソースコード開示 205-207
　～を終えるタイミング 210
ソースコードスキャンツール 167-169, 187,
　189, 192, 247
組織市民行動 240, 241
組織の成熟度 213
ソニー 157, 239, 260, 266, 302
ソフトウェア 40
　OSSと渾然一体となった～ 107-112
　～の技術評価 156

　～の提供者 25
　道ばたで拾った～ 155
ソフトウェア開発者 23, 223-227
ソフトウェアサプライチェーン 183
　～の下流にいる人が注意すべき点
.... 188-190
　～の上流にいる人が注意すべき点
.... 185, 186
ソフトウェア寿命満了 33
ソフトウェア情報センター 64
ソフトウェアのサプライチェーン問題
　➡ サプライチェーン問題
ソフトウェアライセンス 40, 41
ソフトウェア利用許諾契約 7
ソフトウェアリリース前 191

た行

ダイナミックリンク 134
第三者からの問い合わせ 208
第三者ソフトウェア 156
高田広章 73
瀧田佐登子 301, 302
武内覚 125
他社から購入する技術 254, 255
知的財産権 171
　権利期間 172
中央集権型体制 219
著作権 171
著作権者 39
著作権表記 191, 203-205
著作権法 39
ディストリビューションパッケージ 19
ディストリビューター 19
ドーキンス，リチャード 273
動的ライブラリ 125
トーバルズ，リーナス 21, 174, 289
独自のイノベーション 255- 257, 259, 274,
　279, 281, 284, 287, 288, 291, 303
所眞理雄 239
特許権 171
特許利用許諾 95
　～がキャンセルされてしまう場合 96

な行

内製 28-31, 37
ノベル社 142, 143

は行

バイナリーコード 54
バグ修正パッチ 277
バザール型 212, 214, 220, 221, 234, 235
　　〜の社内体制 236
バックポート 159
パテントコモンズ 176
パナソニック 157, 239, 260, 266
パブリックドメインソフトウェア 6
はやめのリリース、しょっちゅうリリース
　　.. 296, 297
パルミサーノ、サム 302
頒布 53
　　〜の自由 6
　　〜のタイミング 51
頒布時に守るべき4つの事柄 103, 104, 141
平松雅巳 271
ヒューレット・パッカード社 168
品質管理専門スタッフ 230, 231
フォークの功罪 276
フォーラム 239
フォロワーシップ 223
不適切な人称代名詞 272
フリーソフトウェアファウンデーション 46,
　　53, 101, 102, 110-112, 115, 116, 137, 138, 143,
　　144, 149, 150
フリーライダー 260-263
ブルーオーシャン 288
ベーコン、ジョノ 214
弁証法 299-301
法務・知的財産権の専門家 25, 50
　　〜に求められている取り組み 227-229
ボトムレイ、ジェームス 255, 256, 274, 295,
　　296

ま行

マイクロソフト社 142, 143
マクロ 134, 135
松下電器産業 157, 239, 260, 266

マネジャーの役割 234-241
道ばたで拾ったソフトウェア 155
モートン、アンドリュー 271, 278

や行

山岸俊男 216, 263, 266
輸出管理 293

ら行

ライセンス 40
ライセンス違反 148-151
ライセンス表記 191, 203-205
ライセンス両立性問題 112-117
ライブラリ 132, 133
リーダーシップ 223
リバースエンジニアリング 130
劉邦の戦略 282, 286, 287
利用許諾 45
　　〜を得るプロセス 6
利用許諾書 40
利用許諾条件 159, 160
　　〜の緩和 117-120
リンク 132, 133
レイモンド、エリック 214, 296
レピュテーションリスク 16, 217

■著者紹介
上田 理（うえだ さとる）
早稲田大学理工学部前期博士課程修了。以後、国内電気機器メーカーにてコンピュータ関連機器の商品企画やマーケティングなどに携わる。2003年初頭より家電機器向けのソフトウェア基盤にOSSを活用する業界横断プロジェクトの立ち上げに携わり現在に至る。所属企業ではOSS戦略立案、エンジニア向け教育なども行っている。LinuxCon、Embedded Linux Conference、Open Compliance Summitなど国際カンファレンスでの発表多数。2017年北東アジアOSS貢献者賞受賞。

■監修者紹介
岩井 久美子（いわい くみこ）
弁護士。曾我法律事務所所属。知的財産権を専門とし、海外進出する日本企業への支援を中心に、北京、上海、マニラ、バンコクなどで渉外法務に携わる。2011年から2014年まで特許庁の外郭団体である独立行政法人工業所有権情報研修館へ出向。国家試験知的財産管理技能検定委員。慶應義塾大学法学部法律学科修了、同大学院法務研究科修了。

- 装丁： 折原カズヒロ
- 本文デザイン＆DTP： 有限会社風工舎
- 編集： 川月現大（風工舎）
- 担当： 取口敏憲
- 本書サポートページ
  https://gihyo.jp/book/2018/978-4-297-10035-3
  本書記載の情報の修正・訂正・補足については、当該Webページで行います。

■お問い合わせについて

　本書に関するご質問については、本書に記載されている内容に関するもののみとさせ
ていただきます。本書の内容と関係のないご質問につきましては、一切お答えできませ
んので、あらかじめご了承ください。また、電話でのご質問は受け付けておりませんの
で、FAXか書面にて下記までお送りください。

〒162-0846　東京都新宿区市谷左内町21-13
　　株式会社技術評論社　雑誌編集部
　　「OSSライセンスの教科書」係
　　FAX　03-3513-6173

　なお、ご質問の際には、書名と該当ページ、返信先を明記してくださいますよう、お願
いいたします。

　お送りいただいたご質問には、できる限り迅速にお答えできるよう努力いたしておりま
すが、場合によってはお答えするまでに時間がかかることがあります。また、回答の期日
をご指定なさっても、ご希望にお応えできるとは限りません。あらかじめご了承ください
ますよう、お願いいたします。

OSSライセンスの教科書

| 2018年　9月　6日 | 初版　第1刷発行 |
| 2022年　1月20日 | 初版　第2刷発行 |

著　者	上田　理
監修者	岩井　久美子
発行者	片岡　巌
発行所	株式会社技術評論社
	東京都新宿区市谷左内町21-13
	電話　03-3513-6150　販売促進部
	03-3513-6177　雑誌編集部
印刷／製本	港北出版印刷株式会社

定価はカバーに表示してあります。

本書の一部あるいは全部を著作権法の定める範囲を超え、無断で複写、複製、転載あるいはファ
イルを落とすことを禁じます。

©2018　上田　理

造本には細心の注意を払っておりますが、万一、乱丁（ページの乱れ）や落丁（ページの抜け）が
ございましたら、小社販売促進部までお送りください。送料小社負担にてお取り替えいたします。

ISBN978-4-297-10035-3　　C3055
Printed in Japan